Deepen Your Mind

Deepen Your Mind

前言

機器學習是電腦研究領域的重要分支，已經成為人工智慧的核心基礎。一方面，機器學習是人工智慧理論和應用研究的橋樑；另一方面，模式辨識與資料探勘的核心演算法大都與機器學習有關。機器學習在電腦發展過程中日益完善，目前是人工智慧領域最具活力的研究方向之一。

機器學習作為人工智慧理論研究的一部分，以數學理論知識為基礎，以解決實際問題為實踐場景，與社會生產息息相關。在許多領域，機器學習正展現其巨大的潛力，扮演著日益重要的角色。

本書系統介紹了經典的機器學習演算法。在撰寫過程中，儘量減少數學理論知識，將數學公式轉換成原理示意圖、步驟解析圖、流程圖、資料圖表和來源程式等表達方式，幫助讀者理解演算法原理。本書注重理論結合實務，將演算法應用於實際案例場景，培養理論研究能力和分析、解決問題能力。

本書選取典型的問題作為實踐案例，借助案例對演算法進行系統解析。在解決實際任務的過程中，讀者能夠掌握機器學習演算法並進行靈活運用。本書帶領讀者循序漸進，從 Python 資料分析與挖掘入門，在實踐中掌握機器學習基礎，最終將機器學習演算法運用於預測、判斷、辨識、分類、策略制定等人工智慧領域。

本書內容包含三部分：第 1 部分（第 1 ～ 2 章）為資料處理入門，著重介紹 Python 開發基礎及資料分析與處理；第 2 部分（第 3 ～ 4 章）為機器學習基礎實踐，著重介紹機器學習的理論框架和常用機器學習模組；第 3 部分（第 5 ～ 11 章）介紹經典機器學習演算法及應用，包括分類演算法、聚類演算法、推薦演算法、回歸演算法、支援向量機演算法、神經網路演算法以及深度學習理論及專案實例。

本書以培養人工智慧與機器學習初學者的實踐能力為目標，適用範圍廣，可作為大專院校電腦、軟體工程、巨量資料、通訊、電子等相關專業機器學習實踐教材，也可作為成人教育及自學考試用書，還可作為機器學習相關領域開發人員、工程技術人員和研究人員的參考用書。

本書第 1 章由劉豔、韓龍哲撰寫，第 2 章由李哲撰寫，第 3 章由劉豔、李沫沫撰寫，第 4 ～ 11 章由劉豔撰寫。全書由劉豔擔任主編，完成全書的修改及統稿。感謝阿里天池 AI 平台提供的雲端運算開發環境，極大地提升了模型訓練效率。感謝華東師範大學精品教材建設專項基金對本書撰寫過程的支持。感謝英特爾公司的支援，本書也作為英特爾公司 Intel AI for Future Workforce 教育專案的參考用書。感謝鄭駿、王偉、陳志雲、黃波、劉小平、常麗、陳宇皓、李小露等多位老師和同學對本書提出的寶貴意見。

由於編者水準有限，內容難免有不足之處，歡迎讀者們批評指正。

編者

目錄

第一部分　入門篇

第二部分　基礎篇

▋3　Python 常用機器學習函數庫

▌4　機器學習基礎

第三部分　實戰篇

▌5　KNN 分類演算法

6　K-Means 聚類演算法

7　推薦演算法

8 回歸演算法

9 支援向量機 SVM

▌10 神經網路

▌11 深度學習

第一部分　入門篇

第 1 章

機器學習概述

本 章 概 要

人工智慧已經成為新一輪科技革命和產業變革的核心驅動力，正在對世界經濟、社會進步和人類生活產生極其深刻的影響。

機器學習是人工智慧的重要分支，也是人工智慧的核心基礎。機器學習研究的物件是機器的智慧，使機器系統模仿、擴充人類的學習過程。

人工智慧的誕生和發展是 20 世紀最偉大的科學成就之一。它是一門新思想、新理論和新技術不斷湧現的前端交叉學科。相關成果已經廣泛應用到國防建設、工業生產、國民生活等各個領域。人工智慧技術正引起越來越廣泛的重視，將推動科學技術的進步和產業的發展。

人工智慧是一門交叉學科，涉及電腦、生物學、心理學、物理、數學等多個領域。作為一門前端學科，它的研究範圍非常廣泛，涉及專家系統、機器學習、自然語言理解、電腦視覺、模式辨識等多個領域。

本章主要介紹人工智慧的基本概念、發展歷史，並對機器學習的主要研究工作介紹。

學 習 目 標

當完成本章的學習後，要求：

1. 了解人工智慧的定義和人工智慧的發展歷程；
2. 了解人工智慧的研究領域；
3. 了解人工智慧的未來發展方向；
4. 了解機器學習的主要工作；
5. 掌握使用 Anaconda 平台開發 Python 程式的方法。

▌1.1 人工智慧簡介

1.1.1 什麼是人工智慧

1. 智慧的定義

　　智慧（Intelligence），是人類智力和能力的總稱。一般認為，智慧是指個體對客觀事物進行合理分析、判斷，並進行有效處理的綜合能力。總地來看，智慧是資訊獲取、處理的複雜過程。智慧的核心是思維，人的智慧都來自大腦的思維活動，因此人們通常透過研究思維規律和思維方法來了解智慧的本質。

2. 人工智慧的定義

　　人工智慧（Artificial Intelligence），英文縮寫為 AI。它是研究用於模擬、延伸和擴充人的智慧的理論、方法、技術及應用系統的一門新的技術科學。到目前為止，人工智慧已經經過了幾十年的發展歷程。對於人工智慧，學術界也有各種各樣的定義。但就其本質而言，人工智慧是人類製造的智慧型機器和智慧系統的總稱，其目標是模仿人類智慧活動，擴充人類智慧。

　　實現人工智慧是一項艱鉅的任務。一方面，生物學家和心理學家從分析大腦的結構入手，研究大腦的神經元模型，認識大腦處理資訊的機制。然而，人腦有上百億的神經元，根據現階段的知識，對人腦進行物理模擬實驗還很困難。另外，在電腦領域中，人們借助電腦演算法，模擬人腦功能來實現人工智慧，使智慧系統從效果上具有接近人類智慧的功能。

1.1.2 人工智慧史上的三次浪潮

　　人是如何進行思維的？這個問題自始至終地貫穿於人工智慧的發展過程。

　　1956 年，人工智慧作為一門科學正式誕生於美國達特茅斯大學 (Dartmouth University) 召開的一次學術會議。諸多專家在研討會上正式確立了人工智慧的研究領域。

　　至今，人工智慧已經走過了 60 年歲月。在這 60 年的光陰裡，它的發展並不是一帆風順，而是經歷了數次的 " 寒冬 " 與 " 熱潮 " 的輪回交替，才發展到現階段的水準。

1. 第一次人工智慧浪潮——自動推理（1956 年 -70 年代中期）

人工智慧的誕生震動了全世界，人們第一次意識到使用機器產生智慧的可能。當時甚至有專家過於樂觀地認為，只需要 20 年智慧型機器就能完成人類所有的行為。

這一次的人工智慧浪潮在 20 世紀 60 年代大放異彩。當時，一個個似乎很需要智慧的問題都被人工智慧攻克了，例如走迷宮，下象棋等。

這一時期人工智慧的研究工作主要如下：

1956 年，Samuel 研究出了具有自我學習能力的西洋跳棋程式。這個程式能從棋譜中學習，也能從下棋實踐中提高棋藝。這是機器模擬人類學習過程卓有成就的探索。1959 年這個程式曾戰勝設計者本人，1962 年還擊敗了美國 Connecticut 州的跳棋冠軍。

1957 年，A. Newell.Shaw 和 H. Simon 等人的心理學小組編制出邏輯理論機，可以證明數學定理，揭示了人在解題時的思維過程，從而編制出通用問題求解程式。

1960 年，J. McCarthy 在 MIT 研製出了人工智慧語言 LISP。

麻省理工學院的 Joseph Weizenbaum 教授在 1964 年到 1966 年間建立了世界上第一個自然語言對話程式 ELIZA。ELIZA 透過簡單的模式匹配和對話規則與人聊天。雖然從今天的眼光來看這個對話程式顯得有點簡陋，但是當它第一次展露在世人面前的時候，確實令世人驚歎。

日本早稻田大學也在 1967 年到 1972 年間發明了世界上第一個人形機器人，它不僅能對話，還能在視覺系統的引導下在室內走動和抓取物體。

1976 年，美國數學家 Kenneth Appel 等人在 3 台大型電子電腦上完成四色定理證明。

1977 年，數學家吳文俊發表論文《初等幾何判定問題與機械化問題》，提出了一種幾何定理機械化證明方法，稱之為 " 吳氏方法 "。並隨後在 H9835A 機上成功證明了畢氏定理、西姆遜線定理、帕斯卡定理、費爾巴哈定理等幾何定理。

這些早期的成果充分表明了人工智慧作為一門新興學科正在蓬勃發展，也使當時的研究者們對人工智慧的未來非常樂觀。

但是，在 20 世紀 60 年代末至 70 年代末，人工智慧研究遭遇了一些重大挫折。例如 Samuel 的下棋程式在與世界冠軍對弈時，五局中敗了四局。

機器翻譯研究中也遇到了很多問題。舉例來説，" 果蠅喜歡香蕉 " 的英文句子 "Fruit flies like a banana." 會被翻譯成 " 水果像香蕉一樣飛行 "。" 心有餘而力不足 " 的英文句子 "The spirit is willing, but the flesh is weak." 被翻譯成俄語，然後再由俄語翻譯回英文後，竟變成了 "The vodka is strong but meat is rotten."，即 " 伏特加酒雖然很濃，但肉是腐爛的 "。

【例 1.1】中英互譯系統體驗。

輸入 "Fruit flies like a banana."，查看其中文翻譯。可以使用線上翻譯系統：百度翻譯（網址為 https://fanyi.baidu.com/）、金山詞霸翻譯（網址為 http://fy.iciba.com/）、有道翻譯（網址為 http://fanyi.youdao.com/）、Google 翻譯等進行翻譯。

翻譯得到的結果並不相同，如圖 1.1 所示。

圖 1.1 幾種自動英文翻譯結果

可以看出，即使放到現在，語言的歧義還是很難完全避免的。在實際翻譯過程中，可能需要進行上下文語境分析、俗語處理、語言習慣處理等。

【例 1.2】難解決的互斥問題。

互斥（xor）問題是數學邏輯運算的問題，假設有 A 和 B 兩個邏輯值，1 表示真，0 表示假。如果 A、B 兩個值不同，則互斥結果為 1。如果兩個值相同，互斥結果為 0。其運算法則以下表 1.1 所示。

表 1.1 互斥運算表

A	0	0	1	1
B	0	1	0	1
A xor B	0	1	1	0

互斥操作也可以見圖 1.2，其中 "▲" 表示假的類別，"●" 表示真的類別。

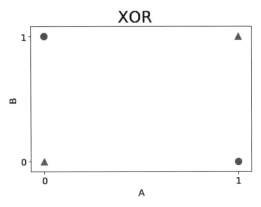

圖 1.2 互斥結果分佈圖

請思考，能否畫出一根直線，將圖中的四個點劃分 "▲" 和 "●" 兩類？互斥問題的解決方案將在第 9 章介紹。

在問題求解方面，當時的人工智慧程式無法解決複雜結構問題。由例 1.2 可以看出，線性感知機演算法無法解決互斥 (XOR) 等非線性問題，然而複雜的資訊處理問題主要是非線性問題。

當人工智慧這種局限性曝露出來後，眾人的熱情也開始消退。政府和結構紛紛取消對人工智慧研究的投入，人工智慧在 70 年代中期迎來了第一次「寒冬」。

2. 第二次人工智慧浪潮——知識（20 世紀 80 年代）

人工智慧的第一個發展階段實現了自動推理等方法，第二個階段則開始借用各領域專家的知識來提高機器的智慧水準。

進入 20 世紀 80 年代，隨著 "知識工程" 概念的提出，人們開始以知識為中心開展人工智慧研究。知識工程的興起使人工智慧的研究從理論轉向實用。

　　此階段最為出名的是 " 專家系統 (Expert System) "。專家系統在各種領域中獲得了成功應用，其巨大的商業價值激發了工業界的投入和熱情。人們專注於透過智慧系統來解決具體領域的實際問題。與此同時，類神經網路 (Artificial Neural Network, ANN) 等技術也獲得了新進展，推動了人工智慧的再次前進。

　　此階段的研究成果如下。

　　(1)1980 年，卡內基美隆大學開發的 XCON 專家系統，可以根據客戶需求自動選擇電腦元件的組合。人類專家做這項工作一般需要 3 個小時，而該系統只需要半分鐘。

　　(2)1982 年，John Hopfield 提出了霍普菲爾德神經網路 (Hopfield net)，在其中引入了相聯儲存 (associative memory) 的機制。1985 年，Hopfield 網路比較成功地求解了貨郎擔問題，即旅行商問題 (Traveling' Salesman Problem, TSP)。

　　(3) 1986 年，David Rumelhart、Geoffrey Hinton 和 Ronald Williams 聯合發表了有里程碑意義的經典論文《透過誤差反向傳播學習表示》(*Learming representations by back propagating errors*)。在這篇論文中，他們透過實驗展示，反向傳播演算法 (back propagation) 可以在神經網路的隱藏層中學習到對輸入資料的有效表達。從此，反向傳播演算法被廣泛用於類神經網路的訓練。

　　然而，到了 80 年代後期，產業界對專家系統的巨大投入並沒有實現期望中的效果。人們發現專家系統開發與維護的成本高昂；而且，隨著知識量的不斷增加，知識之間經常出現前後不一致甚至相互矛盾的現象。

　　對於類神經網路的研究也進入了困境。首先神經網路過低的效率、學習的複雜性一直是研究的難題。其次，由於先驗知識少，神經網路的結構難以預先確定，只能透過反覆學習尋找一個較優結構。再者，類神經網路還缺乏強有力的理論支援。產業界對人工智慧的投入大幅削減，人工智慧的發展再度步入冬天。

3. 第三次人工智慧浪潮——學習（20 世紀 90 年代至今）

　　人工智慧第三次爆發基於以下四方面的協調發展：

1) 演算法的演進

人工智慧演算法發展至今不斷創新，學習層級不斷增加。學術界早期研究的重心是符號計算。例如類神經網路，早期被大量質疑和否定，經過發展逐漸被認可，並顯示出強大的生命力。同時，隨著模式辨識等領域的理論累積，機器學習與深度學習獲得了穩步發展。

2) 更為堅實的理論基礎

人工智慧研究者在研究過程中不斷引入各類數學知識，為人工智慧打造了堅實的數學理論基礎，使演算法經過更為嚴謹的檢驗。很多數學模型和演算法逐步發展壯大，例如統計學習理論、支援向量機、機率圖模型等。

3) 資料的支撐

21 世紀，網際網路的發展也帶來資料資訊的爆炸性增長——" 巨量資料 " 時代來臨了。資料是人工智慧發展的基石。巨量資料為訓練人工智慧提供了原材料，而深度學習演算法的輸出結果隨著資料處理量的增大而更加準確。

4) 硬體算力的提升

與此同時，電腦晶片的運算能力持續高速增長，為硬體環境提供了保證。

伴隨著巨量的資料、不斷提升的演算法能力和電腦運算能力的增長，人工智慧得以迅速發展，取得了重大突破。

這個階段的主要成果如下：

(1)2006 年 Hinton 提出深度學習的技術，在影像、語音辨識以及其他領域內取得一些成功。

(2)在 2012 年影像辨識演算法競賽 ILSVRC (也稱為 ImageNet 挑戰賽) 中，多倫多大學開發的多層神經網路 AlexNet 取得了冠軍，準確率大幅度超越了傳統機器學習演算法。

(3)2016 年，Google 透過深度學習訓練的阿爾法狗 (AlphaGo) 程式在舉世矚目的比賽中以 4 比 1 戰勝了曾經的圍棋世界冠軍李世乭。隨後，又在 2017 年戰勝了世界冠軍棋手柯潔。

　　人工智慧領域的新成就讓人類震驚，再次激起了全世界對人工智慧的熱情。各國、各大公司都把人工智慧列入發展戰略。由此，人工智慧的發展迎來了第三次熱潮。這一次，不僅在技術上頻頻取得突破，在商業市場同樣炙手可熱，創業公司層出不窮。

1.1.3　人工智慧的研究領域

1. 機器學習

　　自從電腦問世以來，人們就一直努力讓程式演算法實現自我學習。人們發現，演算法在解決問題時，其獲取的關於該任務的經驗越多表現得就越好，可以說這個程式對經驗進行了「學習」。

　　機器學習 (Machine Learning, ML) 是一類演算法的總稱，其目標是從歷史資料中挖掘出隱含的規律，並用於未來的任務處理。機器學習的一般過程如圖 1.3 所示，其學習的 " 經驗 " 通常以資料形式存在。機器學習的研究方式通常是基於資料產生 " 模型 "，在解決新問題時，使用模型幫助人們提供判斷、預測。

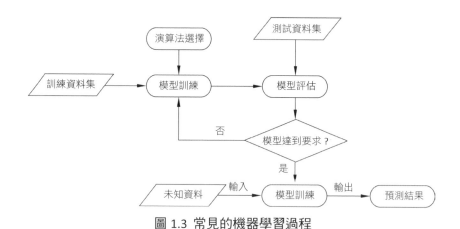

圖 1.3　常見的機器學習過程

　　機器學習是一門多領域交叉學科，涉及機率論、統計學、逼近論、凸分析、演算法複雜度理論等多門學科。機器學習的演算法很多。例如 KNN、貝氏、支援向量機、決策樹、邏輯回歸、類神經網路等。一般分為三類：監督學習、非監督學習和強化學習。

2. 專家系統

專家系統 (Expert System) 是人工智慧領域中的重要分支。專家系統是一類具有專門知識的計算機智能系統。該系統根據某領域一個或多個專家提供的知識和經驗，對人類專家求解問題的過程進行建模，然後運用推理技術來模擬通常由人類專家才能解決的問題，達到與專家類似的解決問題水準。

專家系統必須包含領域專家的大量知識，擁有類似人類專家思維的推理能力，並能用這些知識來解決實際問題。因此，專家系統是一種基於知識的系統，系統設計方法以知識庫和推理機為中心而展開。專家系統通常由知識庫、推理機、綜合資料庫、解譯器、人機互動介面和知識獲取等部分組成，基本結構如圖 1.4 所示。

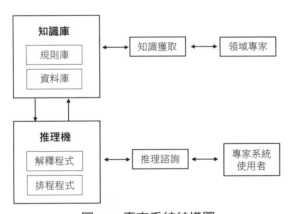

圖 1.4　專家系統結構圖

最早且最著名的專家系統出現於 1965 年，由美國史丹佛大學研製的專家系統 DENDRAL，可以幫助化學家判斷某待定物質的分子結構。其後 1975 年，又發表了 MYCIN 系統，幫助醫生對住院的血液感染患者進行診斷和選用抗菌素類藥物進行治療。

目前專家系統在各個領域中已經得到廣泛應用，如醫療診斷專家系統、故障診斷專家系統、資源勘探專家系統、貸款損失評估專家系統、農業專家系統和教學專家系統等。

3. 自然語言處理

自然語言處理（Natural Language Processing，NLP）研究人與電腦之間用人類自然語言進行通訊的理論和方法。涵蓋電腦科學、人工智慧和語言學等多個領域。自然語言處理並非單純地研究人類自然語言，而在於研製能進行自然語言通訊的智慧系統，特別是其中的軟體系統。

自然語言處理的研究通常包括三個方面：①電腦理解人類的語言輸入，並能正確答覆或回應。②電腦對輸入的語言資訊進行處理，生成摘要或複述；③電腦將輸入的某種自然語言翻譯成另一類語言，如中譯英，實現口語的即時翻譯。具體研究問題如語音合成、語音辨識、自動分詞、句法分析、自然語言生成、資訊檢索等。自然語言處理屬於人工智慧中較困難的研究領域，有待於人們持續研究和探索。

從應用上看，自然語言處理能實現機器翻譯、輿情檢測、自動摘要、觀點提取、字幕生成、文字分類、問題回答等。還能為電腦提供很吸引人的人機互動方法，例如直接用口語操作電腦等，給人們帶來極大便利。

4. 智慧決策系統

決策支援系統（Decision Support System, DSS）的概念是 20 世紀 70 年代被提出，屬於執行資訊系統的一種。90 年代初，決策支援系統與專家系統相結合，形成智慧決策支援系統（Intelligent Decision Support System, IDSS），也稱為智慧決策系統。將傳統的決策支援系統與人工智慧相結合，借助專家系統實現智慧化推理，從而解決複雜的決策問題。

一般的決策支援系統包含三個部分：階段元件、資料庫和模型庫。智慧決策系統在此基礎上又增加了深度知識庫。智慧決策系統發揮了專家系統以知識推理形式定性分析問題的特點，又發揮了決策支援系統以模型計算為核心的定量分析問題的特點，解決問題的能力和範圍獲得了很大提升。

5. 自動定理證明

使用電腦進行自動定理證明（Automated Theorem Proving，ATP）是人工智慧研究的重要方向，對人工智慧演算法的發展也具有重點的作用。ATP 可以自動推理和證明數學定理，對很多非數學領域的任務，如運籌規劃、資訊檢索和問題求解，也可以轉換成一個定理證明問題。所以該課題的研究具有普遍意義。

6. 類神經網路

　　人類的思維活動主要由大腦的神經元完成，受其啟發，研究人員在很早期就將目光瞄準了類神經網路（Artificial Neural Network，即 ANN ）。在電腦領域，類神經網路也稱為神經網路。神經網路系統由大量的節點（或稱神經元）相互連接組成。每個節點具有輸入和輸出，每兩個節點間的連接相當於神經系統的記憶。簡單的三層神經網路結構如圖 1.5 所示。網路的輸出根據連接方式、權重、激勵函數而不同。

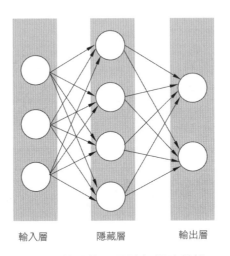

輸入層　　　　隱藏層　　　　輸出層

圖 1.5　簡單的三層神經網路結構

　　神經網路自誕生以來，經歷了起起伏伏。由於理論基礎與巨量資料的支援，在近代尤其是最近十幾年間，獲得了巨大的進展。其在模式辨識、智慧型機器人、自動駕駛、預測推斷、自然語言處理等領域成功解決了許多難以解決的實際問題，表現出了良好的應用性能。

7. 推薦系統

推薦系統是一種資訊過濾系統，用於預測使用者對物品的評分或偏好。推薦系統透過分析已經存在的資料，去預測未來可能產生的事物連接。由推薦系統帶來的推薦服務已經滲透到當今生活的各方面。電子商務平台會根據客戶已經購買過的物品，瀏覽過的商品等資訊，猜測使用者未來可能會買什麼。新聞網站中，使用者對新聞主題的每一次點擊、每一次閱讀也產生了資訊，網站會根據歷史發生的點擊、瀏覽行為來預測使用者感興趣的內容。推薦系統的具體內容詳見第 7 章。

8. 智慧辨識

智慧辨識的本質是模式辨識（Pattern Recognition），是透過電腦技術來研究模式的自動處理和判讀，主要是對光學資訊（透過視覺器官來獲得）和聲學資訊（透過聽覺器官來獲得）進行自動辨識。

研究內容包含電腦視覺、文字辨識、影像辨識、語音辨識、視訊辨識等。智慧辨識在實際生活中具有非常廣泛的應用，根據人們的需要，經常應用於語音波形、地震波、心電圖、腦電圖、照片、手寫文字、指紋、虹膜、視訊監控物件等的具體辨識和分類。

1) 文字辨識

文字辨識指對數位影像中的文字進行辨識，又稱光學字元辨識（Optical Character recognition，OCR），是影像辨識的分支之一，屬於模式辨識和人工智慧的範圍。

透過文字辨識，可以將手寫或印刷影像中的文字轉換成電腦可編輯的文字。有了文字辨識技術，人們可以採用手寫方式輸入資訊，還能將感興趣的報刊等紙質資料轉化為數位文字。對於視力障礙的群眾，智慧系統可以先透過文字辨識技術獲取文字，再使用語音合成技術進行播放，讓使用者能夠 " 閱讀 " 資料。

文字辨識技術根據所辨識文字的來源可以分為：機打文字辨識和手寫文字辨識。其中手寫文字辨識的複雜度較高，如圖 1.6 所示，其文字影像來源廣，風格差異大。在辨識前，手寫文字的圖片通常需要進行降噪、資料校正等前置處理。

目前，隨著深度學習理論的不斷發展，研究者將深度學習理論與文字辨識進行了有效結合，顯著提高了文字辨識的準確率。

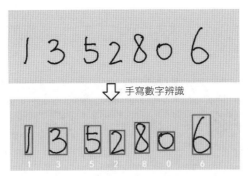

圖 1.6　手寫文字辨識技術

2) 語音辨識

語音辨識（Automatic Speech Recognition，ASR）技術是讓電腦透過辨識和理解，將語音訊號轉變為對應的文字或命令的技術。

第一個語音辨識系統是 1952 年貝爾實驗室 Davis 等研製的，能夠辨識 10 個英文數字的發音。目前語音辨識技術已經獲得了巨大成就，語音辨識系統的辨識率可達 97%。

語音辨識涉及的領域包括訊號處理、模式辨識、機率論和資訊理論、發聲原理等。目前主流的語音特徵是梅爾倒譜系數和感知線性預測係數，其能夠從人耳聽覺特性的角度準確刻畫語音訊號。在對聲學建模時經常採用動態時間規整法、隱馬可夫模型和類神經網路等方法。常見的語音辨識系統基本流程如圖 1.7 所示。

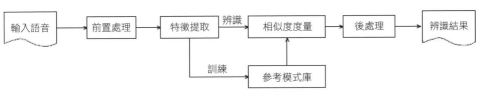

圖 1.7 語音辨識基本原理方塊圖

　　語音辨識技術有著非常廣闊的應用領域，能夠使人們不用鍵盤，透過辨識語音進行請求、命令、詢問和回應。語音辨識輸入較鍵盤輸入快，回應時間短，使人機互動更為便捷，能完成日常生活中的自動資訊查詢、自動問診、自動銀行櫃員服務等。語音辨識技術還可以應用於自動口語翻譯，實現跨語言的無障礙即時交流。如常見的 SIRI：

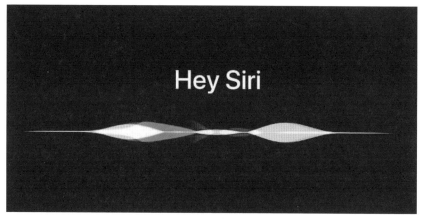

圖 1-8　Hey Siri

3) 其他生物資訊辨識

　　在人物的辨識問題上，除了聲音之外，指紋、人臉、虹膜、掌紋、靜脈、基因、步態、筆跡、顱骨辨識等也是目前最常見的生物辨識技術。

(1) 指紋辨識技術

　　指紋辨識技術的依據是每個人擁有不同的指紋圖案。透過對比指紋影像的全域特徵和局部細節特徵，確定使用者身份。通常身為身份認證方法。指紋辨識技術是目前研究最深入、應用最廣泛、發展最成熟、C/P 值最高的一種生物辨識技術。

(2) 人臉辨識技術

　　人臉辨識技術是基於人的臉部特徵資訊，進行使用者身份辨別的一種生物辨識技術。人臉辨識技術具有非強制性、非接觸性、併發性等特點，是生物辨識技術領域的熱點之一。

(3) 虹膜辨識技術

虹膜辨識技術基於紅外成像技術，擷取人眼的虹膜紋絡特徵輸入電腦。虹膜特徵幾乎無法偽造，因此虹膜辨識技術身為特殊的身份辨識證據，被認為是很有前景的身份認證方法。其特點是精確度高、穩定、非侵犯性和高真實性。

(4) 掌紋、靜脈以及其他辨識技術

掌紋辨識技術是一種新興的生物辨識技術，採樣簡單、影像資訊豐富，而且使用者接受程度高。靜脈辨識技術的研究基礎是人體靜脈血管吸收近紅外線，可以形成特定的靜脈血管圖形特徵。此外，常見的還有 DNA 資訊、體態、步態、筆跡等生物辨識技術。

生物辨識技術已經形成了比較成熟的技術系統，例如指紋辨識和人臉辨識已經獲得了廣泛應用，如圖 1.9 所示。人臉辨識在特定場景下，辨識準確率可以高達到 99%，而支付寶人臉登入在真實場景下的辨識準確率也超過了 90%。在很多重要場合，使用生物技術和傳統密碼相結合，可以極佳地提高驗證準確率，實現網路安全保障和身份安全認證。

(a) 指紋辨識   (b) 人臉辨識

圖 1.9　多種生物辨識技術

4) 物體檢測

除了對人進行檢測外，還有針對物體的檢測和辨識。其任務是標出影像中物體的位置，並舉出物體的類別。可以檢測出影像中的建築物、交通工具、生活傢俱等各種常見物體。可以應用於據圖搜物、垃圾分類、自動分揀、自動避障等方面。由於物品的多樣性，物品辨識系統的準確率與模型的訓練資料庫高度相關。

【例 1.3】Windows 10 系統下的人工智慧幫手——"Cortana" 使用體驗。

"Cortana" 是微軟推出的雲端平台的個人智慧助理,有登入和不登入兩種狀態。登入狀態能夠在你的裝置和其他 Microsoft 服務上工作。你可以問它很多事情,還可以和她聊天。沒有登入的情況下,仍舊可以在工作列上的搜尋框中搜尋你的電腦裝置上的檔案,也可以聊天。

如圖 1.10 所示,在你開始輸入或説出內容後,"Cortana" 可以立即為你提供搜尋建議,開啟工作列中的搜尋框。

(a) Win10 會自動彈出 "Cortana" 的應用　　　　(b) 提供互動介面

圖 1.10　Windows 10 系統的 Cortana 人工智慧幫手

9. 機器人學

機器人學 (Robotics) 是與機器人設計、製造和應用相關的科學,又稱為機器人技術或機器人工程學,主要研究機器人的控制與被處理物體之間的相互關係。

在過去的幾十年裡,機器人學屬於自動化和機械專業的研究領域,或作為電腦輔助模擬的工具。很多科學研究公司也製造出了特殊的人形機器人,如 NAO 機器人、Alpha 機器人等,可以惟妙惟肖地模仿人類姿態和動作,如圖 1.11 所示。近年來,隨著機器人作業系統和軟體開發環境的發展,人們能夠對機器人進行延伸開發,對其功能進行拓展。機器人的自主化程度獲得了提升。

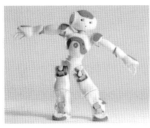
(a) 法國 NAO 機器人

(b) Nao 機器人開發環境

(c) 國產 Alpha 機器人

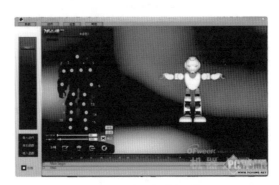
(d) Alpha 機器人動作編輯器

圖 1.11 人形機器人

10. 人工生命

人工生命 (Artificial life，AL) 是透過人工模擬的生命系統或對生命的研究。人工生命首先由電腦科學家 Christopher G. Langton 在 1987 年的「生成及模擬生命系統」國際會議上提出，並將其定義為「研究具有自然生命系統行為特徵的人造系統」。

人工生命是一門新興的交叉科學，其研究領域涵蓋了電腦科學、生物學、自動控制、系統科學、機器人科學、物理、化學、經濟學、哲學等多種學科，研製具有自然生命特徵和生命現象的人造系統，重點是人造系統的模型生成方法、關鍵演算法和實現技術。其主要研究領域包括以下方面：

1) 細胞自動機

細胞自動機是一個細胞陣列，每個細胞按照預先規定的規則離散排列，細胞狀態可以隨時間變化。細胞具有當前狀態和近鄰狀態，能夠自動更新，理論上能夠自我複製。

2) 數位生命

將電腦處理程序視為生命個體，使用電腦資源作為生命個體的生存環境。個體在時間和空間中進行虛擬繁殖，借此所究所學生命過程中的各種現象、規律和深刻特徵，為考查生物的進化現象提供實驗模擬。

3) 數位社會

是人工社會的電腦模型，包含具有自治能力的群眾、獨立的環境和管理規則。

4) 人工腦

日本研究者開發了一種名為 " 人工腦 " 的資訊處理系統，該系統具有自治能力和創造性。人工生命具有 " 進化與突現 " 機制，能夠實現在功能和結構上的自發變化。不僅能夠自動形成新功能，還能夠自主修改自身結構。

5) 進化機器人

進化機器人類似於生命系統，人們把生物系統中的腦神經系統、遺傳系統、免疫系統的功能和分散式控制的思想運用於機器人。進化機器人比傳統機器人更快速、更靈活，具有更強的堅固性（Robust，穩固 / 強壯的）。

6) 虛擬生物

虛擬生物是對生命現象的仿生系統，多用軟體模擬生物形變化過程。例如模仿超級魚進化的人工生命模型。演算法不僅模仿單一動物的特徵和行為，還模仿整個生物系統內的複雜群眾行為。

7) 進化演算法

進化演算法中最為經典的是遺傳演算法。演算法的特徵是具有進化特徵。進化演算法應用非常廣泛，能解決很多處理傳統方法難以解決的高度複雜的非線性問題。許多人工生命模型也都採用遺傳演算法來建立進化系統。

對人工生命的研究和應用將促進多個學科的交流和進展，將對社會、生產、醫療等行業產生深遠的影響。

1.2 機器學習的主要工作

機器學習是人工智慧的分支，是實現人工智慧的途徑。人們以機器學習為方法解決人工智慧中的問題。機器學習主要是設計和分析一些讓電腦可以自動 " 學習 " 的演算法，從資料中自動分析獲得規律，並對未知資料進行預測。

1. 從資料中學習

機器學習方法通常是從已知資料 (data) 中去學習資料中蘊含的規律或判斷規則，借此獲取新知識、新技能。已知資料的用途是學習素材，而學習的主要目的是推廣 , 即把學到的規則應用到未來的新資料上，並做出新的判斷或預測。

機器學習有多種不同的方式。最常見的一種機器學習方式是監督學習 (supervised learning)。下面我們看一個例子。這裡，我們希望能得到一個公式來預測一種水果的類別。而假設水果的類別主要由它的尺寸、顏色確定。如果我們使用監督學習的方法，為了得到這個水果類別，我們要先收集一批水果類別的資料，如表 1.2。

表 1.2 水果類別資料

編號	水果類別	顏色	重量	尺寸
1	奇異果	綠	100 克	7 公分
2	西瓜	綠	3000 克	18 公分
3	櫻桃	紅	8 克	1 公分
4	西瓜	綠	2600 克	16 公分

現在可以根據表 1.2 來學習一個可用於預測水果的函數。表中每一行稱為一個樣本 (sample)。機器學習的演算法依據每個樣本資料對預測函數進行調整。這種學習方式中，預測結果透過回饋對學習過程造成了監督作用，我們稱這樣的學習方式為監督學習。在實際應用中，監督學習是一種非常高效的學習方式。我們會在後面的章節中介紹監督學習的具體方法。

圖 1.12 是 Google 的無人駕駛汽車，這輛車可以自行行駛，所有操作都是汽車自己完成的。無人駕駛是一個典型的監督學習問題，監督的含義是具有很多不同情況的資料，並且知道這些情況下的正確操作。無人駕駛汽車中，具有大量的駕駛資料，以及正確的駕駛行為。使用這些資料來訓練汽車。它甚至會

仔細觀察人類是如何駕駛的,並模擬人類的行為。就像我們剛學開車一樣,開始的時候是透過觀察示範來學習開車的技巧,電腦進行機器學習時也是如此。

在自動駕駛中,電腦透過使用有監督的機器學習,透過分析一個複雜的地形分類問題,在適當的時刻進行加速或減速,從而實現無人駕駛。

圖 1.12 Google 無人駕駛汽車

2. 分析無經驗的新問題

監督學習要求為每個樣本提供預測量的真實值,這在有些應用場合是有困難的。學者們也研究了不同的方法,希望可以在不提供監督資訊 (預測量的真實值) 的條件下進行學習。這樣的方法稱為無監督學習 (Unsupervised Learning)。無監督學習往往比監督學習困難得多,但是由於它能幫助我們克服在很多實際應用中獲取監督資料的困難,因此一直是人工智慧發展的重要研究方向。

3. 邊行動邊學習

在機器學習的實際應用中,我們還會遇到另一種類型的問題:利用學習得到的模型來指導行動。比如在下棋、股票交易或商業決策等場景中,我們關注的不是某個判斷是否準確,而是行動過程能否帶來最大的收益。為了解決這類問題,人們提出了一種不同的機器學習方式,稱為強化學習 (Reinforcement Learning)。

強化學習的目標是要獲得一個策略去指導行動。比如在圍棋博弈中,這個策略可以根據碟面形勢指導每步應該在哪裡落子;在股票交易中,這個策略會告訴我們在什麼時候買入、什麼時候賣出。與監督學習不同,強化學習不需要一系列包含輸入與預測的樣本,它是在行動中學習。

【小測驗】

從以下問題中，找出適合監督分類的問題：

(1) 已知數字 0-9 的樣式，從信封上辨識出郵遞區號。

(2) 將教室裡的學生隨機搭配，分出多個 3 人小組。

(3) 根據某支股票的歷史走勢，預測這支股票將來的價格。

【解答】：1 是正確的，已知 0-9 各個數字的樣式，為機器學習提供了學習標籤，所以辨識信封上的數字是監督學習問題。而對隨機學生分組來說，不需要給學生增加標記。預測股票的價格不是分類問題，股票及價格都不需要標記。

1.3 機器學習開發環境

機器學習開發工具有很多，下面介紹一些常用的開發語言和開發環境。

1. Python 開發語言

1) Python 程式語言

機器學習領域最熱門的開發語言當屬 Python。Python 語言是一門相容性非常好的指令碼語言，可執行在多種電腦平台和作業系統中，如 UNIX、Windows、Mac OS 等。

Python 語言簡單易學，而且運轉良好，它能夠進行自動記憶體回收，物件導向程式設計，擁有強大的動態資料型態和函數庫的支援。最重要的是語法簡單而強大。Python 是開放原始碼專案，與大部分傳統程式語言不同，Python 表現了極其自由的程式設計風格。

即使沒有 Python 語言基礎，只要具備基本的程式設計思想，學習 Python 也不困難。在科學和金融領域，Python 的應用非常廣泛。

Python 語言的最大不足是性能問題，程式的執行效率不如 Java 或 C 程式高。不過在必要的時候，可以使用 Python 呼叫 C 編譯的程式。

常見的 Python 整合式開發環境有 PyCharm、Eclipse+Pydev 等。從方便學習的角度，Anaconda 整合式開發環境具有很多優點，廣為採用。

2) Anaconda 科學計算環境

Anaconda 是一個開放原始碼的 Python 發行版本，可以看作是增值版的 Python。其中包含了大規模資料處理、預測分析和科學計算等的套件及其支援模組，是進行資料分析的有力工具。Anaconda 官網下載網址：https://www.anaconda.com/download/，Anaconda 是跨平台的，有 Windows、macOS、Linux 版本，如圖 1.13 所示。我們選擇 的版本是 Windows 下基於 Python3.7 版本的 64 位元安裝程式。

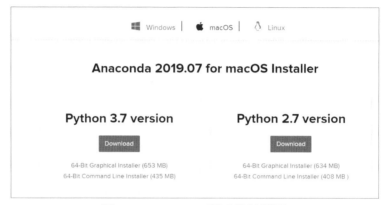

圖 1.13　Anaconda 程式設計環境

Anaconda 元件組成簡單介紹如下：

(1) Anaconda Prompt：

Anaconda Prompt 是命令列終端，常用命令包括：

- Conda list：查看已經安裝的 packages。
- conda config： 增加鏡像伺服器，提高執行速度。
- conda install：使用 conda 安裝 Python 套件。
- pip install：安裝和管理 Python 套件的工具，用來下載和安裝 Python 套件。
- pip uninstall：安裝和管理 Python 套件的工具，用來移除 Python 套件。

　　注意：Anaconda 包含了大部分的常用演算法套件。如果還需要安裝其他的套件，可以使用 pip install 命令安裝。pip install 可以自動搜尋並下載所需要的套件進行安裝。如果需要特定設定的套件，也可以下載這個套件的 .whl 檔案，然後進行離線安裝，同樣使用 pip install 命令。

【例 1.4】 Python 機器學習環境安裝。安裝 Anaconda，並在 Anaconda Prompt 下對環境進行設定，安裝所需要的檔案在 " 教學素材 \1.1\" 資料夾下，先將素材檔案複製到 D: 碟根目錄下（不要修改檔案名稱）。

　　首先查看 Anaconda 預設的安裝套件。

```
>>conda list
```

　　接下來安裝需要的模組，以安裝 Google 深度學習套件 TensorFlow2.2 版本為例，命令如下：

```
>> pip install tensorflow-cpu==2.2.0
```

　　同理，安裝電腦視覺函數庫 OpenCV 時，可以輸入以下命令：

```
>>pip install D:\opencv_python-3.4.3-cp36-cp36m-win_amd64.whl
```

【例 1.5】為了提高存取速度，在 Anaconda 的授權下，部分教育科學研究機構具有鏡像許可權，為 Anaconda 增加離你較近的鏡像，以下命令為範例：

conda config --add channels https://mirrors.tuna.tsinghua.edu.cn/anaconda/pkgs/free/

(2) Jupyter Notebook

Jupyter Notebook 是 Web 互動計算環境，Jupyter Notebook 文件 (.ipynb) 實際上是一個 JSON [1] 文件，可以包含程式 (code)、文字（Markdown）、數學公式、圖形和多媒體。

　　使用 Jupyter Notebook，可以讓文件和程式相輔相成，具有優秀的視覺化能力，讓使用者能夠專注於資料分析過程。

1　JSON:JavaScript Object Notation，稱為 JS 物件簡譜，是一種輕量級的資料交換格式，採用完全獨立於程式語言的文字格式來儲存和表示資料，易閱讀和撰寫，同時也易於機器解析和生成。

【例 1.6】Jupyter Notebook 操作。

步驟 1. 開啟 Jupyter Notebook

啟動之後，瀏覽器將進入到 Notebook 的首頁，如圖 1.14 所示。

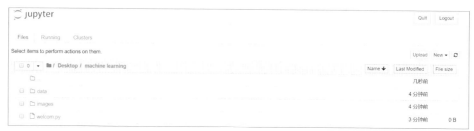

圖 1.14　Jupyter Notebook 開始介面

步驟 2. Jupyter notebook 的簡單使用

從 New 選項中選擇 Python 3 選項，你會看到如圖 1.15 中的程式設計視窗。

圖 1.15　Jupyter Notebook 程式設計視窗

程式上方的功能表列提供了對網頁中儲存格的操作選項：

File：檔案操作，如新建檔案 (New)，開啟檔案 (Open) 和重新命名檔案 (Rename) 等。

Edit：編輯，包括常見的剪下（Cut Cells）、複製（Copy cells）和刪除儲存格（Delete cells）操作，及上下移動儲存格 (Move cell up/Move Cell down) 等操作。

Insert：增加儲存格。

Cell：包括執行儲存格中的程式 (Run cells)，和全部執行 (Run all)。

Kernel：包括對核心的操作，如中斷執行 (interrupt)，以及重新啟動核心（Restart）。

在工具列的下拉式功能表中有四個選項,如圖 1.16 所示。各按鈕的功能依次為:

圖 1.16 Jupyter Notebook 的功能選單

Code:目前的儲存格的內容是可行的程式碼。

Markdown:目前的儲存格的內容是文字,例如程式以外的結論,註釋等文字。

Raw NBConvert:目前的儲存格的內容為動作頁面 (Notebook) 的命令。

Heading:目前的儲存格的內容為標題,使 Notebook 頁面整潔。已經整合到 Markdown 選項中,文字前面增加 "#" 即將輸入的內容視為標題。

【例 1.7】如圖 1.17,選 code 選項,在儲存格中輸入 Python 程式:

```
print("Run the Code in this cell")
```

輸入完成後,點擊 Run 按鈕。

圖 1.17 執行 Python 範例程式

【例 1.8】在新儲存格中,選 Markdown,輸入以下程式:

```
# This is the FIRST Title
## This is the SECOND Title
### This is the THIRD Title
```

輸入後如圖 1.18 所示。

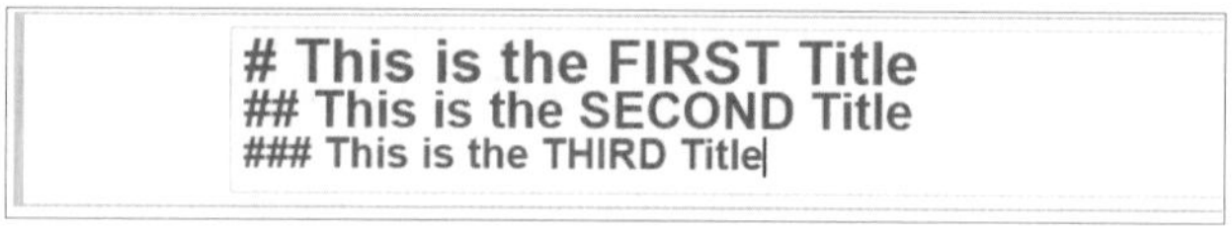

This is the FIRST Title
This is the SECOND Title
This is the THIRD Title

圖 1.18　Markdown 格式化文字

點擊 Run 按鈕，執行後效果如圖 1.19。

This is the FIRST Title
This is the SECOND Title
This is the THIRD Title

圖 1.19　格式化文字顯示效果

【例 1.9】在新儲存格，選 Markdown，輸入如圖 1.20 中的程式：

```
![img001](Holder.png)
```

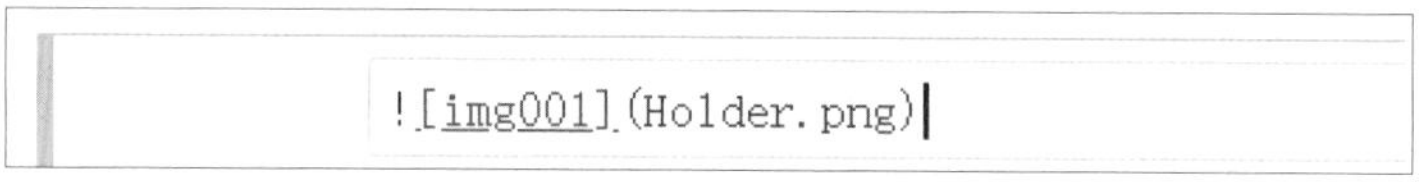

`![img001](Holder.png)`

圖 1.20　程式輸入後的介面

執行後，圖片顯示效果如圖 1.21 所示。

Run
Code
In [5]: print("Run the Code in this cell")
Run the Code in this cell
This is the FIRST Title
This is the SECOND Title
This is the THIRD Title
Holder table function

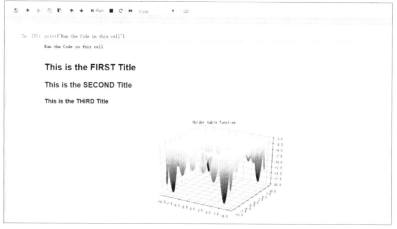

圖 1.21　圖片顯示效果

(3) Anaconda Navigato

Anaconda Navigator 是視覺化的 Anaconda 環境管理介面，可以用來管理環境。如果建立多個版本的開發環境，還可以使用 Navigator 在各個環境之間切換，同時也允許安裝不同版本的 Python，並自由切換。

(4) Spyder

Spyder 是一個常用的視覺化整合式開發環境，是使用 Python 語言進行科學運算開發的平台，其使用介面如圖 1.22。

和其他的 Python 開發環境相比，它最大的優點就是有更好的主控台。有很多面板和「工作空間」功能，可以很方便地觀察和修改陣列的值，方便顯示變數。

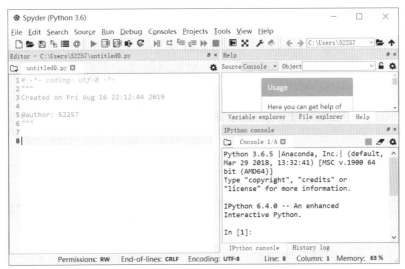

圖 1.22 Spyder 視覺化整合式開發環境

2. Java

使用圖 1.23 的 Java 程式設計環境具有許多優點，如更好的使用者互動，簡化大規模專案的工作，促進視覺化，以及易於偵錯。

圖 1.23 Java 開發環境

Java 也是開發人工智慧專案的很好選擇。Java 物件導向程式設計，可用於許多硬體和軟體平台，具有高度安全性，可攜性。提供了 Java 虛擬機器，內建垃圾回收功能。另外 Java 的使用者廣泛，完善豐富的知識生態可以幫助開發者查詢和解決所遇到的問題。無論是智慧搜尋演算法、自然語言處理演算法還是神經網路，Java 都可以提供演算法實現。

3. C/C++

C 和 C++ 是最為經典且廣受歡迎的程式語言。C 和 C++ 撰寫的程式執行速度快，能與硬體交流，能使軟體更加快速地執行。C++ 的執行速度對 AI 專案非常有用，舉例來說，對執行效率具有要求的搜尋引擎演算法。3D 或其他虛擬實境環境下使用 C++ 實現演算法也很方便，可以獲得更快的執行和回應時間。

4. Lisp

Lisp (List Processing) 是一門較早的特殊的程式語言，適用於符號處理、自動推理以及大規模電路設計等領域。其顯著特點是以函數形式實現功能。Lisp 具有出色的原型設計能力和特有的對符號運算式的支援。Lisp 的出現就是為了解決人工智慧問題，是第一個函數式程式語言，有別於 C、Fortran 和 Java 等結構化程式語言。

5. Prolog

Prolog (Programming in Logic) 是一種邏輯程式語言。它建立在邏輯學理論基礎之上，對一些基本機制進行程式設計，對於人工智慧功能的實現非常有效，例如可以提供模式匹配、自動回溯和資料結構化機制等。

日本曾用 Prolog 建立著名的第五代電腦系統。在人工智慧早期研究中，Prolog 曾經是最主要的開發工具，用於自然語言處理等領域。現已廣泛應用在人工智慧研究中，用來建立專家系統、自然語言處理、智慧推理等。

6. R 語言

R 語言起源於上個世紀 80 年代誕生於貝爾實驗室的 S 語言。是一個用於統計、分析、製圖的優秀工具，是一個開放原始碼的資料分析環境，最初由紐西蘭兩位數學統計學家建立，用於統計計算和繪圖。R 語言是一個快速發展的開放原始碼平台，微軟致力於讓 R 語言成為資料科學通用語言。

R 可以執行於 UNIX、Windows 和 Mac 作業系統，具有很好的相容性。

R 包含以下功能，如資料儲存和處理功能、陣列（特別是矩陣）操作符號、資料分析工具和資料繪圖功能。還包括對應的程式語言，能夠實現條件、迴圈、函數定義、輸入輸出等功能。

7. ROS

2007 年，史丹佛大學人工智慧實驗室在 AI 機器人專案的支援下開發了機器人作業系統 ROS（Robot Operating System），如圖 1.24 中。ROS 是一種廣泛得到使用的機器人操作與控制系統的軟體框架。使用面向服務（SOA）技術，透過網路通訊協定實現節點間的通訊。這樣可以輕鬆地整合不同語言、不同功能的程式。無須改動就可以在不同的機器人上重複使用程式。因此，ROS 更像一個分散式模組化的開放原始碼軟體框架。能夠幫助開發人員對現有的機器人進行延伸開發。

圖 1.24 ROS 機器人作業系統

ROS 系統包括硬體描述、驅動程式管理、共用功能的執行、程式間消息傳遞、程式發行套件管理等模組。支援機器人系統中的感 器、執行器、控制器，包含目標規劃、運動控制、導航以及視覺化等功能。

ROS 遵循開放原始碼協定，透過 ROS，開發人員能夠使用不同程式庫中可重用的程式模組，集中精力做更多的事情，實現程式分享與完善。

習題

一、選擇題

1. 以下關於人工智慧的說法中，錯誤的是（　　　　）。

    A. 人工智慧是研究世界執行規律的科學

    B. 人工智慧涵蓋多個學科領域

    C. 人工智慧包括自動推理、專家系統、機器學習等技術

    D. 現階段的人工智慧核心是機器學習

2. 人工智慧未來發展的三個層次包括（　　　　）。

    A. 弱人工智慧

    B. 強人工智慧

    C. 超人工智慧

    D. 以上全對

3. 下面能實現人工智慧演算法的開發環境有（　　　　）。

    A. C 語言

    B. JAVA 語言

    C. Python 語言

    D. 以上都可以

4. 20 世紀 70 年代開始，人工智慧進入第一次低谷期的原因不包括（　　　　）。

    A. 電腦記憶體有限

    B. 攝影裝置沒有出現

    C. 電腦處理速度不夠快

    D. 理論基礎薄弱

5. 被廣泛認為是 AI 誕生的標識的是（　　　）。

   A. 電腦的產生

   B. 圖靈機的出現

   C. 達特茅斯會議

   D. 神經網路的提出

二、填充題

1. 智慧是人類 ＿＿＿＿＿ 和 ＿＿＿＿＿ 的總稱。

2. 人工智慧的英文縮寫為 ＿＿＿＿＿，是研究人類智慧的技術科學。

3. ＿＿＿＿＿ 年，人工智慧誕生於美國達特茅斯的一次夏季學術研討會。

4. 80 年代第二次人工智慧浪潮中，最為代表性的系統是 ＿＿＿＿＿，例如 XCON 系統，這類系統是以知識為中心開展人工智慧研究。

5. 在人工智慧領域，NLP 的全稱 ＿＿＿＿＿，其主要研究人類語言的理論和處理方法。

6. A 公司為方便員工考勤，安裝了一種考勤裝置。員工只要將某個特定的手指放在裝置上即可實現考勤。這個裝置使用了人工智慧中的 ＿＿＿＿＿ 技術。

三、思考題

查詢資料，調查現有的機器學習開發環境，並進行對比。

第 **2** 章

Python資料處理基礎

本 章 概 要

　　Python 程式開發語言近些年來發展迅速，廣泛用於科學計、資料探勘和機器學習。資料分析是科學計算的重要組成，是必不可少的處理環節。

　　在 Python 語言中，不僅提供了基本的資料處理功能，同時還配備了很多高品質的機器學習和資料分析函數庫。

　　本章介紹 Python 的基本資料處理功能，講解如何利用 Python 進行資料控制、處理、整理和分析等操作，以及如果使用 Python 進行資料檔案讀寫。隨後對 Python 資料分析模組進行簡介，講解 Nmupy 和 Pandas 提供的資料檔案存取功能。

學 習 目 標

　　當完成本章的學習後，要求：

1. 了解 Python 程式開發環境的使用；
2. 掌握 Python 的基底資料型態；
3. 掌握 Python 讀寫檔案；
4. 熟悉使用 NumPy 獲取資料檔案內容；
5. 熟悉使用 Pandas 存取資料檔案。

▌2.1 Python 程式開發技術

Python 是荷蘭人 Guido van Russum 於 1989 年建立的一門程式語言。Python 是開放原始碼專案，其解譯器的全部程式都可以在 Python 的官網 (http://www.python.org) 自由下載。Python 的重要特點如下：

1. 物件導向

Python 既支援過程導向的程式設計，也支援物件導向的程式設計。Python 支援繼承、多載，程式可以重用。

2. 資料型態豐富

Python 提供了豐富的資料結構，包括串列、元組、集合、字典，以及 NumPy、Pandas 等資源庫提供的高級資料結構。

3. 具有功能強大的模組庫

由於 Python 是免費的開放原始碼程式語言，許多優秀的開發者為 Python 開發了功能強大的拓展套件，供其他人能夠免費使用。

4. 易拓展

Python 語言的底層是由 C/C++ 寫的，開發者可以在 Python 中呼叫 C/C++ 撰寫的程式，可以極大地提高程式執行速度，同時保持程式的完整性。

5. 可攜性

因為 Python 是開放原始碼的，所以 Python 程式不依賴系統的特性，無須修改就可以在任何支援 Python 的平台上執行。

完成下面的實驗，了解 Python 程式設計的基本撰寫方法。

【例 2.1】Python 語言綜合範例。

```
import random     # 包含隨機數模組，以生成隨機數
# 定義 fib_loop 函數，建構費氏數列
def fib_loop(n):
    listNum=[]
    a, b = 0, 1
```

```
#for 結構，迴圈本體重複執行 n 次
for i in range(n):
    a, b = b, a + b
    listNum.append(a)
    print(i,listNum)
return listNum                          # 傳回一個資料串列 listNum
listPlan=['吃零食','學習','學習','學習','看電影','學習','旅遊','睡覺','學習']
listNum=fib_loop(6)                     # 呼叫 fib_loop 函數生成費氏數列
varIdx=random.randint(0,5)              # 生成 0~4 的隨機數 varIdx
varRandom=listNum[varIdx]
print(' 今日計劃：',listPlan[varRandom]) # 根據隨機編號取出今日計畫
```

執行結果：

今日計劃：學習

程式首先定義了 fib_loop 函數，用來生成費氏數列。並在主程式中呼叫了 fib_loop 函數，生成的 6 個費氏數列為 [1, 1, 2, 3, 5, 8]。

程式透過包含 random 模組，並使用 random.randint(0,5) 函數生成了 0 到 5 之間的隨機整數。將此隨機數作為下標讀取對應位置的費氏數，再使用該費氏數作為運程 listPlan 中下標，得到推薦事件。可以看出，每次推薦的事件均為「學習」。

思考：本例中，random.randint(0,5) 改成 random.randint(0,8) 是否可以？

分析：由於費氏數列中第 6 個數字是 13，而本例中的 listPlan 中只有 9 個項目。如果修改為 0~8 的隨機數，當產生的隨機數大於 5 時，會導致非法引用。所以不能修改為 random.randint(0,8)。

使用 Python 完成機器學習任務，需要熟練掌握 Python 程式設計方法，包括迴圈結構、選擇結構、函數使用等都是較常用的基礎知識。本書中對 Python 的基礎知識不做詳盡介紹，如果學習者需要，可以參閱專門的 Python 教學。

■ 2.2 基底資料型態

在 Python3 的環境中，提供了基本的內建資料型態，即 Python 的標準資料型態。標準資料型態共有 6 種，包括 Number（數字）、String（字串）、List（串列）、Tuple（元組）、Set（集合）、Dictionary（字典）。

根據資料物件是否可變，這六種標準資料型態又可以劃分為兩類：可變資料型態和不可變資料型態。

可變資料型態在宣告時會開闢一個記憶體空間，使用 Python 的內建方法對記憶體中的資料進行修改時，記憶體位址不發生變化。可變資料包括串列、字典和集合。

不可變資料型態在宣告時候也會開闢一塊記憶體，不能改變這個資料的值。當改變變數的給予值時，會重新開闢一塊記憶體空間。不可變資料有數字、字串和元組。

1. Number（數字類型）

Python 的數字類型包括 int, float, bool 和 complex 複數類型。當指定一個值時，就建立了一個 Number 類型的物件。

【例 2.2】數數值型態不可改變。

```
i = 3
print(id(i))
i += 1
print(id(i))
```

執行結果範例：

```
1496607872
1496607904
```

透過 id 函數，可以看到變數 i 在加 1 之後，記憶體位址已經改變。i += 1 不是原有的 int 物件增加 1，而是重新建立一個 int 物件，其值為 4。

2. String（字串）類型

Python 中的字串用半形的單引號或雙引號括起來，對於字串內的特殊字元，使用反斜線 "\" 進行 逸出。

在 Python 中，獲取字串的一部分的操作也稱為切片，截取格式為：

字串變數 [頭下標：尾下標]

正序存取時，可以獲取到頭下標到尾下標減 1 位置的字元。也可以反向讀取。

Python 字串的字首下標為 0，位置與該位置上的數值交錯出現。可以把這種存取方式生動地理解為「柵欄式」存取，即每個字元的位置位於字元的前面。Python 當中除了字串還會有很多序列，其存取方式大都採用「柵欄式」存取方式。序列的定位及截取方式如圖 2.1 所示。

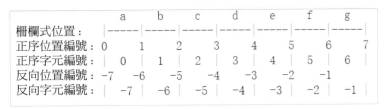

圖 2.1　序列存取及切片方法

【例 2.3】字串的存取。

```
str = 'Picture'
print (str[1:3])     # 第二、三個字元
print (str[-3:-1])   # 倒數第二、三個字元
print (str[3:-1])    # 正數第四個到倒數第二個字元
print (str[-6:7])    # 倒數第六個到正數第七個字元
print (str[2:])      # 第三個字元開始的所有字元
print (str * 2)      # 輸出字串兩次
print (str + "TEST") # 連接字串
```

執行結果如下：

```
ic
ur
tur
icture
cture
PicturePicture
PictureTEST
```

由於 Python 字串是不可變類型，所以向字串的索引位置給予值會導致錯誤。

【例 2.4】 字串給予值。

```
word = 'Python'
print(word[0], word[5])
print(word[-1], word[-6])
```

如果繼續增加一行敘述：

```
word[0] = Q'
```

由於無法修改 word 字串，因此會導致錯誤："TypeError: 'str' object does not support item assignment"。

如果需要修改字串的內容，可以使用重新設定陳述式，如下：

```
word = 'Qython'
```

即生成一個新的 word 變數。

3. List（串列）類型

List（串列）使用中括號 [] 進行定義，資料項目之間用逗點分隔。Python 中，串列的使用非常頻繁。串列的資料項目可以是數字、字串，也可以是串列。

串列也是一種 Python 序列，其截取語法與字串類似，格式如下：

```
串列變數 [ 頭下標 : 尾下標 ]
```

正序存取的時候，索引值從 0 開始，取到尾下標減 1 位置的字元；如果是反向存取，則 -1 是尾端位置。

【例 2.5】 串列的存取。

```
list = [ 'a', 56 , 1.13, 'HelloWorld',[7,8,9] ]
print(list)        # 完整串列
print(list[4])     # 第五個元素
print(list[-2:5])  # 從倒數第二個到正數第五個元素
print(list[2:])    # 第三個元素開始的所有元素
```

執行結果如下：

```
['a', 56, 1.13, 'HelloWorld', [7, 8, 9]]
[7, 8, 9]
['HelloWorld', [7, 8, 9]]
[1.13, 'HelloWorld', [7, 8, 9]]
```

不過，與 Python 字串不一樣的是，串列中的單一元素可以修改。List 還內建了很多方法，例如 append()、pop() 等等。

【例 2.6】串列元素的修改。

```
a = [1, 2, 3, 4, 5, 6]
a[0] = 9                # 將第一個元素設為 9
print(a)
a.append(7)             # 在串列尾端追加 7
print(a)
a[2:5] = []             # 將第三到五個元素值設定為空值
print(a)
a.pop(2)                # 將第三個元素移除
print(a)
```

執行結果為：

```
[9, 2, 3, 4, 5, 6]
[9, 2, 3, 4, 5, 6, 7]
[9, 2, 6, 7]
[9, 2, 7]
```

在實際應用中，經常需要對串列中的資料項目進行遍歷（也稱為迭代）。Python 中常用的串列迭代方法有三種：for 迴圈遍歷、按索引序列遍歷和按下標遍歷。其中，按索引序列遍歷一般使用 enumerate() 函數，將可遍歷的資料物件 (如串列、元組或字串) 組合為一個索引序列，同時列出資料和資料下標，再結合 for 迴圈進行遍歷。

【例 2.7】串列的遍歷。

```
lis= [' 蚱蜢 ',' 螳螂 ',' 蟈蟈 ',' 蝗蟲 ',' 蛐蛐 ']
#(1) 直接遍歷
for item in lis:
    print(item)
 #(2) 按索引遍歷
for i in enumerate(lis):
    print(i)
#(3) 對於串列類型，還有一種透過下標遍歷的方式，如使用 range() 函數
for i in range(len(lis)):
    print(lis[i])
```

4. Tuple（元組）類型

元組寫在小括號 () 裡，元素之間用逗點分隔，元素可以具有不同的類型。元組（Tuple）與串列類似，但元組的元素不能修改。

元組的截取方式與字串和串列都類似，下標從 0 開始，尾端的位置從 -1 開始。

【例 2.8】元組的存取。

```
tuple = ( 'SpiderMan',2017 ,33.4, 'Homecoming', 14 )
tinytuple = (16, 'Marvel')
print (tuple)                    # 輸出完整元組
print (tuple[0])                 # 輸出元組的第一個元素
print (tuple[3:4])               # 輸出從第二個元素開始到第三個元素
print (tuple + tinytuple)        # 連接元組
```

執行結果如下：

```
('SpiderMan', 2017, 33.4, 'Homecoming', 14)
SpiderMan
('Homecoming',)
('SpiderMan', 2017, 33.4, 'Homecoming', 14, 16, 'Marvel')
```

雖然元組的元素不可改變，但如果元組內部的資料項目是可變的類型，則該資料項目可以修改。

【例 2.9】修改元組中的 List 類型態資料項。

```
tuple = ([16, 'Marvel'] , 'SpiderMan',2017 ,33.4, 'Homecoming', 14,)
print(tuple[0])
tuple[0][0]='Marvel'
tuple[0][1]='16'
print (tuple)
```

執行結果如下：

```
[16, 'Marvel']
(['Marvel', '16'], 'SpiderMan', 2017, 33.4, 'Homecoming', 14)
```

5. Dictionary（字典）

字典是一種可變容器模型，且可儲存任意類型物件。字典使用大括號 {} 定義，格式如下所示：

```
d = {key1 : value1, key2 : value2}
```

字典的每個鍵值 (key/value) 對用冒號分隔，鍵值對之間用逗點分隔。鍵一般是唯一的。如果出現了重複，則後面的鍵值對會替換前面的鍵值對。值的資料及類型不限，可以是字串、數字或元組。

1) 字典的存取

存取字典中的值需要使用字典的鍵值，這個鍵值用中括號括起來，格式為：

```
dt['key']
```

【例 2.10】字典的存取。

```
dict = {'Name': 'Mary', 'Age': 7, 'Class': 'First'};
print(dict);
print("Name: ", dict['Name'])
print("Age: ", dict['Age'])
```

【例 2.11】串列可以作為字典的 value 值。

```
dict = {'Name': ['Mary','Tom','Philp'], 'Age': [7,8,9], 'Class':
['1st','2nd','3rd']};
print(dict);
print("Name: ", dict['Name'])
dict['Age']=[8,9,10]
print("Age: ", dict['Age'])
```

執行結果為：

```
{'Name': ['Mary', 'Tom', 'Philp'], 'Age': [7, 8, 9], 'Class': ['1st', '2nd', '3rd']}
Name:  ['Mary', 'Tom', 'Philp']
Age:  [8, 9, 10]
```

2) 修改字典

可以向字典增加鍵 / 值對，也可以修改或刪除字典的鍵 / 值對，如例 2.12 所示。

【 **例 2.12** 】修改字典。

```
dict = {'Name': 'Zara', 'Class': 'First'};
# 增加 add
dict['Gender']="Female"
print(dict)
# 修改 update
dict.update({"No":"001"})
print(dict)
# 也可以使用 update 方法增加 / 修改多個資料
dict.update({'Gender':"F","Id":1})
print(dict)
```

執行結果為：

```
{'Name': 'Zara', 'Class': 'First', 'Gender': 'Female'}
{'Name': 'Zara', 'Class': 'First', 'Gender': 'Female', 'No': '001'}
{'Name': 'Zara', 'Class': 'First', 'Gender': 'F', 'No': '001', 'Id': 1}
```

3) 刪除字典元素

刪除一個字典鍵值對用 del 命令，清空字典用 clear 命令。

【 **例 2.13** 】刪除字典元素。

```
del dict['Gender']
print(dict)
dict.clear()
print(dict)
```

執行結果為：

```
{'Name': 'Zara', 'Class': 'First', 'No': '001', 'Id': 1}
{}
```

6. Set（集合）類型

Set（集合）由一列無序的、不重複的資料項目組成。Python 中的集合是可變類型。與數學中的集合概念相同，集合中每個元素都是唯一的。同時，集合不設定順序，每次輸出時元素的排序可能都不相同。

集合使用大括號，形式上和字典類似，但資料項目不是成對的。

1) 建立 set 集合

建立集合可以使用大括號 {} 或 set() 函數，但建立一個空集合必須用 set() 函數而不能用 {}，因為空的大括號 {} 建立的是空的字典。建立一個由 (v1,v2,…) 組成的集合 mySet，可以使用：mySet = {v1,v2,...}。

還可以使用 List 串列來建立集合，串列中的資料項目直接作為集合的元素。生成的 set 集合和原 List 串列相比，資料項目順序有可能不同，並且會去除重復資料項。

例如由串列 myList 建立一個名為 mySet 的集合，可以使用：mySet =set(myList)。

【例 2.14】建立集合。

```
# 建立一個空集合
var = set()
print(var,type(var))      # 顯示集合內容和類型
# 具有資料的集合
var = {'LiLei','HanMeiMei','ZhangHua', 'LiLei', 'LiLei'}
print(var,type(var))      # 顯示集合內容和類型
```

【例 2.15】集合成員檢測。

```
# 判斷元素在集合內
result = 'LiLei' in var
print(result)
# 判斷元素不在集合內
result = 'lilei' not in var     # 有大小寫區分
print(result)
```

2) 集合增加、刪除元素

為集合增加資料項目有兩種常用方法，是 add() 和 update()。刪除集合項的常用方法是 remove()。

【例 2.16】增加、刪除集合元素。

```
var = {'LiLei','HanMeiMei','ZhangHua'}
var.add('LiBai')        #add 方法增加元素
print(var)
```

```
var.update('DuFu')      #update 方法首先拆分元素，然後各個增加
print(var)              # 資料項目無序，且去除重複項
var.remove('D')
var.remove('F')
var.remove('u')
print(var)
```

3) 集合的遍歷

集合中的元素也可以使用遍歷進行存取，可以使用直接遍歷，也可以使用 enumerate 索引進行遍歷。不過，集合類型不支援 range() 方式的遍歷。

【例 2.17】有一個集合 anml，其內容為 {' 紫貂 ',' 松貂 ',' 青鼬 ',' 狼獾 '}，對 anml 集合進行遍歷。

方法一：

```
anml ={' 紫貂 ',' 松貂 ',' 青鼬 ',' 狼獾 '}
for item in anml:
        print(item)
```

方法二：

```
anml ={' 紫貂 ',' 松貂 ',' 青鼬 ',' 狼獾 '}
for item in enumerate(anml):
        print(item)
```

4) Python 集合操作符號

Python 集合類型與數學中的集合操作類似，支援集合的交集、聯集、差集、包含等數學操作。常見數學集合符合與 Python 集合操作符號的對應以下表 2.1。

表 2.1　數學集合運算子與 Python 集合操作符號對比表

集合操作	數學符號	Python 操作符號
差集	$-$	-
交集	$\cap$	&
聯集	$\cup$	|
不等於	$\neq$	!=
等於	$=$	==
包含於	$\in$	in
不包含於	$\notin$	not in

【例 2.18】 集合的交集、聯集（合集）、差集。

　　非洲有一種兇猛的小型鼬科動物，名為狼獾，也被稱為貂熊，如圖 2.2 所示，透過集合操作對這種動物進行了解。

圖 2.2　狼獾

(圖片來源：www.veer.com，授權編號：202008222005163104)

```
# 分別建構獾和貂兩個集合
Huan={' 豬獾 ',' 蜜獾 ',' 狼獾 ',}
Diao={' 紫貂 ',' 松貂 ',' 美洲水鼬 ',' 狼獾 '}
# 交集
DiaoXiong=Huan&Diao
print(' 貂熊是：',DiaoXiong)
# 聯集
Youke=Huan|Diao
print(' 鼬科的是：',Youke)
# 差集
DiaoT=Diao-Huan
print(' 除去獾的貂類：',DiaoT)
```

2.3　資料檔案讀寫

　　機器學習的本質是資料處理，及在此基礎上的演算法執行。如果資料是少量的、臨時的，可以使用標準資料型態變數進行儲存。不過實際應用中，經常使用大量的資料，這時需要使用資料檔案。

2.3.1　開啟與關閉檔案

　　Python 提供了標準的檔案操作功能，可以對檔案進行讀寫操作。

1. 開啟檔案

開啟檔案的內建函數是 open() 函數，開啟檔案後會建立一個檔案物件。對檔案的存取透過這個檔案物件進行。

語法：

```
open(file_name [, access_mode][, buffering])
```

主要參數：

file_name：字串類型，要存取的檔案名稱。

access_mode：檔案的開啟模式，讀取、寫入或追加等。可選參數，預設為 r (唯讀模式)。寫入資料常用的是 'w'、'a' 模式，分別表示改寫和增加。

buffering：表示文件緩衝區的策略，可選。當值為 0 時，表示不使用緩衝區。

如：f = open('datafile.txt', 'w')。

2. 寫入檔案

向檔案中寫入資料，使用檔案物件的 write() 方法，參數為要寫入檔案的字串。

如：f.write('some data')。

3. 關閉檔案

關閉使用檔案物件的 close() 方法。

如：f.close()。

【例 2.19】開啟檔案並寫入資料。

```
filename = 'INFO.txt'
f=open(filename,'w')      # 清空原始檔案資料，檔案不存在則建立新檔案
f.write("I am ZhangSanFeng.\n")
f.write("I am now studying in ECNU.\n")
f.close()
```

執行後，程式在目前的目錄生成了一個 INFO.txt 檔案，內容為兩行資料。

檔案的讀寫也會產生錯誤，例如讀取一個不存在的檔案或沒有正常關閉的檔案，會產生 IOError 錯誤。為了避免這種問題，可以使用 try ... finally 敘述，不過更方便的是使用 Python 提供的 with 敘述。使用 with 敘述開啟檔案時，不必呼叫 f.close() 方法就能自動關閉檔案。即使檔案讀取出錯，也保證關閉檔案。使用 with 敘述存取檔案，程式更簡潔，能獲得更好的異常處理。

【例 2.20】使用 with 敘述開啟檔案。

```
with open('INFO.txt','a') as f:  # 'a' 表示增加資料，不清除原資料
    f.write("I major in Computer Vision.\n")
```

2.3.2 讀取檔案內容

檔案物件中也提供了讀取檔案的方法，包括 read()、readline()、readlines() 等方法。其功能分別如下：

1. file.read([count])

讀取檔案，預設讀取整個檔案。如果設定了參數 count，則讀取 count 個位元組，傳回值為字串。

2. file.readline()

從當前位置開始，讀取檔案中的一行，傳回值為字串。

3. file.readlines()

從當前位置開始讀取檔案的所有行，傳回值為串列，每行為串列的一項。

同時，也可以使用 for 迴圈對檔案物件進行遍歷。對於不同的讀取檔案方法，在實際使用時，可以根據需要選擇合適的讀取檔案方式。

【例 2.21】read() 函數讀取整數個檔案。

```
with open("INFO.txt") as f:    # 預設模式為 'r'，唯讀模式
    ct10 = f.read(5)           # 讀取 5 個字元
    print(ct10)
    print('======')
    contents = f.read()        # 從當前位置，讀取檔案全部內容
    print(contents)
```

有時讀取的資料具有特殊字元或需要去掉的空格，如 \n（換行）、\r（確認）、\t（定位字元）、''（空格）等，可以使用 Python 提供的函數去除頭尾不需要的字元。常用的去空白符號函數有：

strip()：去除頭、尾的字元和空白符號。

lstrip()：用來去除開頭字元、空白符號。

rstrip()：用來去除結尾字元、空白符號。

【例 2.22】使用 readline() 函數逐行讀取。

```
with open('data.txt') as f:
    line1 = f.readline()  # 讀取第一行資料（此時已經指向第一行尾端）
    line2 = f.readline()  # 從上一次讀取尾端開始讀取（第二行）
    print(line1)
    print(line2)
    print(line1.strip())
    print(line2.strip())
    print(line1.split())
```

【例 2.23】使用 readlines() 一次讀取多行。

```
with open('data.txt') as f:
    lines = f.readlines()  # 檔案資料讀到一個串列，每個元素對應一行
print(lines)                # 每一行資料都包含了分行符號
print('==============================')
for line in lines:
    print(line.rstrip())   # 使用 rstrip() 處理空格
```

【例 2.24】使用 for 迴圈逐行讀取檔案。

```
# 逐行讀取
with open('data.txt') as f:
    for lineData in f:
        print(lineData.rstrip())  # 去掉每行尾端的分行符號
```

2.3.3 將資料寫入檔案

如果需要對檔案寫入資料，開啟方式需要選擇 'w'（寫入）或 'a'（追加）模式，才能對檔案內容進行改寫或增加。寫入檔案可以使用 Python 提供的 write 方法。write 方法的語法如下：

```
fileObject.write(byte)
```

其中，參數 byte 為待寫入檔案的字串或位元組。

【例 2.25】新建文字檔並寫入內容。

```
filename = 'write_data.txt'
with open(filename,'w') as f:          # 'w' 表示寫入資料，會清空原始檔案
    f.write("I am ZhangSanFeng.\n")
    f.write("I am now studying in ECNU.\n")
```

【例 2.26】向檔案中追加資料。

```
with open(filename,'a') as f:    # 'a' 表示追加資料，不清除原資料
    f.write("I major in Computer Vision.\n")
```

◆ 檔案指標

　　檔案指標用來記錄當前位於檔案的哪個位置。例如 readline() 每執行一次，指標下移一行。而 read() 函數執行之後，再進行讀取會發現讀取不到內容。這是由於 read() 執行之後，檔案指標是指向檔案尾端的。此時，從檔案尾端開始讀取檔案，就沒有內容可供讀取。

　　如果需要調整檔案指標的位置，可以使用 seek() 函數。seek() 函數格式如下：

```
fileObject.seek(offset[, whence])
```

　　主要參數：

　　offset——偏移量。從指定位置開始，需要移動的位元組數。

　　whence——指定的位置。可選參數，代表 Offset 的起始點，預設值為 0。值為 0 代表檔案表頭，1 代表當前位置，2 代表檔案尾端。

　　例如：

　　seek(0)：表示指標回到檔案表頭；

　　seek(2)：表示指標到達檔案尾端；

　　seek(num,0)：表示指標從檔案表頭開始，移動 num 個位元組。

2.3.4 Pandas 存取檔案

　　Pandas 是一個強大的分析結構化資料的工具集，Pandas 的名稱來自面板資料（Panel Data）和 Python 資料分析（Data Analysis）的合成。其中的 Panel Data 是經濟學中處理多維資料的術語，在 Pandas 中也提供了 Panel 的資料型態。

　　Pandas 的基礎是 NumPy。本節將學習 Pandas 模組以及它所提供的用於資料分析的基礎功能。Pandas 的核心功能是資料計算和處理，對外部檔案讀寫資料也是 Pandas 功能的一部分。而且，可以使用 Pandas 在資料讀寫階段對資料做一定的前置處理，為接下來的資料分析做準備。

資料獲取對 Pandas 的資料分析來說非常重要。Pandas 模組提供了專門的檔案輸入輸出函數，大致可分為讀取函數和寫入函數兩類。

表 2.2 Pandas 主要讀寫函數

讀取函數	寫入函數	功能
read_csv()	to_csv()	將 CSV 檔案讀取 DataFrame，預設逗點分隔
read_excel()	to_excel()	將 Excel 檔案讀取到 Pandas DataFrame 中
read_sql()	to_sql()	將 SQL 查詢或資料庫表讀取到 DataFrame 中
read_json()	to_json()	讀寫 JSON 格式檔案和字串
read_html()	to_html()	可以讀寫 HTML 字串 / 檔案 / URL，將 HTML 表解析為 Pandas 串列 DataFrame

1. read_csv() 函數

功能：從檔案、URL、檔案新物件中載入帶有分隔符號的資料，預設分隔符號是逗點。txt 檔案和 csv 檔案可以透過 Pandas 中的 read_csv() 函數進行讀取。讀取表格資料有時候可以用 read_table() 函數，其預設分隔符號為定位字元 ("\t")。read_csv() 和 read_table() 函數都具有豐富的參數可以設定。

read_csv() 的格式如下：

```
pd.read_csv(filepath_or_buffer,sep,header,encoding,index_col,columns…)
```

該函數有 20 多個參數，其主要參數如下：

filepath_or_buffer：字串類型，代表檔案名稱或資料物件的路徑，也可以是 URL。

sep：字串類型，資料的分隔符號。read_csv() 中預設是逗點；read_table() 中預設是 tab 空格。

header：整數或整數串列，表示此行的資料是關鍵字，資料從下一行開始。header 預設為 0，即檔案第 1 行資料是關鍵字。如果檔案中的資料沒有關鍵字，需要將 header 設定為 None。

encoding：字串類型，可選參數，註明資料的編碼，預設為 utf-8。

index_col：整數，預設為 None，指定行索引的列號。

【例 2.27】read_csv() 取有標題的資料。

```
import pandas as pd
data1 = pd.read_csv('dataH.txt')
print(data1)
print('------------------')
data2 = pd.read_csv('dataH.txt',sep = ' ')    # 指明分隔符號
print(data2)
```

【例 2.28】read_table() 讀取無標題資料。

```
import pandas as pd
data3 = pd.read_table('data.txt',sep = ' ')
print(data3)
print('------------------')
#header 參數指明資料沒有標題
data4 = pd.read_table('data.txt',sep = ' ',header=None)
print(data4)
```

【例 2.29】讀取無標題資料並設定標題名稱。

```
import pandas as pd
data1=pd.read_table('data.txt',sep=' ',header=None,names=["H","W","C"])
print(data1)
```

2. to_csv() 函數

如果需要將資料寫入 csv 檔案，可以使用 Pandas 提供的 to_csv() 函數。使用 Pandas 讀寫的資料都是基於 Pandas 內建的 DataFrame 格式，方便繼續對資料進行處理。

【例 2.30】將 DataFrame 格式資料的兩列寫入檔案。在程式的最後增加敘述：

```
data1.to_csv("HW.csv", columns=["H","W"])
```

程式生成了 CSV 檔案，內容如圖 2.3 所示。

	A	B	C	D
1		H	W	
2	0	1.5	40	
3	1	1.5	50	
4	2	1.5	60	
5	3	1.6	40	
6	4	1.6	50	
7	5	1.6	60	
8	6	1.6	70	
9	7	1.7	50	
10	8	1.7	60	
11	9	1.7	70	
12	10	1.7	80	
13	11	1.8	60	
14	12	1.8	70	
15	13	1.8	80	
16	14	1.8	90	
17	15	1.9	80	
18	16	1.9	90	
19				

圖 2.3　生成的 CSV 檔案結果

2.3.5　NumPy 存取檔案

除了 Pandas，NumPy 也可以非常方便地存取檔案，提供了如表 2.3 所示等函數：

表 2.3 NumPy 主要讀寫函數

讀取函數	寫入函數	功能
fromfile()	tofile()	存取二進位格式檔案
load()	save()	存取 NumPy 專用的二進位格式檔案
loadtxt()	savetxt()	存取文字檔，也可以存取 csv 檔案

1. loadtxt() 和 savetxt()

可以從文字檔中讀取資料，或把陣列寫入文字檔。函數可以存取文字檔，也可以存取 csv 檔案。savetxt() 和 loadtxt() 存取過程中，使用的是 NumPy 內建的一維和二維陣列格式。

基本格式：

```
np.loadtxt(fname, dtype=, comments='#', delimiter=None,
converters=None,  skiprows=0, usecols=None, unpack=False, ndmin=0,
encoding='bytes')
np.savetxt(fname,X,fmt='%.18e',delimiter=' ',newline='\n',header='',
footer='',comments='#',encoding=None)
```

常用參數解析：

frame：檔案、字串或產生器，可以是 .gz 或 .bz2 的壓縮檔。

X：準備儲存到檔案的資料，一維或二維的陣列形式。

dtype：資料型態，可選。

delimiter：分隔字串，預設是空格。

usecols：選取資料的列。

【例 2.31】使用 loadtxt() 讀取檔案。

```python
import numpy as np
# 採用字串陣列讀取檔案
tmp = np.loadtxt("data.txt", dtype=np.str, delimiter=" ")
print(tmp)
print("---- 分隔線 -----------")
tmp1 = np.loadtxt("data.txt",dtype=np.str,usecols=(1,2))
print(tmp1)
```

【例 2.32】使用 savetxt() 函數寫入資料。

```python
import numpy as np
x = y = z = np.arange(0,50,4.5)
# 把 X 陣列保留一位小數寫入檔案
np.savetxt('X.txt', x, delimiter=',',fmt='%5.1f')
# 把 X 陣列保留三位小數寫入檔案
np.savetxt('formatX.txt', x, fmt='%7.3f')
# 把三個陣列按原格式寫入檔案
np.savetxt('XYZ.txt', (x,y,z))
```

▌習題

一、選擇題

1. 以下不屬於 Python 標準資料型態的是（　）。

   A. Dataframe

   B. 字串

   C. 數值

   D. 串列

2. 使用小括號定義的資料型態是（　）。

   A. 串列

   B. 集合

   C. 字典

   D. 元組

3. 使用 { } 定義的資料型態是（　）。

   A. 字典

   B. 集合

   C. 串列

   D. 字典或集合

4. 以下關於字典中的鍵值的說法，正確的是（　）。

   A. 鍵值不可修改

   B. 鍵值不能重複

   C. 鍵值必須是字串

   D. 以上都不對

5. 以下描述中，屬於集合特點的是（　）。

    A. 集合中的資料是無序的

    B. 集合中的資料是可以重複的

    C. 集合中的資料是嚴格有序的

    D. 集合中必須巢狀結構一個子集合

二、操作題

1. Python 基本資料練習。

開啟 Jupyter Notebook，建立名為 "test.ipynb" 的檔案，完成以下操作：

    (1) 建立字串 "the National Day", 取出單字 "Nation" 並顯示。

    (2) 建立串列 ["the"，" National"，" Day"], 取出單字 "National" 並顯示。

    (3) 建立一個元組 tpl=(['10.1','is','the'],'National','Day'), 並把詞 "10.1" 變成 "Today", 並顯示整個元組。

    (4) 建立酒店客流資料字典：資料如下：

```
Hotel= {"name" ："J Hotel"，"count":35，"price"：162}
```

    然後，把 count 值修改為 36。

    (5) 建立酒店名稱的集合。

```
Htls={"A Hotel"," "B Hotel", "C Hotel"}
```

    然後，檢查 E Hotel 是否在集合中。

2. Python 檔案存取練習。

開啟 Jupyter Notebook，建立名為 "File.ipynb" 的檔案。程式設計讀取資料檔案 "fruit_data_with_colors.txt" 前 10 行的資料，並顯示。

第二部分　基礎篇

第 **3** 章

Python 常用機器學習函數庫

本 章 概 要

Python 的標準函數庫包括 math、random、datetime、os 等。此外，Python 還擁有強大的協力廠商函數庫資源，為開發者提供了大量的開發資源。這些函數庫使 Python 保持活力和高效。豐富的開放原始碼生態系統也是 Python 成功和流行的原因之一。

借助常用的機器學習函數庫，Python 可以解決多種問題，例如科學計算、資料分析、影像處理等。Python 及其函數庫的生態系統使其成為全世界使用者優先選擇的開發工具。

在本章中，我們會介紹常見的用於資料科學任務和機器學習處理的 Python 函數庫，包括通用的 NumPy、Pandas、Scikit-learn 和 Matplotlib 等，也包含 OpenCV、jieba、wordcloud 等專門函數庫。這些函數庫提供了機器學習任務中經常使用的基本功能。

學 習 目 標

當完成本章的學習後，要求：

1. 了解常用協力廠商函數庫的呼叫方法；
2. 熟悉機器學習函數庫的使用步驟；
3. 掌握 NumPy、Pandas 的資料處理功能；
4. 掌握 Matplotlib 的繪圖方法；
5. 熟悉 Scikit learn 機器學習函數庫的使用；
6. 熟悉其他常用函數庫的使用。

3.1 NumPy

NumPy 是 Numerical Python 的簡稱，是高性能計算和資料分析的基礎套件，是 Python 的重要擴充函數庫。NumPy 支援高級大量的維度數組與矩陣運算，也針對陣列運算提供大量的數學函數程式庫。NumPy 運算效率極好，是大量機器學習框架的基礎函數庫。

NumPy 中主要包含一個強大的 N 維陣列物件 ndarray、豐富的數學函數程式庫、整合 C/C++ 和 Fortran 程式的工具套件，以及實用的線性代數、傅立葉轉換和亂數產生函數。

使用 NumPy，開發人員可以很方便地執行陣列運算、邏輯運算、傅立葉轉換和圖形影像操作。NumPy 陣列的運算效率優於 Python 的標準 List 類型。而且使用 NumPy 可以在程式中省去很多繁瑣的處理敘述，程式更為簡潔。

研究人員經常將 NumPy 和稀疏矩陣運算套件 SciPy(Scientific Python) 配合使用，解決矩陣運算問題。將 NumPy 與 SciPy、Matplotlib 繪圖函數庫相組合是一個流行的計算框架，這個組合可以作為 MatLab 的替代方案。

3.1.1 ndarray 物件

NumPy 的強大功能主要基於底層的 ndarray 結構，其可以生成 N 維陣列物件。

ndarray 物件是一系列同類型資料的集合，下標索引從 0 開始，是一個用於存放同類型元素的多維陣列。ndarray 中的每個元素在記憶體中都具有相同大小的儲存區域。

與 Python 中的其他容器物件一樣，ndarray 可以透過對陣列建立索引或切片來存取陣列內容，也可以使用 ndarray 的方法和屬性來存取和修改 ndarray 內容。

1. ndarray 的內部結構

相對標準的陣列，ndarray 本質上是一個資料結構。如圖 3.1 所示，ndarray 內部主要由以下內容組成：

(1)陣列形狀 shape：是一個表示陣列各維大小的整數元組。

(2)陣列資料 data：一個指向記憶體中資料的指標。

(3)資料型態 dtype：是一個描述陣列的類型物件。物件類型為 NumPy 內建的 24 種陣列純量（array scaler）類型中的一種。

(4)跨度 stride：一個元組，是當前維度的寬，表示當前維度移動到下一個位置需要跨越的位元組數。跨度可以是負數，這樣會使陣列在記憶體中後向移動。其結構如圖 3.1 所示。

(5)陣列順序 order：存取陣列元素的主順序，如 "C" 為行主序，"F" 為列主序等。

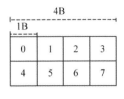
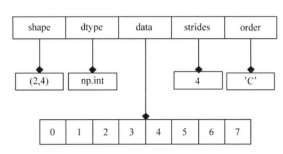

圖 3.1 ndarray 的資料結構

2. 建立 ndarray

在 NumPy 模組中，提供了 ndarray() 和 array() 兩個函數，都可以用來建立一個 ndarray。不過 ndarray() 函數屬於底層的方法，一般情況下建立陣列使用的是更為便捷的 array() 函數，其一般格式為：

```
numpy.array(object, dtype = None, copy = True, order = None, subok = False,
ndmin = 0)
```

主要參數：

object：陣列或巢狀結構的數列。

dtype：陣列元素的資料型態，可選。

order：建立陣列的樣式，C 為行方向，F 為列方向，A 為任意方向（預設）。

ndimin：指定所生成陣列應具有的最小維度。

【例 3.1】建立一個一維 ndarray 陣列。

```
import numpy as np
a = np.array([1,2,3])
print(a)
```

【例 3.2】建立二維陣列。

```
import numpy as np
a = np.array([[1,2], [3,4]])
print(a)
```

【例 3.3】使用 ndmin 參數設定陣列的最小維度。

```
import numpy as np
a = np.array([1,2,3,4,5], ndmin=2)
print(a)
```

【例 3.4】使用 dtype 參數設定為陣列類型為複數。

```
import numpy as np
a = np.array([1,2,3], dtype = np.complex)
print(a)
```

在記憶體中，ndarray 物件存放形式是連續的一維數列。在存取時，透過索獲取區塊中的對應元素位置。區塊以行順序 (C 樣式) 或列順序 (F 樣式，即 FORTRAN 或 MATLAB 風格) 來儲存元素。

NumPy 還提供了 asarray() 函數，可以將其他類型的結構資料轉化為 ndarray。

3.1.2 NumPy 資料型態

NumPy 內建了 24 種陣列純量（array scaler）類型，也支援 Python 的基底資料型態，某種程度上可以和 C 語言的資料型態相對應，如表 3.1。

表 3.1 NumPy 的基底資料型態

名稱	描述
bool_	布林型，True 或 False
int8	有號位元組類型，範圍為 -128~127
int16	有號 16 位元整數，範圍為 -32 768~ 32 767
int32	有號 32 位元整數，範圍為 $-2^{31}\sim 2^{31}$-1
int64	有號 64 位元整數，範圍為 $-2^{63}\sim2^{63}$-1
uint8	無號位元組類型，範圍為 0 ~ 255
uint16	無號 16 位元整數，範圍為 0 ~ 65535
uint32	無號 32 位元整數，範圍為 0 ~ 2^{32}-1
uint64	無號 64 位元整數，範圍為 0 ~ 2^{64}-1
float_	64 位元浮點數，同 float64
float16	16 位元浮點數
float32	32 位元浮點數
float64	64 位元（雙精度）浮點數，同 float_
complex_	128 位元複數，同 complex128
complex64	64 位元複數
complex128	128 位元複數，同 complex_

* 複數：我們把形如 z=a+bi（a, b 均為實數）的數稱為複數，其中 a 稱為實部，b 稱為虛部，i 稱為虛數
單位（i 表示 -1 的平方根）。

當虛部 b=0 時，複數 z 是實數；

當虛部 b!=0，且實部 a=0 時，複數 z 是純虛數。

對於每一種資料型態，NumPy 還提供了名稱相同的類型函數，例如
float16()、int32() 等。可以用來建立該類型的資料物件，也可以用來轉換資料
物件的資料型態。

【例 3.5】NumPy 的資料型態使用。

```
import numpy as np
x=np.float32(5)
print('x為:',x)
print('x物件的data屬性： ',x.data)
print('x物件的size屬性：',x.size)
print('x物件的維數：',x.ndim)
y=np.bool_(x)
print('轉為bool類型的x為：',y)
z=np.float16(y)
print('True值轉為float16類型為：',z)
```

執行結果為：

```
x 為：5.0
x 物件的 data 屬性：  <memory at 0x000002D11F41FDC8>
x 物件的 size 屬性：1
x 物件的維數：0
轉為 bool 類型的 x 為：True
True 值轉為 float16 類型為：1.0
```

上面的函數能夠設定、修改物件資料型態。不過大部分的情況下，建議使用 NumPy 中的 dtype 物件指定資料型態。

1. 資料型態物件 (dtype)

Numpy 中的 dtype(data type object) 是由 numpy.dtype 類別產生的資料型態物件，其作用是描述陣列元素對應的記憶體區域的各部分的使用。其內部結構包括資料型態、資料的位元組數、各組成部分的順序、各欄位的名稱等。

建構 dtype 物件的語法為：

```
numpy.dtype(object, align, copy)
```

主要參數：

object ：要轉為 dtype 物件的資料物件。

align：如果為 true，填充欄位使其類似 C 的結構。

copy：複製 dtype 物件 ，如果為 False，則是對內建資料型態物件的引用。

如果使用 dtype 物件設定資料型態，可以將上面例 3.5 做以下修改：

【例 3.6】使用 dtype 物件設定資料型態。

```
import numpy as np
x=np.array(5,dtype="float32")
print('x 為 :',x)
print('x 物件的 data 屬性: ',x.data)
print('x 物件的 size 屬性:',x.size)
print('x 物件的維數:',x.ndim)
y=np.array(x,dtype="bool_")
print(' 轉為 bool 類型的 x 為:',y)
z=np.array(y,dtype="float16")
print('True 值轉為 float16 類型為:',z)
```

執行結果為：

```
x 為：5.0
x 物件的 data 屬性：  <memory at 0x000002D11F552588>
x 物件的 size 屬性：1
x 物件的維數：0
轉為 bool 類型的 x 為：True
True 值轉為 float16 類型為：1.0
```

有些資料型態有簡寫，例如 int8, int16, int32, int64 四種資料型態可以使用字串 'i1', 'i2', 'i4', 'i8' 簡寫代替。

如：使用 "i4" 字元代替 int32 類型。

```
import numpy as np
dt = np.dtype('i4')
print(dt)
```

2. 使用 astype() 修改資料型態

在陣列建立之後，也可以修改資料型態，使用 NumPy 中陣列附帶的 astype() 方法，其格式為：

```
array.astype(dtype,order='K',casting='unsafe',subok=True,copy=True)
```

例如將 y 設定成 folat32 類型，可以用：

```
y=y.astype("float32")
```

或

```
y=y.astype(np.float32)
```

另外，使用 NumPy 陣列的 astype() 方法還可以把 Python 的資料型態映射給 dtype 類型，如敘述 x=x.astype(float) 與 x=x.astype(np.float) 執行結果相同。

表 3.2 中是常用 Python 物件與 NumPy 的 dtype 物件對應表，其他資料型態沒有與 Python 等效的資料型態。

表 3.2 Python 物件與 dtype 物件對應關係表

Python 類型物件	dtype 物件
Int	numpy.int_
bool	numpy.bool_
float	numpy.float_
complex	numpy.complex_

【擴充】由於 Pandas 是基於 NumPy 陣列的，所以也能用 astype() 對 dataframe 的欄位進行類型轉換。

【例 3.7】使用 astype 轉換 dataframe。

```
import pandas as pd
df = pd.DataFrame([{'qty':'3', 'num':'50'}, {'qty':'7', 'num':'20'}])
print(df.dtypes)
print('--------------')
df['qty'] = df['qty'].astype('int')
df['num'] = df['num'].astype('float64')
print(df.dtypes)
```

可以看到，兩個列的資料型態由初始的 object 變成 float64 和 int32。

```
DataFrame 的 dtypes：
Num     object
Qty     object
dtype: object
------------------------
astype 轉換後的 dtypes：
Num     float64
Qty       int32
dtype: object
```

3.1.3 NumPy 陣列屬性

1. 常用術語

(1)軸（axis）：每一個線性陣列稱為一個軸，軸即陣列的維度（dimensions）。例如將二維陣列看作一維陣列，此一維陣列中每個元素又是一個一維陣列。則每個一維陣列是 NumPy 中的軸（axis）。第一個軸相當於是底層陣列，第二個軸是底層陣列中的陣列。

(2)秩（rank）：秩描述 NumPy 陣列的維數，即軸的數量。一維陣列的秩為 1，二維陣列的秩為 2，依此類推。

如 [0,1,2] 是一維陣列，只有一個軸，其秩為 1，軸長度為 3。[[0,1,2],[3,4,5]] 是一個二維陣列，陣列的秩為 2，具有兩個軸，其中第一個軸（維度）的長度為 2，第二個軸（維度）的長度為 3。

在使用的時候可以宣告 axis。如果 axis=0，表示按第 0 軸方向操作，即對每一列操作；axis=1，表示按第 1 軸方向操作，即對每一行操作。

【例 3.8】使用 axis 參數設定當前軸。

```
import numpy as np
arr=np.array([[0,1,2],[3,4,5]])
print(arr)
print(arr.sum(axis=0))
print(arr.sum(axis=1))
```

執行結果為：

```
[[0 1 2]
 [3 4 5]]
[3 5 7]
[ 3 12]
```

在這個程式中，首先使用 arr.sum(axis=0) 進行垂直（列）方向的加和計算。然後使用 arr.sum(axis=1) 沿行方向計算。

2. 基本屬性

NumPy 的 ndarray 陣列具有屬性，可以獲得陣列的資訊，常見屬性見表 3.3。

表 3.3 常見的 ndarray 物件屬性

屬性	說明
ndarray.ndim	秩，軸的數量
ndarray.shape	陣列的維度
ndarray.size	陣列元素的總個數
ndarray.dtype	陣列元素類型
ndarray.itemsize	每個元素的大小（位元組）
ndarray.data	實際陣列元素

1) ndarry.ndim

在 NumPy 中 ndarry.ndim 傳回這個陣列的維數，等於秩 rank。reshape() 函數可以將陣列變形重構，調整陣列各維度的大小。

reshape() 的格式：

```
numpy.reshape(a,newshape,order='C')
```

【例 3.9】使用 reshape() 函數調整陣列形狀。

```python
import numpy as np
arr=np.array([0, 1, 2, 3, 4, 5, 6, 7])
# 顯示陣列 arr 的 rank，
print(' 秩為：',arr.ndim)
arr3D = arr.reshape(2,2,2)
print(arr3D)
print (' 秩為：',arr3D.ndim)
```

顯示結果如下：

```
秩為： 1
[[[0 1]
  [2 3]]

 [[4 5]
  [6 7]]]
秩為： 3
```

思考：reshape() 函數是否修改原 arr 陣列？請使用 print() 函數查看。

2) ndarray.shape

代表陣列的維度，傳回值為一個元組。這個元組的長度就是 ndim 屬性（秩）。另外，ndarray.shape 也可以用於調整陣列大小。

【例 3.10】顯示陣列的維度。

```python
import numpy as np
a = np.array([[1,2,3],[4,5,6]])
print (a.shape)
```

【例 3.11】調整陣列大小。

```python
import numpy as np
a = np.array([[1,2,3],[4,5,6]])
a.shape =  (3,2)
print (a)
```

3) 資料型態 dtype

資料型態物件 dtype 是一個特殊的物件，包含 ndarray 將一塊記憶體解析成特定資料型態所必需的資訊。

【例 3.12】dtype 資料型態物件。

```python
myArr=np.array([1,2,3],dtype=np.float64)
myArr.dtype
```

查看執行結果：

```
dtype('float64')
```

3.1.4 其他建立陣列的方式

建立 ndarray 陣列，可以使用 array 函數來建構。此外，還有其他幾種方式，可以用來建立特殊陣列。

1. numpy.empty()

NumPy 的 empty() 函數能建立一個指定形狀（shape）、資料型態（dtype）的空陣列。這個陣列沒有經過初始化，其內容為空，表 3.4 為建立空陣列的參數。

格式：

```
numpy.empty(shape, dtype = float, order = 'C')
```

表 3.4　建立空陣列的參數

參數	描述
shape	陣列形狀
dtype	資料型態，可選
order	有 "C" 和 "F" 兩個選項，分別代表行優先和列優先，表示在電腦記憶體中的儲存元素的順序

【例 3.13】建立一個空陣列。

```
import numpy as np
x = np.empty([3,2], dtype = int)
print (x)
```

執行後得到陣列元素值是不確定的，因為所用空間未初始化。

2. numpy.zeros()

有時需要建立全 0 填充的陣列，可以使用 NumPy 的 zeros() 函數，參數見表 3.5 中。

格式：

```
numpy.zeros(shape, dtype = float, order = 'C')
```

表 3.5 建立 zeros 陣列的參數

參數	描述
shape	陣列形狀
dtype	資料型態,可選
order	'C' 用於 C 風格──行為主的陣列,或 'F' 用於 FORTRAN 風格──列為主的陣列

【例 3.14】建立一個全 0 陣列。

```python
import numpy as np
# 預設為浮點數
x = np.zeros(5)
print(x)
# 設定類型為整數
y = np.zeros((5,), dtype = np.int)
print(y)
# 自訂類型
z = np.zeros((2,2), dtype = [('x', 'i4'), ('y', 'i4')])
print(z)
```

3. numpy.ones()

有時需要一個以 1 填充的陣列,這時可以使用 NumPy 專門提供的 ones() 函數來建立。

函數形式:

```python
numpy.ones(shape, dtype=None, order='C')
```

【例 3.15】建立一個全 1 陣列。

```python
import numpy as np
# 預設為浮點數
x = np.ones(5)
print(x)
# 自訂類型
x = np.ones([2,2], dtype = int)
print(x)
```

4. 產生數列的函數

在進行科學運算時,經常用到基本的簡單數列,如從 1 到 50 等等。Python 中提供了 range() 函數。NumPy 中也有類似的函數,如 arange()、linspace() 函數等。

1) range() 函數

Python 內建的 range() 函數可以建立一維陣列，指定開始值、終值和步進值。注意陣列不包括終值。

格式：

```
range(start, stop [,step])
```

生成一個陣列，從 start 開始，到 stop-1 結束，間隔為 step。預設情況下從 0 開始。step 預設為 1，需要是整數。

例如：

```
arr1=range(0,5,1)
```

2) arange() 函數

NumPy 的 arange() 函數功能與 range() 函數類似，在 start 開始到 stop 範圍內，生成一個 ndarray 陣列。

格式：

```
arange([start,] stop [, step,], dtype=None)
```

【例 3.16】生成 3 到 9 之間、步進值為 0.2 的陣列。

```
import numpy as np
arr2=np.arange(3,9,0.2)
arr2
```

執行結果為：

```
array([3. , 3.2, 3.4, 3.6, 3.8, 4. , 4.2, 4.4, 4.6, 4.8, 5. , 5.2, 5.4,
       5.6, 5.8, 6. , 6.2, 6.4, 6.6, 6.8, 7. , 7.2, 7.4, 7.6, 7.8, 8. ,
       8.2, 8.4, 8.6, 8.8])
```

3) linspace() 函數

格式：

```
numpy.linspace( start, stop, num=50, endpoint=True, retstep=False,
dtype=None)。
```

其中 start 為序列的起始值，stop 為結束值，num 是生成的樣本數。

【例 3.17】生成 1 到 5 之間的 10 個數。

```
import numpy as np
arr3=np.linspace(1, 5, 10)
arr3
```

執行結果:

```
array([1.        , 1.44444444, 1.88888889, 2.33333333, 2.77777778,
       3.22222222, 3.66666667, 4.11111111, 4.55555556, 5.        ])
```

5. 使用隨機函數建立陣列

除了簡單的順序數列,NumPy 還在 random 子模組中提供了隨機數函數,常見的隨機函數見表 3.6。

表 3.6 常用的 NumPy 隨機函數

函數	描述
rand(d0,d1,...,dn)	隨機產生指定維度的浮點陣列
randint(low[,high,size,dtype])	隨機產生 [low,high] 範圍內的整數
random([size])	隨機產生 [0.0, 1.0) 之間的浮點數
uniform(start,end,size)	隨機產生一組 [start,end] 範圍內的均勻分佈的浮點數
normal (loc, scale, size)	基於給定的平均值和方差,隨機產生一組正態分佈的浮點數

*正態分佈(Normal Distribution):又稱為高斯分佈,是許多統計方法的理論基礎。分佈圖形左右對稱。正態分佈的參數包括平均值和標準差。同樣的平均值情況下,標準差越大,曲線越平闊;標準差越小,曲線越狹窄。使用 np.random.normal() 函數可以生成服從正態分佈的資料。

【例 3.18】建立隨機數組。

```
# 生成 2 行 3 列的隨機浮點陣列
np.random.rand(2,3)
# 生成 2 行 2 列的隨機整數陣列
 np.random.randint(0,10,(2,2))
# 生成 2 行 3 列、正態分佈的隨機數組
np.random.uniform(1,2,(2,3))
```

6. 其他資料結構轉換成 ndarray

NumPy 中,可以透過 array() 函數將 Python 中常見的數值序列轉為 ndarray 陣列。例如 List(串列)和 Tuple(元組)等。

【例 3.19】List 類型轉換成 ndarray。

```
import numpy as np
# List
data = [[2000, 'Ohino', 1.5],
        [2002, 'Ohino', 3.6],
        [2002, 'Nevada', 2.9]]
print(type(data))
# List to array
ndarr = np.array(data)
print(type(ndarr))
```

執行結果：

```
<class 'list'>
<class 'numpy.ndarray'>
```

3.1.5 切片、迭代和索引

切片是指對資料序列物件取一部分的操作，前面介紹過字串、串列、元組都支援切片語法。ndarray 陣列與其他資料序列類似，也可以進行索引、切片和迭代。

1. 切片

對 ndarray 進行切片操作與一維陣列相同，用索引標記切片的起始和終止位置。因為 ndarray 可以是多維陣列，在進行切片時，通常需要設定每個維度上的切片位置。

NumPy 還提供了一個 copy() 方法，可以根據現有的 ndarray 陣列建立新 ndarray 陣列。使用 copy() 方法與切片，可以用原陣列的一部分生成新陣列。

【例 3.20】二維 ndarray 的切片。

```
import numpy as np
# 建立一個 4 行 6 列的二維陣列
arr = np.arange(24).reshape(4,6)
print('arr =\n',arr)
# 截取第 2 行到最後一行，第 1 列到第 4 列組成的 ndarray
arr1 = arr[1:, :3]
print('B = \n',arr1)
```

執行結果：

```
arr =
[[ 0  1  2  3  4  5]
 [ 6  7  8  9 10 11]
 [12 13 14 15 16 17]
 [18 19 20 21 22 23]]
B =
[[ 6  7  8]
 [12 13 14]
 [18 19 20]]
```

【例 3.21】使用 numpy.copy() 函數對 ndarray 陣列進行切片複製。

```
import numpy as np
# 建立一個 4 行 6 列的二維陣列
arr = np.arange(24).reshape(4, 6)
print('arr =\n',arr)
# 切片複製 arr 的第 2 行到第 4 行、第 1 列到第 4 列
arr2 = np.copy(arr[1:4, 0:3])
print('A = \n',arr2)
# 複製 arr2 到 arr3
arr3 = arr2.copy()
print('B = \n',arr3)
```

2. 迭代

與其他資料序列類似，ndarray 也可以透過 for 迴圈來實現迭代。當維數多於一維時，迭代操作使用巢狀結構的 for 迴圈。

迭代時，通常按照第一條軸（預設為行）對二維陣列進行掃描。如果需要按其他維度迭代，可以使用 apply_along_axis(func,axis,arr) 函數指定當前處理的軸。

此外，NumPy 還包含一個迴圈迭代器類別 numpy.nditer，所生成的迭代器（Iterator）物件是一個根據位置進行遍歷的物件。這是一個有效的多維迭代器物件，與 Python 內建的 iter() 函數類似，每個陣列元素可使用迭代器物件來存取，可以很方便地對陣列進行遍歷。

【例 3.22】使用巢狀結構 for 迴圈對 ndarray 陣列進行迭代遍歷。

```
import numpy as np
a = np.arange(0,60,5)
a = a.reshape(3,4)
```

```
for xline in a:
    for yitem in xline:
        print(yitem,end=' ')
```

輸出結果：

```
0 5 10 15 20 25 30 35 40 45 50 55
```

【例 3.23】使用 nditer 物件對 ndarray 陣列進行迭代。

```
import numpy as np
a = np.arange(0,60,5)
a = a.reshape(3,4)
print(a)
print(np.nditer(a))
for x in np.nditer(a):
    print(x,end=' ')
```

執行結果：

```
[[ 0  5 10 15]
 [20 25 30 35]
 [40 45 50 55]]
<numpy.nditer object at 0x000002D121467CB0>
0 5 10 15 20 25 30 35 40 45 50 55
```

迭代的順序與陣列的內容佈局相匹配，不受資料排序的影響。比如對上述陣列的轉置進行迭代，可以發現，雖然資料的顯示順序發生了變化，但不影響迭代的順序。

【例 3.24】轉置陣列的迭代。

```
import numpy as np
a = np.arange(0,60,5)
a = a.reshape(3,4)
print(a)
b = a.T
print(b)
print('Iterator in a:')
for x in np.nditer(a):
    print(x,end='|')
print('\nIterator in a.T:')
for y in np.nditer(b):
    print(y,end='|')
```

執行結果：

```
[[ 0   5 10 15]
 [20 25 30 35]
 [40 45 50 55]]
[[ 0 20 40]
 [ 5 25 45]
 [10 30 50]
 [15 35 55]]
Iterator in a:
0 5 10 15 20 25 30 35 40 45 50 55
Iterator in a.T:
0 5 10 15 20 25 30 35 40 45 50 55
```

如果需要特定的順序，可以設定顯性參數，來強制 nditer 物件使用某種順序，如例 3.25。

【例 3.25】陣列的存取順序。

```python
import numpy as np
a = np.arange(0,60,5)
a = a.reshape(3,4)
print(a)
print('C 風格的順序：')
for x in np.nditer(a, order =  'C'):
    print(x,end='|')
print( '\n'  )
print( 'F 風格的順序：'  )
for y in np.nditer(a, order =  'F'):
    print(y,end='|')
```

執行結果：

```
[[ 0   5 10 15]
 [20 25 30 35]
 [40 45 50 55]]
C 風格的順序：
0 5 10 15 20 25 30 35 40 45 50 55

F 風格的順序：
0 20 40 5 25 45 10 30 50 15 35 55
```

3.1.6 NumPy 計算

NumPy 中的 ndarray 可以直接進行基本運算，包括條件運算、統計運算，以及基本陣列運算等。

1. 條件運算

NumPy 裡的條件運算既包括常見的比較大小運算，還可以使用 where() 函數實現查詢操作。where() 函數格式如下：

```
where(condition, x if true, y if false)
```

根據條件運算式 condition 的值傳回特定的陣列。當條件為真時傳回 x 陣列，條件為假時傳回 y 陣列。

【例 3.26】簡單條件運算。

```
import numpy as np
stus_score = np.array([[80, 88], [82, 81], [84, 75], [86, 83], [75, 81]])
result=[stus_score> 80]
print(result)
```

執行結果：

```
[array([[False,  True],
        [ True,  True],
        [ True, False],
        [ True,  True],
        [False,  True]])]
```

【例 3.27】np.where() 函數實現資料篩選。

```
import numpy as np
num = np.random.normal(0, 1, (3,4))
print(num)
num[num<0.5]=0
print(num)
print(np.where(num>0.5,1,0))
```

執行結果：

```
[[-1.76760946  1.37716782 -0.93033474  0.89155541]
 [-0.91615883 -1.00495783 -0.66251008  1.64800667]
 [-0.59892913  0.49531236 -0.85283977  0.35239407]]
[[0.          1.37716782 0.          0.89155541]
 [0.          0.          0.          1.64800667]
 [0.          0.          0.          0.        ]]
[[0 1 0 1]
 [0 0 0 1]
 [0 0 0 0]]
```

2. 統計計算

NumPy 提供了豐富的統計函數，常用統計函數以下表 3.7 所示。

表 3.7 NumPy 的常用統計函數

函數	描述
argmax()	求最大值的索引
argmin()	求最小值的索引
cumsum()	從第一元素開始累加各元素
max()	求最大值
mean()	求算術平均值
min()	求最小值
std()	求陣列元素沿給定軸的標準差
sum()	求和

【例 3.28】ndarray 的統計計算。

```python
import numpy as np
stus_score = np.array([[80, 88], [82, 81], [84, 75], [86, 83], [75, 81]])
# 求每一列的最大值 (0 表示列 )
result = np.amax(stus_score, axis=0)
print(result)
# 求每一行的最大值 (1 表示行 )
result = np.amax(stus_score, axis=1)
print(result)
# 求每一行的最小值 (1 表示行 )
result = np.amin(stus_score, axis=1)
print(result)
# 求每一列的平均值 (0 表示列 )
result = np.mean(stus_score, axis=0)
print(result)
```

執行結果：

```
[86 88]
[88 82 84 86 81]
[80 81 75 83 75]
[81.4 81.6]
```

3.2　Pandas

Pandas(Python Data Analysis Library) 是 Python 的資料分析套件，是基於 NumPy 的一種工具，為了解決資料分析任務而建立的。

Pandas 使用強大的資料結構提供高性能的資料操作和分析工具。模組提供了大量的能便捷處理資料的函數、方法和模型，還包括操作大型態資料集的工具。從而能夠高效分析資料。

Pandas 主要處理以下三種資料結構：

(1)Series：一維陣列，與 NumPy 中一維的 ndarray 類似。資料結構接近 Python 中的 List 串列，資料元素可以是不同的資料型態。

(2)DataFrame：二維資料結構。DataFrame 可以理解成 Series 的容器，其內部的每項元素都可以看作一個 Series。DataFrame 是重要的資料結構，在機器學習中經常使用。

(3)Panel：三維陣列，可以視為 DataFrame 的容器，其內部的每項元素都可以看作一個 DataFrame。

這些資料結都是建構在 NumPy 陣列的基礎之上，運算速度很快。

3.2.1 Series 資料結構

Series 是一種類似於一維陣列的物件，它由一組資料以及一組與之相關的資料標籤（即索引）組成，資料可以是任何 NumPy 資料型態（整數、字串、浮點數、Python 物件等）。

1. 建立 Series 物件

建立 Series 物件可以使用函數：pd.Series(data, index)，data 表示資料值，index 是索引，預設情況下會自動建立一個 0 到 N-1(N 為資料的長度) 的整數型索引。存取 Series 物件的成員的方法類似 narray 陣列：使用物件名稱後的括號指定索引，也可以按索引名稱存取。

【例 3.29】建立一個 Series 物件。

```
import pandas as pd
s = pd.Series([1,3,5,9,6,8])
print(s)
```

【例 3.30】為一個地理位置資料建立 Series 物件。

```
import pandas as pd
# 使用串列建立，索引值為預設值。
print('--------    串列建立 series    ----------')
s1=pd.Series([1,1,1,1,1])
print(s1)
print('--------    字典建立 series    ----------')
# 使用字典建立，索引值為字典的 key 值
s2=pd.Series({'Longitude':39,'Latitude':116,'Temperature':23})
print('First value in s2:',s2['Longitude'])
print('-------- 用序列作 series 索引 ----------')
# 使用 range 函數生成的迭代序列設定索引值
s3=pd.Series([3.4,0.8,2.1,0.3,1.5],range(5,10))
print('First value in s3:',s3[5])
```

執行結果：

```
--------    串列建立 Series    ----------
0    1
1    1
2    1
3    1
4    1
dtype: int64
--------    字典建立 Series    ----------
First value in s2: 39
-------- 用序列作 Series 索引 ----------
First value in s3: 3.4
```

2. 存取 Series 資料物件

1) 修改資料

可以透過給予值操作直接修改 Series 物件成員的值，還可以為多個物件成員批次修改資料。

【例 3.31】對例 3.30 建立的 s2，將溫度增加 2 度，設定城市為 Beijing。

```
# 溫度增加 2 度，設定城市為 Beijing
s2["City"]="Beijing"
s2['Temperature']+=2
s2
```

執行結果：

```
Longitude            39
Latitude            116
Temperature          25
City            Beijing
dtype: object
```

2) 按條件運算式篩選資料

【例 3.32】找出 s3 中大於 2 的資料。

```
s3[s3>2]
```

輸出結果：

```
5    3.4
7    2.1
dtype: float64
```

3) 增加物件成員

兩個 Series 物件可以透過 append() 函數進行拼接，從而產生一個新的 Series 物件。進行拼接操作時，原來的 Series 物件內容保持不變。

【例 3.33】為 s2 增加一項濕度資料。

```
stiny=pd.Series({'humidity':84})
s4=s2.append(stiny)
print('------- 原 Series：-------\n',s2)
print('------- 新 Series：-------\n',s4)
```

輸出結果：

```
------- 原 Series：-------
Longitude            39
Latitude            116
Temperature          25
City            Beijing
dtype: object
------- 新 Series：-------
Longitude            39
Latitude            116
Temperature          25
City            Beijing
humidity             84
dtype: object
```

可以看到，合併操作不影響原 Series。結果中原 s2 資料沒有變化，新建立的 s4 物件接收了合併後的新資料。

4) 刪除物件成員

可以透過 drop() 函數刪除物件成員，可以刪除一個或多個物件成員。與 append() 函數一樣，drop() 函數也不改變原物件的內容，傳回一個新的 Series 物件。

【例 3.34】刪除重量資料。

```
s2=s2.drop('City')
s2
```

輸出結果：

```
Longitude      39
Latitude      116
Temperature    25
dtype: object
```

3.2.2　DataFrame 物件

DataFrame 是一個表格型的資料結構，包含一組有序數列。列索引（columns）對應表格的欄位名稱，行索引（index）對應表格的行號，值（values）是一個二維陣列。每一列表示一個獨立的屬性，各個列的資料型態（數值、字串、布林值等）可以不同。

DataFrame 既有行索引也有列索引，所以 DataFrame 也可以看成是 Series 的容器。

1. 建立 DataFrame 物件

建構 DataFrame 的辦法有很多，基本方法是使用 DataFrame() 函數建構，格式如下：

```
DataFrame([data, index, columns, dtype, copy])
```

1) 從字典建構 DataFrame

【例 3.35】從字典資料建立 Dataframe。

```
import pandas as pd
dict1 = {'col1':[1,2,5,7],'col2':['a','b','c','d']}
df = pd.DataFrame(dict1)
df
```

執行結果：

	col1	col2
0	1	a
1	2	b
2	5	c
3	7	d

【例 3.36】由串列組成 DataFrame。

```
lista = [1,2,5,7]
listb = ['a','b','c','d']
df = pd.DataFrame({'col1':lista,'col2':listb})
df
```

2) 從陣列建立 Dataframe

可以使用 Python 的二維陣列作為數值，透過 columns 參數指定列名稱，建構 Dataframe。

【例 3.37】二維陣列和 columns 建構 Dataframe。

```
import pandas as pd
a = pd.DataFrame([[1,0.1,5],
                  [2,0.5,6],
                  [4,0.8,5]],columns = ["t1", "t2", "pl"])
a
```

執行結果：

	t1	t2	pl
0	1	0.1	5
1	2	0.5	6
2	4	0.8	5

也可以從 NumPy 提供的 ndarray 結構建立 Dataframe。

【例 3.38】從二維 ndarray 建立 Dataframe。

```
a = np.array([[1,2,3], [4,5,6],[7,8,9]])
b=pd.DataFrame(a)
b
```

執行結果：

	0	1	2
0	1	2	3
1	4	5	6
2	7	8	9

3) 從 CSV 檔案中讀取資料到 DataFrame

透過上一章內容我們了解到，Pandas 還提供讀寫 CSV 檔案功能，例如 read_csv() 函數可以讀取 CSV 檔案的資料，傳回 DataFrame 物件。

2. 存取 DataFrame 物件

對 DataFrame 物件進行存取主要有以下幾種方式。

(1) <DataFrame 物件 >[列名稱或列名稱串列]: 按列名稱取出對應的列 , 行方向取出的是所有行。

(2) <DataFrame 物件 >[起始行 : 終止行]: 取出位於起始行和終止行之間的行 , 列方向取出的是所有列。

(3) <DataFrame 物件 >.loc[< 行索引名稱或行索引名稱串列 >,< 列索引名稱或列索引名串列 >]: 按索引名稱取出指定行列的資料。

(4) <DataFrame 物件 >.iloc[< 行下標或行下標串列 >,< 列下標或列下標串列 >]: 按行和列的下標位置取出指定行列的資料。

DataFrame 的列可以透過索引進行存取，本質上來説，Series 或 DataFrame 的索引是一個 Index 物件，負責管理軸標籤等。在建構 Series 或 DataFrame 時，所使用的陣列或序列的標籤會轉換成索引物件。因此，Series 的索引不僅只是數字，也包括字元等。對 DataFrame 進行索引，可以獲取其中的或多個列。

【例 3.39】對 Series 和 DataFrame 進行索引。

```
import numpy as np
import pandas as pd
ser=pd.Series(np.arange(4),index=['A','B','C','D'])
data=pd.DataFrame(np.arange(16).reshape(4,4),
                  index=['BJ','SH','GZ','SZ'],
                  columns=['q','r','s','t'])
print("ser['C']:",ser['C'])
print("ser[2]:",ser[2])
print("data['q']:",data['q'])
print("data[['q','t']]:",data[['q','t']])
```

索引後所組成的二維 Dataframe 陣列 data 的內容如下：

	q	r	s	t
BJ	0	1	2	3
SH	4	5	6	7
GZ	8	9	10	11
SZ	12	13	14	15

執行結果為：

```
ser['C']: 2
ser[2]: 2
data['q']: BJ     0
SH     4
GZ     8
SZ    12
Name: q, dtype: int32
data[['q','t']]:        q    t
BJ    0    3
SH    4    7
GZ    8   11
SZ   12   15
```

也可以透過切片或條件篩選進行資料過濾，例如例 3.40。

【例 3.40】資料切片與篩選。

```
data[:2]
data[data['s']<=10]
```

執行結果：

```
In  [5]: data[:2]
Out[5]:
            q  r  s  t
       BJ   0  1  2  3
       SH   4  5  6  7
```

```
In  [4]: data[data['s']<=10]
Out[4]:
            q  r  s   t
       BJ   0  1  2   3
       SH   4  5  6   7
       GZ   8  9  10  11
```

還可以使用 loc() 和 iloc() 函數按索引名稱或按下標值取出指定行列的資料格式：

【例 3.41】取出指定行列的資料。

```
data.loc[['SH','GZ'],['r','s']]
data.iloc[:-1,1:3]
```

執行結果為；

```
In  [56]: data.loc[['SH','GZ'],['r','s']]
Out[56]:
             r  s
        SH   5  6
        GZ   9  10
```

```
In  [57]: data.iloc[:-1,1:3]
Out[57]:
             r  s
        BJ   1  2
        SH   5  6
        GZ   9  10
```

3. 修改 DataFrame 資料

1) 修改資料

透過設定陳述式修改資料，可以修改指定行、列的資料，還可以把要修改的資料查詢篩選出來，或重新給予值。

【例 3.42】修改 Dataframe 中的某個資料。

```
import numpy as np
import pandas as pd
data=pd.DataFrame(np.arange(16).reshape(4,4),
                  index=['BJ','SH','GZ','SZ'],
                  columns=['q','r','s','t'])
data['q']['BJ']=8
```

```
data['t']=8
data['s']['SZ']=8
data
```

執行結果：

	q	r	s	t
BJ	8	1	2	8
SH	4	5	6	8
GZ	8	9	10	8
SZ	12	13	8	8

2) 增加列

DataFrame 物件可以增加新的列，透過設定陳述式給予值時，只要列索引名稱不存在，就增加新列，否則就修改列值，這與字典的特性相似。

【例 3.43】為 data 增加一列 'u'，值為 9。

```
data['u']=9
data
```

執行後 data 為：

	q	r	s	t	u
BJ	8	1	2	8	9
SH	4	5	6	8	9
GZ	8	9	10	8	9
SZ	12	13	8	8	9

3) 合併增加資料

DataFrame 物件可以增加新列，但與 Series 物件一樣不能直接增加新行。如果需要增加幾行資料，需要將資料存入一個新 DataFrame 物件，然後將兩個 DataFrame 物件進行合併。兩個 DataFrame 物件的合併可以使用 Pandas 的 concat() 方法，透過 axis 參數的選擇，能夠按不同的軸向連接兩個 DataFrame 物件。

4) 刪除 DataFrame 物件的資料

drop() 函數可以按行列刪除資料，drop() 函數基本格式：

```
<DataFrame 物件>.drop(索引值或索引串列，axis=0, inplace=False……)
```

主要參數如下：

axis：預設為 0，為行索引值或列索引串列；值為 0 表示刪除行，值為 1 表示刪除列。

inplace：邏輯型，表示操作是否對原資料生效。預設為 False，產生新物件，原 DataFrame 物件內容不變。

【例 3.44】DataFrame 物件的行列刪除操作範例。

```
dt1=data.drop('SZ',axis=0)       # 刪除 index 值為 'SZ' 的行
dt2=data.drop(["r","u"],axis=1)  # 刪除 "r","u" 列
data.drop('SZ',inplace=True)     # 從原資料中刪除一行
```

執行結果如下：

	q	r	s	t	u
BJ	8	1	2	8	9
SH	4	5	6	8	9
GZ	8	9	10	8	9

	q	s	t
BJ	8	2	8
SH	4	6	8
GZ	8	10	8
SZ	12	8	8

	q	r	s	t	u
BJ	8	1	2	8	9
SH	4	5	6	8	9
GZ	8	9	10	8	9

4. 匯聚和描述性統計計算

Pandas 的 Serise 物件和 DataFrame 物件都繼承了 NumPy 的統計函數，擁有常用的數學和統計方法，可以對一列或多列資料進行統計分析，如表 3.8 所示。

表 3.8 常用的描述和整理統計函數

函數名稱	功能說明
count()	統計資料值的數量，不包括 NA 值
describe()	對 Series、DataFrame 的列計算整理統計
min(),max()	計算最小值、最大值
argmin(),argmax()	計算最小值、最大值的索引位置
idxmin(),idxmax()	計算最小值、最大值的索引值

函數名稱	功能說明
sum()	計算總和
mean()	計算平均值
median()	傳回中位數
var()	計算樣本值的方差
std()	計算樣本值的標準差
cumsum()	計算樣本值的累計和
diff()	計算一階差分

【例 3.45】一個簡單的 DataFrame。

```
df=pd.DataFrame(np.arange(16).reshape(4,4),
              index=['BJ','SH','GZ','SZ'],
              columns=['q','r','s','t'])
```

DataFrame 的行用 0 軸表示，列用 1 軸表示。例如按 0 軸求和：

```
df.sum()
```

或

```
df.sum(axis=0)
```

```
Out[80]:  q    24
          r    28
          s    32
          t    36
          dtype: int64
```

按 1 軸求和：

```
df.sum(axis=1)
```

```
Out[81]:  BJ    6
          SH   22
          GZ   38
          SZ   54
          dtype: int64
```

求平均值：

```
df.mean(axis=1)
```

```
Out[82]:  BJ     1.5
          SH     5.5
          GZ     9.5
          SZ    13.5
          dtype: float64
```

求最大值和最小值也很方便，分別使用：

```
df.max()
```

```
Out[83]:  q    12
          r    13
          s    14
          t    15
          dtype: int32
```

和

```
df.min()
```

```
Out[84]:  q     0
          r     1
          s     2
          t     3
          dtype: int32
```

Pandas 基於 NumPy 模組，但需要注意的是，兩個模組求方差的方法略有區別。比較下面兩個例子：

【例 3.46】使用 NumPy 模組求方差。

```
import numpy as np
a = np.arange(0,60,5)
a = a.reshape(3,4)
print(a)
result = np.std(a, axis=0)
print(result)
result = np.std(a, axis=1)
print(result)
```

可以看到以下結果：

```
[[ 0  5 10 15]
 [20 25 30 35]
 [40 45 50 55]]
[16.32993162 16.32993162 16.32993162 16.32993162]
[5.59016994 5.59016994 5.59016994]
```

對同樣的資料，如果使用 Pandas 的 std() 函數，運算結果則是不同的。

【例 3.47】使用 Pandas 模組求方差。

```python
import numpy as np
import pandas as pd
a = np.arange(0,60,5)
a = a.reshape(3,4)
df = pd.DataFrame(a)
print(df)
print('-----------------')
print(df.std())
```

```
    0   1   2   3
0   0   5  10  15
1  20  25  30  35
2  40  45  50  55
-----------------
0    20.0
1    20.0
2    20.0
3    20.0
dtype: float64
```

原因是 NumPy 的 std() 函數 和 Pandas 的 std() 函數的預設參數 ddof 不同。ddof 參數表示標準差類型，NumPy 中 ddof 預設是 0，計算的是整體標準差；在 Pandas 中 ddof 的值預設是 1，計算的是樣本標準差 *。

注：標準差也被稱為標準差 (Standard Deviation)，統計學名詞，描述各資料偏離平均數的距離（離均差）的平均數。標準差能反映一個資料集的離散程度，標準差越小，這些值偏離平均值就越少。

【例 3.48】綜合範例——DataFrame 分詞。

在文字處理中，分詞是一項基本任務，能夠表達內容相關性、提取頁面關鍵字、主題標籤等。下面使用 DataFrame，對英文句子進行基本的單字頻率提取。

```python
p='life can be good,life can be sad,life is mostly cheerful,but sometimes sad.'
pList=p.split()
pdict={}
for item in pList:
```

```
    if item[-1] in ',.':
        item=item[:-1]
    if item not in  pdict:
        pdict[item]=1
    else:
        pdict[item]+=1
print(pdict)
```

輸出的分詞結果：

```
{'life': 1, 'can': 2, 'be': 2, 'good,life': 1, 'sad,life': 1, 'is': 1,
'mostly': 1, 'cheerful,but': 1, 'sometimes': 1, 'sad': 1}
```

請修改上面的程式，使分詞統計結果更加理想。

3.2.3 資料對齊

1. 算數運算的資料對齊

對許多應用來說，Series 或 DataFrame 中的重要功能是算數運算中的自動對齊，即對齊不同索引的資料。例如兩個資料物件相加，如果索引不同，則結果的索引是這兩個索引的聯集。

【例 3.49】Series 運算中的資料對齊。

```
Ser1=pd.Series({'color':1,'size':2,'weight':3})
Ser2= pd.Series([5,6,3.5,24],index=['color','size','weight','price'])
Ser2+Ser1
```

相加後結果為：

```
Out[8]:  color     6.0
         price     NaN
         size      8.0
         weight    6.5
         dtype: float64
```

自動資料對齊在不重疊的索引處引入了 NaN(not a number) 值，在 Pandas 中，有時直接用 NA 來表示。如果想用某個值（如 0）代替 NaN 值，可以使用如表 3.9 列出的專門的算數運算函數，透過其 fill_value 參數傳入。

表 3.9 常用 Pandas 算數運算函數

方法	說明
add()	加法函數
sub()	減法函數
div()	除法函數
mul()	乘法函數

對於 DataFrame，行和列在計算過程中同時進行資料對齊。例如例 3.50 中進行的加和運算，可以使用 dataframe.add() 函數，再進行對齊操作。

【例 3.50】DataFrame 中的資料對齊及 NaN 值處理。

```
dt1=pd.DataFrame(np.arange(16).reshape(4,4),
                 index=['BJ','SH','GZ','SZ'],
                 columns=['q','r','s','t'])
dt2=pd.DataFrame(np.arange(4).reshape(2,2),
                 index=['BJ','SZ'],
                 columns=['r','t'])
dt1.add(dt2,fill_value=0)
```

執行結果如下：

	q	r	s	t
BJ	0.0	1.0	2.0	4.0
GZ	8.0	9.0	10.0	11.0
SH	4.0	5.0	6.0	7.0
SZ	12.0	15.0	14.0	18.0

2. 缺失資料的處理

1) 使用 dropna() 函數

NA 值會帶入後續的操作，為避免造成處理出錯，可以預先過濾掉缺失資料，例如使用 dropna() 方法。

【例 3.51】過濾 Series 的缺失資料。

```
from numpy import nan as NA
data=pd.Series([1,NA,3.5,NA,7])
data.dropna()
```

```
Out[11]: 0    1.0
         2    3.5
         4    7.0
         dtype: float64
```

對 DataFrame 來説，dropna() 方法預設捨棄所有含有遺漏值的行。如果想對列進行過濾，只需將 axis 設定為 1 即可。

【**例 3.52**】過濾 DataFrame 的資料行。

```
dt1=pd.DataFrame(np.arange(16).reshape(4,4),
                 index=['BJ','SH','GZ','SZ'],
                 columns=['q','r','s','t'])
dt2=pd.DataFrame(np.arange(12).reshape(4,3),
                 index=['BJ','SH','SZ','GZ'],
                 columns=['q','r','s'])
testdf=dt1+dt2
Hfinedf=testdf.dropna()
Vfinedf=testdf.dropna(axis=1)
```

由於 testdf 中每一行最後一個是 NA 值，所以按行過濾空值得到的 Hfinedf 為空，按列過濾空值得到的 Vfinedf 過濾了最後一列。結果顯示如下：

In [33]: testdf

Out[33]:

	q	r	s	t
BJ	0	2	4	NaN
GZ	17	19	21	NaN
SH	7	9	11	NaN
SZ	18	20	22	NaN

In [34]: Hfinedf

Out[34]:

q r s t

In [35]: Vfinedf

Out[35]:

	q	r	s
BJ	0	2	4
GZ	17	19	21
SH	7	9	11
SZ	18	20	22

在 dropna() 函數中，還有一個常用參數 how，表示根據行或列中 NA 的數量來決定是否刪除該行或列。如果 how 值為 'any'，表示只要該行或列存在 NA 值，就刪除該行或列；如果 how 值為 'all'，則表示該行或列必須全為 NA 值，才刪除該行或列。how 參數的預設值為 'any'。

注意，dropna() 函數不修改原 DataFrame 陣列，而是生成新 DataFrame 陣列物件。

【**例 3.53**】使用 how 參數過濾 DataFrame 陣列物件的缺失值。

```
dtHow1=pd.DataFrame([[0,0,0,0],[0,0,0,0],[NA,0,0,0],[NA,NA,NA,NA]])
dtHow2=dtHow1.dropna(axis=0,how='all')        # 產生新 DataFrame 陣列物件
dtHow2
```

執行結果：

2) 使用 notnull() 函數

【例 3.54】使用 notnull() 函數判斷空值。

```
testdf.notnull()
```

執行結果：

	q	r	s	t
BJ	True	True	True	False
GZ	True	True	True	False
SH	True	True	True	False
SZ	True	True	True	False

【例 3.55】使用 notnull() 函數過濾 Series 的空值。

```
s1=pd.Series(['ONE','TWO',NA,None,'TEN'])
s1[s1.notnull()]
```

執行結果：

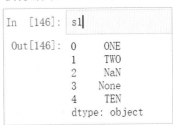

3) 填充缺失資料

有時不想濾除有遺漏值的行和列，而是希望將空白資料填充，可以使用 fillna() 方法，例如：df.fillna(0)。

fillna() 預設填充後傳回新的資料物件。如果想原地修改，可以查閱 fillna() 的 inplace 參數，如表 3.10 所示。

表 3.10　fillna() 函數的參數

參數	說明
value	用於填充遺漏值的資料
method	插值方式，預設是 'ffill'
axis	填充的軸向，預設是 0
inplace	修改呼叫函數的物件，不產生副本
limit	可以連續填充的最大數量

資料分析模組是機器學習的根本，有了資料分析才有更高層次上的演算法和自主學習。在資料處理之前，人們希望能初步了解資料的特點。在資料處理之後，又希望能直觀察覺資料分析的結果。將資料視覺化是一個非常好的方法，其中比較常用的是 Matplotlib 模組。Pandas 也內嵌了視覺化功能 plot，就是基於 Matplotlib 函數庫而實現的。

3.3　Matplotlib

Matplotlib 是 Python 的一個基本 2D 繪圖函數庫，它提供了很多參數，可以透過參數控制樣式、屬性等，生成跨平台的出版品質等級的圖形。

使用 Matplotlib，能讓複雜的工作變得容易，可以生成長條圖、橫條圖、散點圖、曲線圖等。Matplotlib 可用於 Python scripts、Python、IPython、Jupyter notebook、web 應用伺服器等。

1. 圖表的基本結構

圖表的結構一般包括：畫布、圖表標題、繪圖區、x 軸（水平軸）和 y 軸（垂直軸）、圖例等基本元素。x 軸和 y 軸有最小刻度和最大刻度，也包括軸標籤和格線。如圖 3.2 所示。

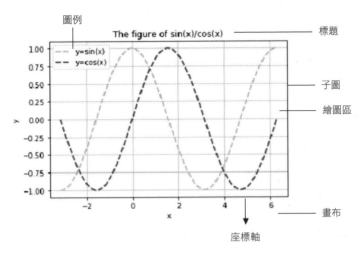

圖 3.2　圖表的基本組成

2. matplotlib.pyplot

　　Matplotlib 模組中比較常用的是 pyplot 子模組，內部包含了繪製圖形所需要的功能函數。如表 3.11 所示。透過 pyplot 內部的函數，可以很便捷地將資料進行直觀展示。

表 3.11　pyplot 模組的常用函數

函數	描述
figure()	建立一個空白畫布，可以指定畫布的大小和像素
add_subplot()	建立子圖，可以指定子圖的行數，列數和標誌
subplots()	建立一系列子圖，傳回 fig,ax 一個 fig 序列物件，建立一個 ax 序列
title()	設定圖表標題，可以指定標題的名稱、顏色、字型等參數
xlabel()	設定 x 軸名稱，可以指定名稱、顏色、字型等參數
ylabel()	設定 y 軸名稱，可以指定名稱、顏色、字型等參數
xlim()	指定 x 軸的刻度範圍
ylim()	指定 y 軸的刻度範圍
legend()	指定圖例，及圖例的大小、位置、標籤
savefig()	儲存圖形
show()	顯示圖形

　　Matplotlib 的影像都位於 figure 物件中，可以用 plt.figure() 建立一個新的畫布（空畫布，不能直接繪圖）。在畫布上增加 plot 子圖用 add_subplot() 方法，

可以在子圖 plot 上繪圖。如果不顯式呼叫 figure() 函數,也會預設建立一個畫布供子圖使用。

add_subplot() 函數的使用方法如下:

```
< 子圖物件 >=<figure 物件 >.add_subplot(nrows, ncols, index)
```

參數含義:

nrows:子圖劃分成的行數。

ncols:子圖劃分成的列數。

index:當前子圖的序號,編號從 1 開始。

【例 3.56】繪製簡單的 plot 圖表,結果如圖 3.3 所示。

```
import matplotlib.pyplot as plt
fig=plt.figure()
ax1=fig.add_subplot(2,2,1)
ax2=fig.add_subplot(2,2,2)     # 這裡修改成 (2,2,3) 試試
```

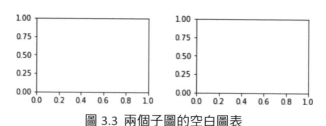

圖 3.3 兩個子圖的空白圖表

【例 3.57】三個 plot 子圖的繪製,結果如圖 3.4 所示。

```
fig=plt.figure()
ax1=fig.add_subplot(2,2,1)
ax2=fig.add_subplot(2,2,2)
ax3=fig.add_subplot(2,2,3)
```

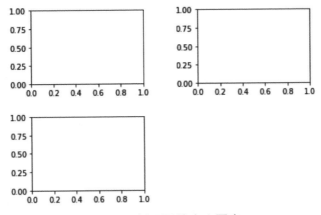

圖 3.4　三個子圖的空白圖表

【例 3.58】六個 plot 的繪製，結果如圖 3.5 所示。

```
fig,axes=plt.subplots(2,3)
axes
```

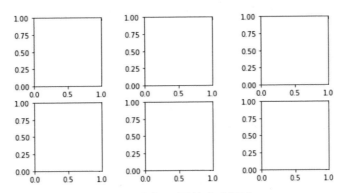

圖 3.5　六個子圖的空白圖表

【例 3.59】在子圖上繪製圖形，結果如圖 3.6 所示。

```
fig=plt.figure()
ax=fig.add_subplot(1,1,1)
rect=plt.Rectangle((0.2,0.75),0.4,0.15,color='r',alpha=0.3)
circ=plt.Circle((0.7,0.2),0.15,color='b',alpha=0.3)
pgon=plt.Polygon([[0.15,0.15],[0.35,0.4],[0.2,0.6]],color='g',alp
ha=0.9)
ax.add_patch(rect)
ax.add_patch(circ)
```

```
ax.add_patch(pgon)
plt.show()
```

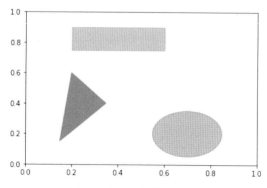

圖 3.6　圖表中增加圖形

3. plot() 函數

　　繪製曲線可以使用 pyplot 的 plot() 函數，繪製需要在畫布上進行，如果沒有手動建立畫布物件，plot() 函數會在建立子圖之前自動建立一個畫布。

　　plot() 的基本格式如下：

```
matplotlib.pyplot.plot(x,y,format_string,**kwargs)
```

參數：

x：x 軸資料，串列或陣列，可選。

y：y 軸資料，串列或陣列。

format_string：控制曲線的格式字串，可選。

**kwargs：第二組或更多組 (x,y,format_string) 參數。

註：當繪製多條曲線時，各條曲線的 x 不能省略。

【例 3.60】繪製簡單直線，結果如圖 3.7 所示。

```
import matplotlib.pyplot as plt
import numpy as np
a = np.arange(10)
plt.xlabel('x')
plt.ylabel('y')
plt.plot(a,a*1.5,a,a*2.5,a,a*3.5,a,a*4.5)
```

```
plt.legend(['1.5x','2.5x','3.5x','4.5x'])
plt.title('simple lines')
plt.show()
```

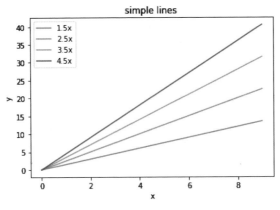

圖 3.7　多條函數線的繪製

　　對數學函數來說，繪製圖形通常採用多資料點擬合的方式。例如可以羅列出一定數量的 x 值，再透過函數求出對應的 y 值，從而組成一列 x、y 資料對。當資料對足夠多時，形成的圖形整體看就是該數學函數的圖形。

【例 3.61】繪製 sin(x) 函數圖形，結果如圖 3.8 所示。

```
import numpy as np
import matplotlib.pyplot as plt
x = np.linspace(-10, 10, 100)        # 列舉出一百個資料點
y = np.sin(x)                        # 計算出對應的 y
plt.plot(x, y, marker="o")
```

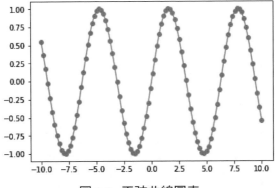

圖 3.8　正弦曲線圖表

4. 其他類型的圖表

在實際應用中，需要很多類型的圖表。matplotlib.pyplot 提供了豐富的繪圖函數可供選擇，包括：scatter（散點圖）、bar（橫條圖）、pie（圓形圖）、hist（長條圖）以及上面提到的 plot（座標圖）。

1) scatter() 函數繪製散點圖

scatter() 函數可以繪製散點圖，基本格式如下：

```
matplotlib.pyplot.scatter(x,y,s=None,c=None,marker=None,cmap=None,
norm=None, vmin=None, vmax=None, alpha=None, linewidths=None, verts=None,
edgecolors=None, *, data=None, **kwargs)
```

主要參數：

x，y：輸入資料，形狀為 shape(n,) 的陣列。

c：標記的顏色，可選，預設 'b' 藍色。

marker：標記的樣式，預設的是 'o'。

alpha：透明度，實數，0-1 之間。

linewidths：標記點的寬度。

2) hist() 函數

hist() 函數可以將資料顯示為密度長條圖，語法格式如下：

```
matplotlib.pyplot.hist(x, bins=None, range=None, normed=False, weights=Non
e, cumulative=False, bottom=None, histtype='bar', align='mid', orientation
='vertical', rwidth=None, log=False, color=None, label=None, stacked=False
, hold=None, data=None, **kwargs)
```

主要參數：

x：長度為 n 的陣列或序列，作為輸入資料。

histtype：繪製的長條圖類型，可選參數。可以設定值 'bar'、'barstacked'、'step' 或 'stepfilled'，預設為 'bar'。

orientation：可選，長條圖的方向，可以設定值 'horizontal'、'vertical'。

3) bar() 繪製橫條圖

```
matplotlib.pyplot.bar(x, height, width=0.8, bottom=None, hold=None, dat
a=None, **kwargs)
```

主要參數：

x：x 軸刻度，可以是數值序列，也可以是字串序列。

height：y 軸，即需要展示的資料，為直條圖的高度。

4) pie() 繪製圓形圖

繪製圓形圖可以使用 pie() 函數，基本格式：

```
matplotlib.pyplot.pie (x, explode=None, labels=None, colors=None, autopct=
None, pctdistance=0.6, shadow=False, labeldistance=1.1, startangle=None,
radius=None, counterclock=True, wedgeprops=None, textprops=None,
center=(0, 0), frame=False, hold=None, data=None)
```

主要參數：

x：輸入陣列，每一餅塊的比例。如果 sum(x)>1，則進行歸一化處理。

explode：每一塊到中心的距離。

labels：每一塊外側的顯示文字。

startangle：起始角度。預設 0 度，從 x 軸正值方向逆時鐘繪製。

shadow：圓形圖下方是否有陰影。預設 False（無陰影）。

【例 3.62】多個圖表的繪製，結果如圖 3.9。

首先使用 subplots() 函數確定要繪製圖表的行、列數量，然後使用 subplot() 方法指定當前繪圖所使用的子圖。例如下面程式繪製了兩行一列的圖表，第一行放置的是上面例子中的正弦曲線。

```
import numpy as np
import matplotlib.pyplot as plt
fig,axes=plt.subplots(2,1)
plt.subplot(2,1,1)
x = np.linspace(-10, 10, 100)    # 列舉出一百個資料點
y = np.sin(x)                    # 計算出對應的 y
plt.plot(x, y, marker="o")
```

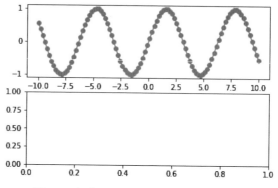

圖 3.9 在上面的子圖中繪製正弦曲線

接下來，在第二行放置例 3.60 中的簡單直線，繼續增加以下程式：

```
plt.subplot(2,1,2)
a = np.arange(10)
plt.plot(a,a*1.5,a,a*2.5,a,a*3.5,a,a*4.5)
```

這次執行的結果如圖 3.10 所示：

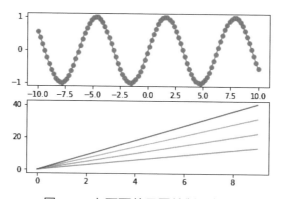

圖 3.10　在下面的子圖繪製函數線

【例 3.63】繪製鳶尾花資料集的特徵分佈圖,如圖 3.11 所示。

```
import matplotlib.pyplot as plt
import pandas as pd
import numpy as np
data = pd.read_csv('iris.txt',",",header=None)   # 讀取鳶尾花資料檔案
df=pd.DataFrame(data)                            # 轉化為 dataframe 資料型態
df.columns = ['LenPetal','LenSepal']             # 花瓣長度,花萼長度兩個特徵
plt.rcParams['font.sans-serif']=['SimHei']       # 顯示中文
#=========== 圖表 1=============
plt.figure(figsize=(10, 10))
plt.subplot(2,2,1)
plt.xlabel("Len of Petal", fontsize=10)              # 橫軸標籤
plt.ylabel("Len of Sepal", fontsize=10)              # 縱軸標籤
plt.title(" 花瓣 / 花萼長度散點圖 ")                    # 圖表標題
plt.scatter(df['LenPetal'],df['LenSepal'],c='red')   # 繪製兩個特徵組合的資料點
#=========== 圖表 2=============
plt.subplot(2,2,2)
plt.title(" 花瓣長度長條圖 ")
plt.xlabel("Len of Petal", fontsize=10)              # 橫軸標籤
plt.ylabel("count", fontsize=10)                     # 縱軸標籤
plt.hist(df['LenPetal'],histtype ='step')            # 繪製花瓣長度分佈長條圖
#=========== 圖表 3=============
x=np.arange(30)
plt.subplot(2,2,3)
plt.xlabel("Index", fontsize=10)                     # 橫軸標籤
plt.ylabel("Len of Sepal", fontsize=10)              # 橫軸標籤
plt.title(" 花萼長度橫條圖 ")
plt.bar(x,height=df['LenSepal'], width=0.5)          # 繪製花萼資料橫條圖
#=========== 圖表 4=============
plt.subplot(2,2,4)
sizes = [2,5,12,70,2,9]
explode = (0,0,0.1,0.1,0,0)
labels = ['A','B','C','D','E','F']
plt.title(" 花瓣長度圓形圖 ")
plt.pie(df['LenPetal'][8:14],explode=explode,autopct='%1.1f%%',labels=labe
ls)   # 圓形圖
plt.legend(loc="upper left",fontsize=10,bbox_to_anchor=(1.1,1.05))
plt.show()
```

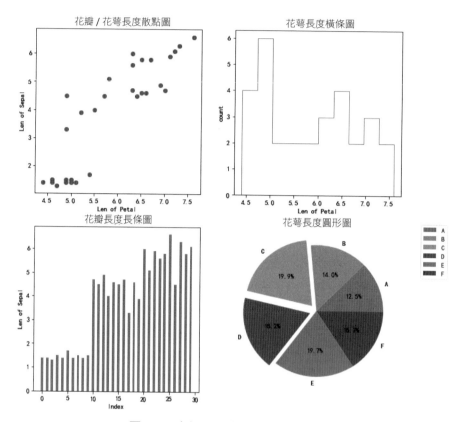

圖 3.11 多個子圖表達不同圖表類型

5. Pandas 內嵌的繪圖函數

Pandas 中內嵌的繪圖函數也是基於 Matplotlib 的。Series 和 DataFrame 都包含生成各類圖表的 plot() 方法，預設情況下，它們生成的是線型圖。

DataFrame 的 plot() 方法會在一個 subplot 中為各列繪製一條線，並自動建立圖例：每個 Series 的索引傳給 Matplotlib，分別用於繪製 x、y 軸。

與 pyplot 提供的多種類型圖表類似，Pandas 也可以繪製很多類型的圖表。不同之處在於，Pandas 是透過 plot() 方法中的 kind 參數來設定圖表類型的。

```
DataFrame.plot(x=None, y=None, kind='line', ax=None, subplots=False,
sharex=None, sharey=False, layout=None, figsize=None, use_index=True,
title=None, grid=None, legend=True, style=None, logx=False, logy=False,
loglog=False, xticks=None, yticks=None, xlim=None, ylim=None, rot=None,
fontsize=None, colormap=None, table=False, yerr=None, xerr=None, secondary_
y=False, sort_columns=False, **kwds)
```

主要參數如下：

x：輸入的 x 資料。

y：輸入的 y 資料。

kind：圖表類型，如表 3.12 所示。

表 3.12　kind 值與圖表類型對應表

值	圖表類型
'line'	預設值，線型圖
'bar'	垂直橫條圖
'barh'	水平橫條圖
'hist'	長條圖
'box'	箱體圖
'scatter'	散點圖
'pie'	圓形圖

【例 3.64】使用 plotdata2.txt 中的資料，繪製如圖 3.12 中的程式語言發展
趨勢圖。

```
import pandas as pd
data = pd.read_csv('plotdata2.txt',' ',header=None)
df=pd.DataFrame(data)
df.columns=(['python','php','java'])
ax=df.plot(title='User number of language')
ax.set_xlabel('Month')                    # 設定 x 軸標籤
ax.set_ylabel('Number of users(Million)')  # 設定 y 軸標籤
```

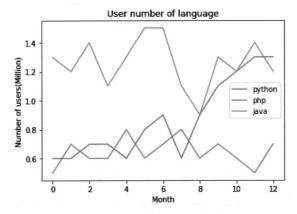

圖 3.12 使用 dataframe 繪製圖表

【例 **3.65**】為 Series 資料繪製如圖 3.13 中的圖表。

```
import pandas as pd
import numpy as np
from pandas import Series, DataFrame
import matplotlib.pyplot as plt

# cumsum() 函數累加資料
s1 = Series(np.random.randn(1000)).cumsum()
s2 = Series(np.random.randn(1000)).cumsum()

plt.subplot(211)                          # 第一個子圖
# kind 參數修改圖類型
ax1=s1.plot(kind='line',label='S1',title='Figures of Series', style='--')
# 繪製第二個 Series
s2.plot(ax=ax1,kind='line',label='S2')
plt.ylabel('value')
plt.legend(loc=2)                         #right left

plt.subplot(212)                          # 第二個子圖
s1[0:10].plot(kind='bar',grid=True,label='S1')
plt.xlabel('index')
plt.ylabel('value')
```

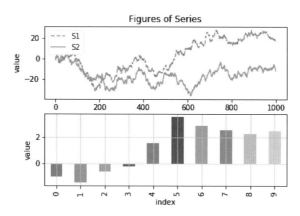

圖 3.13 使用 Series 資料繪製圖表

6. 繪製 3D 圖

　　Matplotlib 類別的主要功能是繪製二維圖表，不過也可以擴充到複雜圖表。例如可以在背景圖上繪圖、將 Excel 與 3D 圖表結合等。這些功能可以使用 Matplotlib 的擴充工具套件（toolkits）來實現。工具套件是針對某功能（如 3D 繪圖）的特定函數的集合，常用的工具套件有 mplot3d、Basemap、GTK 工具、

Excel 工具、Natgrid 和 AxesGrid 等。

　　mpl_toolkits.mplot3d 套件提供了一些基本的 3D 繪圖功能，其支援的圖表類型包括散點圖（scatter）、曲面圖（surf）、線圖（line）和網格圖（mesh）。座標軸是 Axes3D，繪製時要為 3 個座標軸提供資料。

　　mpl_toolkits.mplot3d 中提供了很多繪製 3D 圖表的函數。常用的如 plot() 可以繪製三維曲線圖。此外，Axes3D 還可以繪製其他類型的圖表，例如使用 scatter() 繪製 3D 散點圖、使用 plot_surface() 函數可以繪製表面圖、用 contour() 函數能建立三維輪廓圖等。

　　函數 mpl_Axes3D.plot() 可以繪製三維曲線圖，其基本格式：

```
plot (xs, ys,* zs ,*zdir ,*args, **kwargs)
```

　　主要參數：

　　xs, ys ,* zs：頂點的 x、y 座標；zs 為 Z 值，繪製 3D 圖時使用。如沒有 zs 參數，則繪製 2D 圖。

　　zdir：使用哪個方向作為 z（設定值 'x'、'y' 或 'z'）。

【例 3.66】使用 Axes3D.scatter() 函數繪製三維散點圖，如圖 3.14 所示。

```
import numpy as np
import matplotlib.pyplot as plt
from mpl_toolkits.mplot3d import Axes3D

def randrange(n, randFloor, randCeil):
    rnd = np.random.rand(n)                        # 生成 n 個隨機數（值 0~1）
    return (randCeil-randFloor) * rnd + randFloor  # 生成 n 個 vmin~vmax 的隨機數

plt.rcParams['font.sans-serif']=['SimHei']      # 顯示中文
fig = plt.figure(figsize=(10, 8))
ax = fig.add_subplot(111, projection="3d")      # 增加子 3D 座標軸,
n = 100
for zmin, zmax, c, m, l in [(4, 15, 'r', 'o', ' 低值 '),(13, 40, 'g', '*',
' 高值 ')]:                                       # 形狀和顏色
    x = randrange(n, 0, 20)
    y = randrange(n, 0, 20)
    z = randrange(n, zmin, zmax)
    ax.scatter(x, y, z, c=c, marker=m, label=l, s=z * 6)

ax.set_xlabel("X-value")
ax.set_ylabel("Y-value")
```

```
ax.set_zlabel("Z-value")
ax.set_title(" 高 / 低值 3D 散點圖 ", alpha=0.6, size=15, weight='bold')
ax.legend(loc="upper left")                        # 圖例位於左上角

plt.show()
```

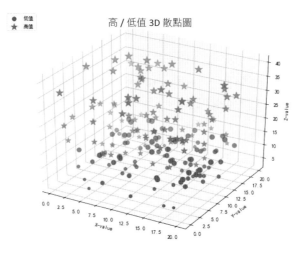

圖 3.14 基本的三維散點圖表繪製

　　大部分處理資料及顯示資料的場合都離不開 NumPy、Pandas 和 Matplotlib。此外，還有其他一些模組，共同組成了機器學習的基礎函數庫。

3.4 OpenCV

　　OpenCV 是由 Gary Bradsky 在 1999 年英特爾啟動的專案，2000 年發佈了第一個版本。在 2005 年，OpenCV 被用於史丹佛車隊的 Stanley 賽車，並贏得 2005 DARPA 挑戰賽的冠軍。OpenCV 現在支援多種與電腦視覺和機器學習相關的演算法，並且正在一天天地擴充。

　　OpenCV 用 C++ 語言撰寫，它的主要介面也是 C++ 語言，OpenCV 也有大量的 Python、Java 和 MATLAB 等環境的介面。目前也提供對於 C#、Ruby、GO 的支援。

　　OpenCV 可以在不同的平台上使用，包括 Windows、Linux、Android 和 iOS 等。基於 CUDA 和 OpenCL 的 GPU 操作介面也於 2010 年 9 月開始實現。

OpenCV Python 是一個用於解決電腦視覺問題的 Python 函數庫，是用基於 C++ 實現的 OpenCV 組成的 Python 套件。OpenCV Python 與 NumPy 相容，資料都被轉換成 NumPy 資料結構，這使得 OpenCV 更容易與其他函數庫（如 SCIPY 和 Matplotlib）整合。

整體來看，OpenCV Python 融合了 OpenCV C++ API 和 Python 語言的最佳特性，因此獲得了廣泛地使用。

OpenCV 的版本也在不斷發展，OpenCV2.x、OpenCV 3.x 後用的較多的是 cv2 模組，是由 OpenCV 2.x API 提供的。早期 cv 模組的部分功能漸漸被 cv2 的對應功能替代。

1. OpenCV 視窗操作

1) imshow()

imshow() 函數是在指定的視窗中顯示影像，視窗自動調整為影像大小。格式為 imshow(string winName,Array InputData)，其中，參數 winName 是視窗名稱，參數 InputData 為輸入的影像。如果建立多個視窗，需要具有不同的視窗名稱。

2) destroyAllWindows() 與 DestroyWindow(string winName)

兩個函數都可以移除當前視窗。區別在於，函數 destroyAllWindows() 移除全部視窗，而函數 DestroyWindow() 移除由參數 winName 指定的視窗。

3) waitKey(int delay=0)

等待使用者按鍵的函數 waitKey()，其中的 delay 是延遲的時間，單位為毫秒。在等待時間內如果檢測到鍵盤動作，則傳回按鍵的 ASCII 碼。如果沒有按下任何鍵，則傳回 -1。delay 預設為 0，即一直等待鍵盤輸入。

2. OpenCV 處理影像

在使用 openCV 時需要注意環境的版本。cv 和 cv2 都提供了對圖片進行讀、寫和顯示的功能。cv 的 LoadImage()、ShowImage() 和 SaveImage() 函數；cv2 的對應函數是 imread()、imwrite() 和 imshow() 函數。本教學使用的是 cv2 版本。

1) 圖片的基本讀寫操作

基本影像處理的函數包括：imread()、imwrite()、split()、merge() 等。影像讀取函數 imread() 能從載入影像檔並傳回影像矩陣。如果無法讀取影像，將傳回一個空矩陣。imread() 函數支援 bitmap 點陣圖、JPEG 檔案、png 圖形、WebP、TIFF 檔案等各種常見的影像格式。

imread() 函數基本格式如下：

```
imread((const String &filename, int flags=IMREAD_COLOR)
```

參數：

filename：檔案名稱。

flag：影像色彩模式，如表 3.13 所示，可取 ImreadModes 列舉串列中的值。預設為 IMREAD_COLOR（值為 1，BGR 影像）。如果參數為 0，則影像轉換成灰階圖。

表 3.13　常見 ImreadModes 列舉值

Mode 值	含義
IMREAD_UNCHANGED	值為 -1。按原樣傳回載入的影像（包括 Alpha 通道）
IMREAD_GRAYSCALE	值為 0。將影像轉為單通道灰階影像
IMREAD_COLOR	值為 1，預設。將影像轉為 3 通道 BGR 彩色影像（不包括 Alpha 通道）
IMREAD_REDUCED_GRAYSCALE_2	值為 16。將影像轉為單通道灰階影像，並且影像尺寸減小 1/2
IMREAD_REDUCED_COLOR_2	值為 17。將影像轉為 3 通道 BGR 彩色影像，並且影像尺寸減小 1/2

【例 3.67】使用 cv2 讀取影像，將影像轉為灰階圖顯示並儲存。

```
import cv2
img = cv2.imread('img.jpg',0)              # 轉變為灰階圖
cv2.imshow('image',img)
k = cv2.waitKey(0)
if k == 27:                                # 按 Esc 鍵直接退出
    cv2.destroyAllWindows()
elif k == ord('s'):                        # 按 's' 鍵先儲存灰階圖，再退出
    cv2.imwrite('result.png',img)
    cv2.destroyAllWindows()
```

2) 影像的通道拆分與合併

彩色影像由多個通道組成,例如 BGR 影像具有藍、綠、紅三個通道。使用
cv2 的 merge() 和 split() 兩個函數可以方便地對影像的通道進行拆分與組合。
例 3.68 中,首先對通道進行拆分,然後利用其中一個通道合成新的影像並儲存,
執行結果如圖 3.15 所示。

【例 3.68】拆分通道並著色,效果如圖 3.15。

```
import numpy as np
import cv2
img = cv2.imread('img.jpg')                             #BGR 影像模式
cv2.imshow('image',img)
k = cv2.waitKey(0)
if k == 13:                                             # 按 Enter 鍵退出
    cv2.destroyAllWindows()
elif k == ord('s'):                                     # 按 's' 鍵儲存並退出
    b,g,r = cv2.split(img)                              # 影像拆分成三個通道
    zeros = np.zeros(img.shape[:2], dtype = "uint8")    # 值為 0 的單通道陣列
    imgr=cv2.merge([zeros, zeros,r])                    # 合併影像
    imgg=cv2.merge([zeros, g,zeros])
    imgb=cv2.merge([b,zeros, zeros])
    # 將新影像寫入檔案
    cv2.imwrite('r.png',imgr)
    cv2.imwrite('g.png',imgg)
    cv2.imwrite('b.png',imgb)
    cv2.destroyAllWindows()
```

(a) B 通道合成結果   (b) G 通道合成結果   (c) R 通道合成結果

圖 3.15 影像通道的拆分與合併結果

3. OpenCV 捕捉攝影機影像

由於 OpenCV 在多媒體處理方面的強大功能，通常在視訊、影像處理前也使用 OpenCV 捕捉攝影機影像。

1) 開啟攝影機捕捉影像

可以使用 cv2.VideoCapture() 來截取攝影機中的視訊或圖片。攝影機操作的常用方法有：

- VideoCapture(cam)：開啟攝影機並捕捉視訊。參數 cam 為 0 時，表示從攝影機直接獲取；也可以讀取視訊檔案，這時參數應為視訊檔案的路徑。

- read()：讀取視訊的幀。傳回值有兩個，為 ret,frame。ret 是布林值，如果讀取到了正確的幀，則傳回 True；如果讀取到檔案結尾，傳回值就為 False。frame 就是每一幀的影像，是三維矩陣。

- release()：釋放並關閉攝影機。

【例 3.69】捕捉攝影機影像。

```
import cv2
cap  = cv2.VideoCapture(0)
while(True):
    ret, frame = cap.read()
    cv2.imshow(u"Capture", frame)
    key = cv2.waitKey(1)
    if key & 0xff == ord('q') or key == 27:
        print(frame.shape,ret)
        break
cap.release()
cv2.destroyAllWindows()
```

2) 攝影機範圍內的人臉檢測

檢測影像或視訊中的人臉通常使用 Haar 特徵分類器。Haar 特徵分類器就是一個 XML 檔案，該檔案中會描述人體各個部位的 Haar 特徵值，包括人臉、眼睛、嘴唇等等。Haar 特徵分類器檔案存放在 OpenCV 安裝目錄中的 \data\haarcascades 目錄下，一般包括多個分類器，如圖 3.16 所示。

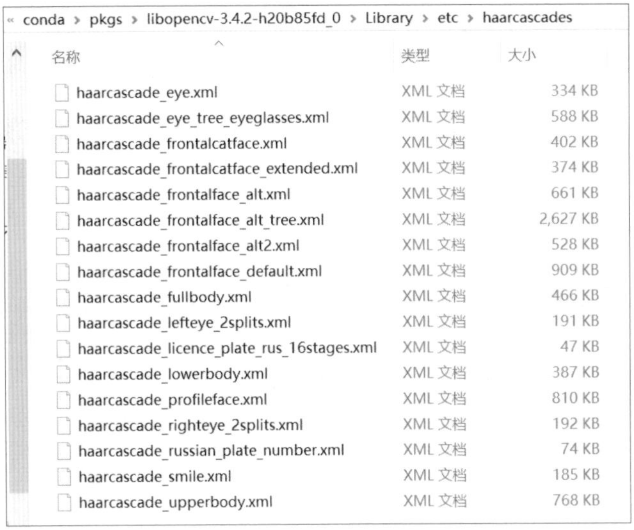

名称	类型	大小
haarcascade_eye.xml	XML 文档	334 KB
haarcascade_eye_tree_eyeglasses.xml	XML 文档	588 KB
haarcascade_frontalcatface.xml	XML 文档	402 KB
haarcascade_frontalcatface_extended.xml	XML 文档	374 KB
haarcascade_frontalface_alt.xml	XML 文档	661 KB
haarcascade_frontalface_alt_tree.xml	XML 文档	2,627 KB
haarcascade_frontalface_alt2.xml	XML 文档	528 KB
haarcascade_frontalface_default.xml	XML 文档	909 KB
haarcascade_fullbody.xml	XML 文档	466 KB
haarcascade_lefteye_2splits.xml	XML 文档	191 KB
haarcascade_licence_plate_rus_16stages.xml	XML 文档	47 KB
haarcascade_lowerbody.xml	XML 文档	387 KB
haarcascade_profileface.xml	XML 文档	810 KB
haarcascade_righteye_2splits.xml	XML 文档	192 KB
haarcascade_russian_plate_number.xml	XML 文档	74 KB
haarcascade_smile.xml	XML 文档	185 KB
haarcascade_upperbody.xml	XML 文档	768 KB

『conda › pkgs › libopencv-3.4.2-h20b85fd_0 › Library › etc › haarcascades』

圖 3.16 OpenCV 的常見分類器

根據分類器檔案的名稱可以分辨分類器用途。例如其中 haarcascade_frontalface_alt.xml 與 haarcascade_frontalface_alt2.xml 可以作為人臉辨識的 Haar 特徵分類器。

3) 人臉檢測函數 detectMultiScale()

OpenCV 中還可以進行多個人臉檢測，使用的是 detectMultiScale() 函數，可以檢測出圖片中所有的人臉，並用 vector 儲存各張面孔的座標、大小（用矩形表示）。函數由分類器物件呼叫。

detectMultiScale() 函數格式如下：

```
void detectMultiScale(const Mat& image,CV_OUT vector<Rect>& objects,
double scaleFactor = 1.1, int minNeighbors = 3,  int flags = 0, Size minSize
= Size(), Size maxSize = Size())
```

主要參數介紹：

image：待檢測圖片，一般為灰階影像，檢測速度較快。

objects：被檢測物體的矩形框向量組。

scaleFactor：前後兩次相繼的掃描中，搜尋視窗的比例係數。預設為 1.1 即每次搜尋視窗依次擴大 10%。

minNeighbors：表示組成檢測目標的相鄰矩形的最小個數，預設為 3 個。

flags：預設值 0。也可以設定為 CV_HAAR_DO_CANNY_PRUNING，則函數使用 Canny 邊緣檢測來排除邊緣過多或過少的區域。

minSize，maxSize：限制目的地區域的範圍。

【例 3.70】檢測攝影機範圍內的人臉，效果如圖 3.17。

```python
import cv2
cascPath=r"haarcascade_frontalface_alt2.xml"
faceCascade = cv2.CascadeClassifier(cascPath)
cap  = cv2.VideoCapture(0)
while(True):
    ret, img = cap.read()

    faces = faceCascade.detectMultiScale(img, 1.2, 2, cv2.CASCADE_SCALE_IM
AGE,(20, 20))
    for (x, y, w, h) in faces:
        img = cv2.rectangle(img, (x, y), (x+w, y+h), (0, 255, 0), 2)
    cv2.imshow(u"Detect faces", img)

    key = cv2.waitKey(1)
    if key & 0xFF==ord('q') or key == 27:
        break
cv2.destroyAllWindows()
cap.release()
```

圖 3.17 使用 OepnCV 檢測人臉

Python 不僅提供了重要的資料、影像、文字等處理模組，還提供了強大的機器學習套件，其中比較常用的是 Scikit learn 機器學習模組。

3.5 Scikit learn

3.5.1 SKlearn 簡介

Scikit learn 的簡稱是 SKlearn[2]，專門提供了 Python 中實現機器學習的模組。Sklearn 是一個簡單高效的資料分析演算法工具，建立在 NumPy、SciPy 和 Matplotlib 的基礎上。SKlearn 包含了許多目前最常見的機器學習演算法，例如分類、回歸、聚類、資料降維、資料前置處理等，每個演算法都有詳細的說明文檔。

圖 3.18 顯示了針對一個機器學習問題，如何選擇 SKlearn 中的正確方法。

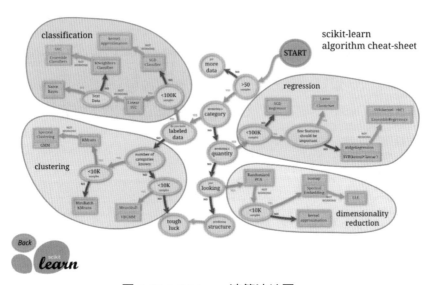

圖 3.18 Scikit learn 演算法地圖

(英文版來源：http://scikit-learn.org/stable/tutorial/machine_learning_map/)

上面的演算法地圖作為 SKlearn 使用精靈，展示了對於各類不同的問題，分別採用哪種方法進行解決。不僅有清晰的描述，還考慮了不同資料量的情況。

SKlearn 具有通用的學習模式，即對不同演算法，學習模式的呼叫具有較為統一的模式。

2　SKlearn 網址 http://scikit-learn.org

對於大多數機器學習，通常有四個資料集：

(1) train_data — 訓練資料集。

(2) train_target — 訓練資料的真實結果集。

(3) test_data — 測試資料集。

(4) test_target — 測試資料集所對應的真實結果，用來檢測預測的正確性。

用各演算法解決問題時，也大都有兩個共同的核心函數：訓練函數 fit() 和預測函數 predict()。

3.5.2 SKlearn 的一般步驟

1. 獲取資料，建立資料集

SKlearn 提供了一個強大的資料庫，包含了很多經典資料集，可以直接使用。開發程式時，可以透過包含 SKlearn 的 datasets 使用這個資料庫。

舉例來説，使用比較著名的是鳶尾花資料集，呼叫程式如下：

```
from sklearn.datasets import load_iris
data = load_iris()
```

或

```
from sklearn import datasets
boston = datasets. load_iris()
```

另一個經典的波士頓房價資料集，呼叫程式如下：

```
from sklearn.datasets import load_boston
boston = load_boston()
```

或

```
from sklearn import datasets
boston = datasets.load_boston()
```

鳶尾花 iris 資料集是常用的分類實驗資料集，由 Fisher 在 1936 收集整理。資料集包含 150 個資料集，分為 3 類，每類 50 個資料。每筆資料封包含 4 個屬性，即花朵的花萼長度、花萼寬度、花瓣長度和花瓣寬度。如圖 3.19，資料集中的鳶尾花包括 Setosa（山鳶尾），Versicolour（雜色鳶尾），Virginica（維吉尼亞鳶尾）三個種類。

圖 3.19 鳶尾花圖片

　　開啟素材中的 "iris.csv"，可以查看到 150 筆鳶尾花的測量資料。下面我們先使用 Matplotlib 對資料進行初步了解。

【例 3.71】查看 iris 資料集。

　　說明：開啟 iris 資料集讀取資料，並使用 petal length 和 sepal length 兩個特徵繪製如圖 3.20 所示的散點分佈圖。

```
import pandas as pd
import matplotlib.pyplot as plt
import numpy as np
df = pd.read_csv('iris.csv', header=None) # 載入 Iris 資料集，轉為 DataFrame 物件
X = df.iloc[:, [0, 2]].values              # 取出花瓣長度、花萼長度 2 列特徵
# 前 50 個樣本 (setosa 類別 )
plt.scatter(X[:50, 0], X[:50, 1],color='red', marker='o', label='setosa')
# 中間 50 個樣本 (versicolor 類別 )
plt.scatter(X[50:100, 0], X[50:100, 1],color='blue', marker='x',
label='versicolor')
# 後 50 個樣本的散點圖 (Virginica 類別 )
plt.scatter(X[100:, 0], X[100:, 1],color='green', marker='+',
label='Virginica')
plt.xlabel('petal length')
plt.ylabel('sepal length')
# 圖例位於左上角
plt.legend(loc=2)
plt.show()
```

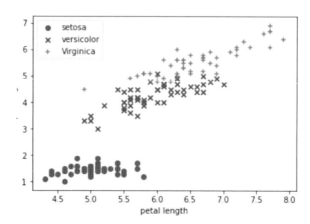

圖 3.20　基於花瓣長度與花萼長度的散點圖

　　從圖 3.20 中能夠判斷出，使用兩個特徵就有可能預測出花朵屬於三類中的哪一類。

　　當然，除了使用 SKlearn 附帶的資料集，還可以自己去搜集資料集、建立訓練樣本。

2. 資料前置處理

　　資料前置處理階段是機器學習中不可缺少的一環，它會使得資料更加有效地被模型或評估器辨識。

3. 資料集拆分

　　在處理中，經常會把訓練資料集進一步拆分成訓練集和驗證集，這樣有助我們模型參數的選取。

4. 定義模型

　　透過分析資料的類型，確定要選擇什麼模型來處理，然後就可以在 SKlearn 中定義模型了。

5. 模型評估與選擇

　　例如可以使用 SKlearn 中的分類模型來處理鳶尾花 iris 資料集的分類問題。

本節介紹了 SKlearn 的基本流程，關於 SKlearn 的更詳細的使用方法將在後面各演算法章節中介紹。

3.6 其他常用模組

3.6.1 Wordcloud 製作詞雲

詞雲（Wordcloud），也叫文字雲，是對文字中出現頻率較高的關鍵詞資料給予視覺差異化的展現方式。詞雲圖突出展示高頻高質的資訊，也能過濾大部分低頻的文字。透過詞雲，可以透過視覺化形式凸顯資料所表現的主旨，快速顯示資料中各種文字資訊的頻率。

Python 環境下的詞雲圖工具套件名稱為 Wordcloud，支援 Python2 和 Python3 版本。能透過程式的形式把關鍵詞資料轉換成直觀且有趣的圖文模式。

詞雲套件中的 WordCloud() 函數能夠建構詞雲物件，主要參數如表 3.14。

表 3.14 WordCloud() 函數的主要參數

屬性	資料型態	說明
font_path	string	字型檔案所在的路徑
width	int	畫布寬度，預設為 400 像素
height	int	畫布高度，預設為 200 像素
prefer_horizontal	float	詞語水平方向排版出現的頻率，預設 0.9
mask	ndarray	預設為 None，使用二維遮罩繪製詞雲。如果 mask 不可為空，將忽略畫布的寬度和高度，遮罩形狀為 mask
scale	float	放大畫布的比例，預設為 1(1 倍)
stopwords	字串	停用詞，需要遮罩的詞，預設為空。如果為空，則使用內建的 STOPWORDS
background_color	字串	背景顏色，預設為 "black"(黑色)

【例 3.72】將文字檔的資訊製作如圖 3.21 所示的詞雲圖並顯示。

```
# 匯入 Wordcloud 模組和 matplotlib 模組
from wordcloud import WordCloud
import matplotlib.pyplot as plt
```

```
# 讀取一個 txt 檔案
f = open(r''texten.txt','r').read()
# 生成詞雲
wordcloud=WordCloud(background_color="white",width=1000,height=860,
margin=2 ).generate(f)
# 顯示詞雲圖片
plt.imshow(wordcloud)
plt.axis("off")
plt.show()
# 儲存圖片
wordcloud.to_file('test.png')
```

圖 3.21 文字的詞雲圖

　　對於經常出現的無意義詞語可以設定停用詞。停用詞是在資訊處理中自動過濾掉的詞語，通常人為指定。停用詞大致有兩類：(1) 人類語言中普遍使用的功能詞，沒有實際含義，例如英文中的 "the" "to" "is"，中文裡的「的」「這個」「是」等。(2) 廣泛使用的詞彙，例如英文中的 "think" "like" "then"，中文裡的「認為」「覺得」「然後」等。透過 stopwords 參數設定詞雲的停用詞表。

　　詞雲的背景也可以使用指定的圖片。例如圖 3.22 中，使用了一幅音符圖案作為詞雲的背景。

【例 3.73】使用指定的圖片顯示統計結果。

```
from wordcloud import WordCloud
import matplotlib.pyplot as plt
from imageio import imread
# 開啟文字檔
text = open('song.txt','r').read()
# 讀取背景圖片
```

```
bg_pic = imread('notation.png')
#生成詞雲
stopwd=['is'',''a',''the',''to','of','in','on','at','and']
wdcd=WordCloud(mask=bg_pic,background_color='white',scale=1.5,stopwords=st
opwd)
wdcd=wdcd.generate(text)
plt.imshow(wdcd)
plt.axis('off')
plt.show()
wdcd.to_file('pic.jpg')
```

圖 3.22 圖片背景的詞雲圖

在製作詞雲的過程中，還可以透過調整參數，設定更多的樣式，例如顏色、字型等。

3.6.2 Jieba 中文分詞

1. 自然語言處理

語言是日常生活的核心，自然語言處理的研究就是圍繞著語言相關的問題。尤其是近些年來網際網路資料呈爆發性增長，如何從巨量文字中挖掘出有價值的資訊，一直是機器學習的研究熱點。

自然語言處理（Natural Language Processing，簡稱 NLP）是指用演算法對人類口頭表達或書面提供的自然語言資訊進行處理的技術。自然語言處理屬於人工智慧和語言學的交叉學科，經歷了經驗主義、理性主義和深度學習三個發展階段，現廣泛應用在人們生活、學習和工作的各方面。

自然語言處理主要包括自然語言生成和自然語言理解兩大領域。自然語言生成是以自然語言來表達特定的想法。自然語言理解是使電腦理解自然語言文字的意義。其核心是獲取文字的特徵，把握説話者的意圖。涉及的技術有詞語切分、詞頻統計、文字挖掘、語義庫、文法分析以及文字情感傾向性分析等，常用於文字分類、對話系統、機器翻譯、語音辨識等領域。

2. 自然語言處理的主要步驟

通常自然語言包括以下步驟：獲取語料庫、文本分詞、詞性標注、關鍵字提取、文字向量化等步驟。

1) TF-IDF 關鍵字提取

關鍵字取出是文章理解、輿情檢測、檔案歸類、文字情感分析的重要步驟。這裡介紹基於 TF-IDF 矩陣的文字關鍵字提取方法。

TF-IDF（term frequency–inverse document frequency，詞頻 - 反文件詞頻）是關鍵字提取的一種基礎且有效的演算法，是資訊檢索與資料探勘中常用的統計方法。TF 是詞頻，IDF 是逆文字頻率指數。TF-IDF 是一種統計方法，用以評估檔案資料中的字 / 詞的重要程度，字詞的重要性隨著它在檔案中出現的次數而提升。

TF-IDF 的主要想法是：如果某個詞句在一篇文章中頻繁出現（TF 值較高），且在其他文章中較少出現（IDF 值較低），則這個詞句是能夠代表該文章的關鍵性詞句。

2) 文字向量化

無論是分詞還是關鍵字提取，處理的物件都是文字資訊，得到的結果也是文字。為便於後續演算法處理，需要將文字進一步轉為資料。轉換出來的資料一般是向量形式，因此這個轉換過程也稱為文字向量化。

根據所要處理的文字的細微性，可以分為字向量化、詞向量化、句子向量化和段落向量化。演算法提取的關鍵字大部分是詞為單位，所以很多演算法研究的物件是詞向量化。

常用的文字向量化方法有字元編碼、基於詞集的 one-hot 編碼、排序編碼、詞袋模型等方法，以及基於神經網路的 NNLM 神經網路語言模型。

3. 中文分詞工具 Jieba

英文單字之間是自動以空格作為自然分隔符號，而亞洲語言則沒有固定分隔符號。對中文來說，字是基本單位，詞語之間沒有固定的分隔標記。由於漢語句子的複雜性，中文分詞比英文分詞更加複雜和困難。

在中文自然語言處理中，大部分情況下，詞彙是理解文字語義的基礎。將待處理的中文文字劃分成基本詞彙，這就是中文分詞，或稱中文斷詞（Chinese Word Segmentation）。

隨著自然語言處理的快速發展，研究人員針對中文分詞提出了很多技術方法，主要有三類方法：規則分詞、統計分詞和混合分詞，對應的開放原始分碼詞工具也很多。Python 開發環境下的中文分詞工具就層出不窮，如 Jieba、NLPIR、SnownNLP、Ansj、盤古分詞等。其中，Jieba 應用較為廣泛，不僅能分詞，還提供關鍵字提取和詞性標注等功能。Jieba 分詞結合了規則和統計兩種方法舉出的分詞方法，功能強大。

1) Jieba 的三種分詞模式：

Jieba 提供如下三種分詞模式。

- 精確模式：試圖將句子最精確地切開，適合文字分析；
- 全模式：把句子中所有的可以成詞的詞語都掃描出來 , 速度非常快，但是不能解決歧義；
- 搜尋引擎模式：在精確模式的基礎上，對長詞再次切分，提高召回率，適合用於搜尋引擎分詞。

同時還支援繁體分詞、支援自訂字典、MIT 授權協定。

Jieba 分詞透過其提供的 cut() 方法和 cut_for_search() 方法來實現。jieba.cut() 和 jieba.cut_for_search() 傳回的結構都是一個可迭代的 generator，可以使用 for 迴圈來獲得分詞後得到的每個詞語。

jieba.cut () 方法的基本格式：

```
cut(sentence, cut_all=False, HMM=True)
```

參數含義：

sentence：需要分詞的字串。

cut_all：用來控制是否採用全模式。

HMM：用來控制是否使用 HMM 模型。

jieba.cut_for_search() 方法更適合搜尋引擎，可以建構倒排索引的分詞，細微性比較細。只有兩個參數，即需要分詞的字串和是否使用 HMM 模型。

注意：待分詞的字串可以是 unicode 或 UTF-8 字串、GBK 字串。但一般不建議直接輸入 GBK 字串，可能會錯誤解碼成 UTF-8 格式。

【例 3.74】jieba 中文分詞。

```
import jieba
list0 = jieba.cut('東北林業大學的貓科動物專家判定，這只野生東北虎屬於定居虎。',
cut_all=True)
print(' 全模式 ', list(list0))
list1 = jieba.cut('東北林業大學的貓科動物專家判定，這只野生東北虎屬於定居虎。',
cut_all=False)
print(' 精準模式 ', list(list1))
list2 = jieba.cut_for_search('東北林業大學的貓科動物專家判定，這只野生東北虎屬於定
居虎。')
print(' 搜尋引擎模式 ', list(list2))
```

執行結果：

```
全模式['東北', '北林', '林業', '林業大學', '業大', '大學', '的', '貓科', '貓科動物', '動物',
'專家','  判定 ', '', '這', '隻', '野生', '東北', '東北虎', '屬於', '定居', '虎', ', ']
精準模式['東北', '林業大學', '的', '貓科動物', '專家', '判定', ', ', '這', '只', '野生', '東北虎','
屬於', '定居', '虎', '  。']
搜尋引擎模式 [ 東北', '林業', '業大', '大學', '林業大學', '的', '貓科', '動物', '貓科動物',
'專家', '判定', ', ', '這',' 隻', '野生',' 東北', '東北虎', '屬於', '定居', '虎',' ' ]
```

觀察三種不同分詞模式下的分詞結果，可以發現其不同的特點和適用場合。

2) 詞性標注

分詞工作完成之後往往都會牽涉到詞性標注工作。詞性也稱為詞類，是詞彙基本的語法屬性。詞性標注就是判定每個詞的語法範圍，確定詞性並標注的過程。舉例來説，人物、地點、事物等是名詞，表示動作的詞是動詞等。詞性標注就是確定每個詞屬於動詞，名詞，還是形容詞等詞性的過程。詞性標注是語法分析、資訊取出等應用領域重要的資訊處理基礎性工作。如："東北林業大學是個非常有名的大學 "，對其標注結果如下："東北林業大學 / 名詞 是 / 動詞 個 / 量詞 非常 / 副詞 有又 / 形容詞 的 / 結構助詞 大學 / 名詞 "。

在中文句子中,一個詞的詞性很多時候不是固定的,在不同場景下,往往表現為不同詞性,比如 " 研究 " 既可以是名詞(" 基礎性研究 "),也可以是動詞(" 研究電腦科學 ")。

詞性標注需要有一定的標注規範,後面標注結果使用統一編纂的詞性編碼表示,如 d 表示副詞,r 表示代詞等,常用的漢語詞性編碼對照表以下表 3.15 所示。

表 3.15 常用詞性對照表

詞性編碼	詞性名稱	詞性編碼	詞性名稱
a	形容詞	p	介詞
c	連詞	q	量詞
d	副詞	r	代詞
m	數詞	v	動詞
n	名詞	w	標點符號
nr	人名	y	語氣詞
ns	地名	z	狀態詞
o	擬聲詞	t	時間
ul	助詞	x	未知符號

對中文分詞並標注詞性,可以使用 jieba.posseg 模組。jieba.posseg.cut() 方法能夠同時完成分詞和詞性標注兩個功能。cut() 方法傳回一個資料序列,序列包含 word 和 flag 兩個序列——word 是分詞得到的詞語,flag 是對各個詞的詞性標注。

【例 3.75】中文分詞並標注詞性。

```
import jieba.posseg as pseg
seg_list = pseg.cut(" 今天我終於看到了南京市長江大橋。")
result = ' '.join(['{0}/{1}'.format(w,t) for w,t in seg_list])
print(result)
```

輸出結果如下:

今天 /t 我 /r 終於 /d 看到 /v 了 /ul 南京長江大橋 /ns 。/x

3) 去除停用詞

在搜尋引擎最佳化工作中,為了節省空間和提高搜尋的效率,搜尋引擎在索引網頁或對應搜尋請求時，會自動地忽略某些字和詞，這一類字或詞就被稱為停用詞（stop word）。

使用廣泛和過於頻繁的一些詞，如「的」「是」「我」「你」等；或是在文字當中出現的頻率高卻沒有實際意義的詞，如介詞（如「在」）、連詞（如「和」）、語氣助詞（如「嗎」）等；甚至是一些數字和符號，都可以設定為停用詞。

從句子語法和意義的完整性上來看，停用詞不可或缺。然而，對於自然語言處理中的很多應用，如資訊取出、摘要提取、文字分類、情感分析等，停用詞的貢獻微乎其微，甚至會干擾最終結果的準確性。所以，在自然語言處理工作中，停用詞一般代表非關鍵資訊，需要將其去除。可以使用 Jieba 的 set_stop_words() 函數設定停用詞。

【例 3.76】使用停用詞，對文字進行分詞。

```python
import jieba
import jieba.analyse

#stop-words list
def stopwordslist(filepath):
    f=open(filepath,'r',encoding='utf-8'')
    txt=f.readlines()
    stopwords=[]
    for line in txt:
        stopwords.append(line.strip())
    return stopwords

inputs=open('news.txt','rb')
stopwords=stopwordslist('ch-stop_words.txt')
outstr=''
for line in inputs:
    sentence_seged=jieba.cut(line.strip())
    for word in sentence_seged:
        if word not in stopwords:
            if word!='\t':
                outstr+=' '+word
                outstr+=''
print(outstr)
```

執行結果：

杭州 出現 霧凇 最美 , 乾枯 樹枝 、 雜草 , 晶瑩 冰雪 裝飾 , 精美 動人 藝術品

3.6.3 PIL

影像辨識可以説是最廣為人知的應用。影像的品質對辨識的結果具有非常重要的影響，因此需要在辨識之前，需要將影像素材進行前置處理。Python 的 PIL 模組就是非常方便的影像處理利器。

PIL （Python Imaging Library）是 Python 中最常用的影像處理函數庫，能夠完成影像處理、影像批次處理歸檔、影像展示等任務。PIL 可以處理多種檔案格式影像，具有強大而便捷的影像處理和圖形處理能力。

PIL 中的 Image 模組最為常用，對影像進行的基礎操作基本都包含在這個模組中，如表 3.16 中，其能夠實現影像的開啟、儲存、轉換等操作，還有合成、濾波等處理。

表 3. 16 PIL.image 常用函數表

函數名稱	功能
open()	開啟影像
save()	儲存影像
convert()	影像格式轉換
show()	顯示影像
split()	從影像中拆分出各個通道
merge()	將多個通道合成一個影像
crop()	裁剪指定區域
resize()	縮放影像
blend()	將兩幅圖混合成一幅
filter()	設定濾波器對影像進行處理
fromarray()	從 NumPy 的 ndarray 陣列生成影像

1. PIL 合成人物表情

心理學定義了人類 6 種基本表情，分別為快樂、悲傷、憤怒、驚訝、厭惡和恐懼。有的研究者嘗試將不同的表情進行比對、合成，發現表情之間存在的內在聯繫。

表情的合成可以使用影像合成實現。PIL 的 Image 模組提供了合成函數 blend()，功能是對參數給定的兩個影像及透明度 alpha，插值生成一個新影像。

函數格式：

```
PIL.image.blend(im1,im2,alpha)。
```

影像的合成公式為：

$$out = image1 *(1.0 - alpha) + image2 * alpha。$$

需要注意，對於合成的兩個來源影像，尺寸和模式要相同。如果參數 alpha 為 0，傳回的合成圖與第一張影像相同；如果 alpha 為 1.0，合成的圖片與第二張影像相同。

【例 3.77】表情圖片的合成。

說明：對以圖 3.23 中兩張表情圖片，進行影像混合操作（圖片修改自 FLW 資料集，人物標籤：Andy_Roddick），效果如圖 3.24 所示。

圖 3.23 人像圖

```
from PIL import Image
img1 = Image.open( "1.jpg ")
img1 = img1.convert('RGBA')

img2 = Image.open( "2.jpg ")
img2 = img2.convert('RGBA')

img = Image.blend(img1, img2, 0.5)
img.show()
img.save( "blend.png")
```

得到一幅微笑的新表情，再試試合成其他的表情。

圖 3.24　圖片表情合成結果

還可以使用 PIL 的 convert() 方法轉換影像模式，格式為：

```
im.convert(mode)
```

如變成灰階圖，參數 mode 設定值為 L。

【例 3.78】PIL 影像模式轉換——轉為灰階圖，效果如圖 3.25 所示。

```
img3=img.convert("L")
img3.show()
```

圖 3.25　圖片轉為灰階圖

2. 手寫數字轉為文字

數位影像在電腦內的儲存方式是點陣式的，每個點儲存了該像素的顏色值。影像處理的很多操作是針對影像的像素進行，例如濾波。使用 PIL，對影像進行底層像素處理也很方便。在數字影像座標系中，影像的起始點在左上角，為（0，0）。影像向右下方延伸，假設縱軸以 x 表示，橫軸以 y 軸表示，則一個像素可以使用（x,y）座標來獲取。

影像的像素和座標系示意如圖 3.26 所示。

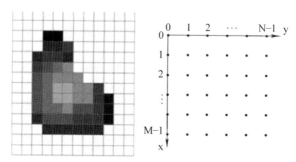

圖 3.26 影像的像素和座標系示意

【例 3.79】影像轉化為文字資料。

說明：在手寫數字辨識前，為了資料使用方便，有時會把數位影像前置處理為文字。使用 PIL 模組讀取二值圖（黑白圖），並將資料儲存到文字檔，如圖 3.27 所示。

```python
from PIL import Image
import numpy as np
import matplotlib.pyplot as plt

img=Image.open('8.jpg').convert('L')
img=np.array(img)
rows,cols=img.shape
txt=""

for i in range(rows):
    for j in range(cols):
        if (img[i,j]<=128):
            txt+='1''
        else:
            txt+='0''
    txt+="\n"

with open('8.txt','w') as f1:
    f1.write(txt)
```

(a) 數字 8 的圖片   (b) 以文字表達的數字 8

圖 3.27 圖片資料轉為文字表示

3. 查詢影像邊緣

　　影像辨識可以基於顏色、輪廓、數值等模式。在前置處理時，對於邊緣不夠鮮明的影像，可以進行影像銳化。銳化能夠突出影像的邊緣資訊，加強影像的輪廓特徵，便於人眼的觀察和機器的辨識。提取邊緣的銳化也稱為邊緣檢測。邊緣檢測和很多影像處理方法一樣，一般使用卷積和濾波方法。

知識擴充：

　　卷積：卷積是一種數學運算。影像處理中的卷積，是使用一個矩陣（稱作運算元、卷積核心）對影像中的像素從頭至尾，逐行、逐列進行處理。矩陣每次處理一個影像區域。該區域中的所有像素參與運算，然後相加，得到的和賦給位於區域中心的像素。於是，在一次卷積操作後，每個像素都會作為中心像素被更新。

　　假設像素卷積核心為

$$t = \begin{vmatrix} 0 & -1 & 0 \\ -1 & 5 & -1 \\ 0 & -1 & 0 \end{vmatrix} \tag{3.1}$$

將卷積核心作用於圖 3.28 所示的影像區域。

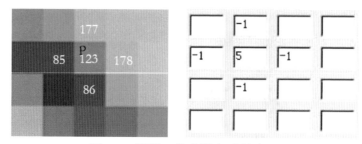

圖 3.28 對單一像素進行卷積處理

中心像素的原始值為 123，經卷積核心作用後，其新值為：

$$p' = 85 \times (-1) + 86 \times (-1) + 178 \times (-1) + 177 \times (-1) + 123 \times 5 = 89 \quad (3.2)$$

如果使用 f 表示影像陣列，f(x, y) 表示像素 p 座標處的值，則完整的公式可以寫成：

$$p' = f(x-1,y-1) \times t(0,0) + f(x,y-1) \times t(0,1) + f(x+1,y-1) \times t(0,2) +$$
$$f(x-1,y) \times t(1,0) + f(x,y) \times t(1,1) + f(x+1,y) \times t(1,2) +$$
$$f(x-1,y+1) \times t(2,0) + f(x,y+1) \times t(2,1) + f(x+1,y+1) \times t(2,2)$$
$$(3.3)$$

上面的公式較長，可以簡寫成：

$$p' = p \times t \quad (3.4)$$

能夠對空間域進行邊緣檢測的有梯度運算元、拉普拉斯運算元及其他銳化運算元等。下面簡單介紹梯度空間 Roberts 運算元。

數字影像是一個二維的離散型數集，可以透過求函數偏導的方法來求影像的偏導數——即 (x,y) 處的最大變化率，得到此處的梯度。Roberts 運算元中，垂直和水平梯度分別為：

$$x \text{ 方向：} g_x = \frac{\partial f(x,y)}{\partial x} = f(x+1,y) - f(x,y) \quad (3.5)$$

$$y \text{ 方向：} g_y = \frac{\partial f(x,y)}{\partial y} = f(x,y+1) - f(x,y) \quad (3.6)$$

Roberts 運算元範本如圖 3.29 所示：

圖 3.29 Roberts 運算元範本

如果需要對角線方向的梯度，如下：

$$g_1 = f(x+1, y+1) - f(x, y) \tag{3.7}$$
$$g_2 = f(x, y+1) - f(x+1, y) \tag{3.8}$$

對角線梯度 Roberts 運算元如圖 3.30 中：

圖 3.30 Roberts 對角線運算元範本

此外，還有一個與 Roberts 運算元類似的 Lapacian 運算元，也可以用於邊緣檢測，其卷積核心為圖 3.31 中的運算元：

圖 3.31 Lapacian 運算元範本

4. 使用 PIL 對影像進行濾波處理

PIL 函數庫的 ImageFilter 模組提供了對影像進行平滑、銳化、邊界增強等處理的濾波器，這些濾波器主要用於 Image 類別的 filter() 方法。透過 Image 的成員函數 filter() 來呼叫 ImageFilter 模組預先定義的濾波器，對影像進行濾波處理。ImageFilter 中包含了多種常用濾波器，如表 3.17 所示，可以參考 Python 安裝目錄中的 ImageFilter.py 檔案 (\python\Lib\site-packages\PIL\ImageFilter.py)。

表 3.17 常用的 ImageFilter 濾波器

濾波器	功能
BLUR	模糊
CONTOUR	提取輪廓
DETAILL	細節增強
EDGE_ENHANCE	邊緣增強
EDGE_EHANCE_MORE	深度邊緣增強
EMBOSS	浮雕效果
FIND_EDGES	查詢邊緣
SMOOTH	平滑
SMOOTH_MORE	深度平滑
SHARPEN	銳化

filter() 函數的參數可以是預先定義的濾波器，也可以是自訂的濾波器，以下面兩個例子。

【例 3.80】使用 PIL 的預先定義濾波器查詢影像邊緣。

```
from PIL import Image, ImageFilter
im = Image.open("boy.jpg")
# 輪廓
im.filter(ImageFilter.CONTOUR).save(r'FindCt.jpg')
# 找到邊緣
im.filter(ImageFilter.FIND_EDGES).save(r'FindEg.jpg')
```

執行結果如圖 3.32 所示。

圖 3.32 影像邊緣提取

【例 3.81】使用自訂的邊緣檢測範本，對影像進行處理。

說明：首先，自訂一個 3×3 的邊緣檢測範本，

$$\begin{vmatrix} -1 & -1 & -1 \\ -1 & 8 & -1 \\ -1 & -1 & -1 \end{vmatrix}$$

然後，將自訂的範本傳遞給 filter 函數。

程式如下：

```
from PIL import Image,ImageDraw
img = Image.open("boy.jpg")

# 經過 PIL 附帶 filter 處理
myFilter=ImageFilter.CONTOUR
myFilter.name='counter'
myFilter.filterargs=((3, 3), 1, 255, (-1, -1, -1, -1, 8, -1, -1, -1, -1))
imgfilted_b = img.filter(myFilter)
imgfilted_b.save("newFindCt.jpg")
imgfilted_b.show()
```

結果如圖 3.33 所示。

圖 3.33 自訂範本提取的影像邊緣

本章介紹了資料的前置處理模組和最基礎的科學計算模組的使用。此外，Python 還有很多功能強大的模組，能對資料進行更複雜的操作，使資料分析、機器學習的工作更為便捷。

▍習題

操作題

1. 研究人員在 2014 年，分別在中國與日本的四個城市對將近 2 萬名 7-18 歲兩國兒童青少年，進行了相關測試，得到平均年齡／身高資料如表 3.18。使用 Pandas 和 Matplotlib 函數庫，實現以下功能：

(1) 從中日 7-18 歲男生平均身高 "avgHgt.csv" 檔案中讀取身高資料。

(2) 把資料繪製成如圖 3.34 所示曲線圖。

表 3.18 中日兒童身高資料

年齡	中國男孩身高（cm）	日本男孩身高（cm）
7	125	122
8	131	128
9	138	133
10	140	138
11	145	143
12	153	153
13	161	155
14	169	162
15	174	166
16	174	169
17	174	170
18	175	171

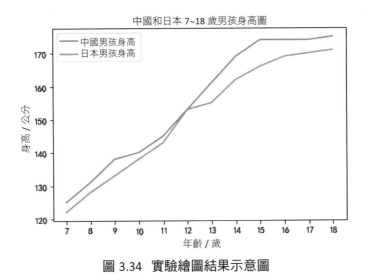

圖 3.34　實驗繪圖結果示意圖

2.　使用 PIL 函數庫的 filter() 函數，調整影像亮度為原來的兩倍。

提示：

方法一：使用以下範本，對當前像素值乘 2。

$$\begin{vmatrix} 0 & 0 & 0 \\ 0 & 2 & 0 \\ 0 & 0 & 0 \end{vmatrix}$$

方法二：呼叫函數庫函數 ImageEnhance()，對影像進行處理。

第 **4** 章

機器學習基礎

本 章 概 要

"The states of a machine could be regarded as analogous to 'states of mind'.If a machine could simulate a brain, it would have to enjoy the faculty of brains, that of learning new tricks."

(機器的狀態，可以看作思維的狀態。如果說機器可以模擬大腦，那麼它就必須擁有大腦的學習新事物的能力。)

——Alan Turing (艾倫圖靈)

目前，機器學習獲得了廣泛的應用，從醫療診斷、智慧監控、商品推薦到自動駕駛，許多智慧商業應用和智慧研究都離不開機器學習。同時，網際網路為人們帶來了巨量資料。要從中有效地發現規律、提高生產力，用傳統的方式已經非常困難，必須借助電腦來實現資訊搜尋、資料探勘等工作。

機器學習是一門交叉學科，涉及電腦科學、高等數學、機率論、統計學、生物學等多門學科。機器學習的目標是讓計算機具有 " 學習 " 能力，透過挖掘經驗資料中的規律和模式，建立演算法模型，從而對未來進行推測和預判。

本章內容中主要介紹常見機器學習演算法的概念。並透過實際案例，展示如何用機器學習演算法解決問題。透過學習掌握典型的機器學習演算法，能夠使用 Python 程式和 Python 科學套件來分析資料、建構模型，建立有效的機器學習應用。

學 習 目 標

當完成本章的學習後，要求：

1. 了解機器學習分類；
2. 掌握常見機器學習演算法；
3. 理解機器學習基本原理；
4. 掌握 Python 實現機器學習的方法。

4.1 機器學習模型

機器學習是一門交叉學科，研究範圍非常廣泛，涵蓋電腦、機率論、統計學、最佳化理論等多個領域。機器學習主要使用演算法模擬人類學習方式，並將學習到的知識規律用於對知事物進行判定。

機器學習 (Machine Learning) 是以人工智慧為研究物件的科學。透過對資料進行學習獲取經驗，再使用學習到的經驗對原演算法的性能進行迭代最佳化，從而不斷提高演算法效果。

機器學習廣泛應用於資料探勘、電腦視覺、自然語言處理、生物特徵辨識、醫學診斷、金融分析、DNA 序列測序、語音和手寫辨識、戰略遊戲和機器人等領域。

機器學習的過程與人類學習過程類似，例如辨識影像需要幾個步驟：

首先要收集大量樣本影像，並標明這些影像的類別，這個過程稱為**樣本標注**。樣本標注的過程就像給幼兒展示一些輪船圖片，並告訴他這是輪船。這些樣本影像就是**資料集**。

把樣本和標注送給演算法學習的過程稱為**訓練**。訓練完成之後得到一個**模型**，這個模型是透過對這些樣本進行複習歸納，最後得到的知識。接下來，可以用這個模型對新的影像進行辨識，稱為**預測**。

機器學習的演算法模型有很多，可以簡單地從下面幾個角度進行劃分。

4.1.1 線性模型與非線性模型

從模型的函數是否是線性，可以將模型分為線性模型和非線性模型。

線性模型（Linear Model）是指模型建立的函數是線性的。線性模型具有很好的解釋性，演算法簡單，便於實現。常見的線性模型包括：線性回歸（Linear Regression）、邏輯回歸（Logistic Regression）、線性判別分析（Linear Discriminant Analysis, 簡稱 LDA）等。

反之,如果預測的模型不是基於線性函數,則屬於非線性模型。隨著演算法的發展,目前也有許多非線性的模型是透過線性模型的高維映射或多層複合而來。

4.1.2 淺層模型與深度模型

從模型的迭代層次方面,可以將模型分為淺層模型和深度模型。選擇機器學習模型時,一直以來傾向於簡單實用。例如支援向量機 SVM 等淺層模型,在與神經網路的較量中,一度佔據了絕對優勢。因為複雜的模型不僅訓練費時,還很容易產生過擬合。

然而,隨著硬體裝置的性能提高,解決了訓練耗時的問題;同時,目前巨量資料時代提供了大量的訓練資料,較大的資料量可以降低過擬合風險。

由此,以多隱層神經網路為代表的深度學習模型近年來得到快速的發展,在影像辨識、語音辨識等領域具有良好的效果,湧現出了很多優秀的模型,如圖 4.1 所示。

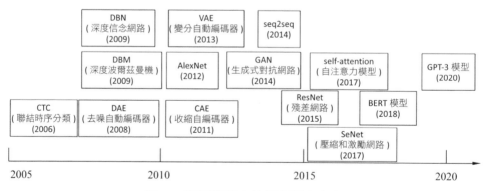

圖 4.1 深度學習中的經典研究方向

4.1.3 單一模型與整合模型

從模型的複合性方面,可以將模型分為單一模型和整合模型。

每個單獨的機器學習演算法可以看成是單一模型。整合模型是指用多個演算法模型的組合來進行預測。整合的每個模型與具體應用問題需要相關,訓練整合模型時需要特別注意錯分的樣本，並為準確率高的模型設定較大的權重。

　　隨機森林是一種整合學習演算法，它由多棵決策樹組成。AdaBoost 演算法的核心是多個分類器的線性組合。

4.1.4 監督學習、非監督學習、強化學習

　　根據模型的學習方式，可以將模型分為監督學習模型、非監督學習模型和強化學習模型。

　　機器學習演算法能夠自動進行決策。有些情況下，決策的過程可以從已有的資料、知識和經驗中得來。而有些情況下，沒有任何經驗可循。

　　有三個人分別叫 S、U 和 R，如圖 4.2，他們每天上山去採蘑菇。

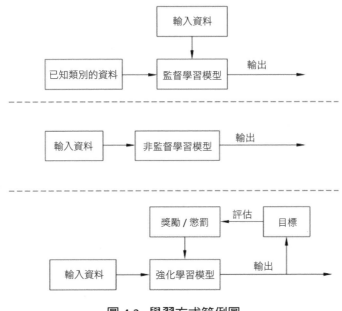

圖 4.2　學習方式範例圖

　　S 首先回想以前所見過的蘑菇，記住蘑菇的顏色、形狀等資訊，到了森林裡，他透過經驗就能分辨出蘑菇有毒還是無毒。

　　U 不認識蘑菇，他看到山上的蘑菇雖然多，不過外觀只有三種。於是，他採了三種蘑菇並分別放在三個筐裡。

R 先採了一筐蘑菇回去，然後觀察顧客的行為。顧客不吃的蘑菇，他不再採；他還特別留意顧客說哪種蘑菇好吃。R 的蘑菇越來越好，慢慢採到了森林裡最好吃的那種蘑菇。

S 使用的就是監督學習；U 是非監督學習；R 採用的則是強化學習。

監督學習、非監督學習和強化學習都是機器學習非常重要的組成，具有廣泛的應用價值。

三者的區別如圖 4.2 所示。監督學習模型是對已知類別的資料進行學習，而非監督學習和強化學習模型不具有顯性的學習過程。在強化學習模型中，系統評估模型的輸出並做出獎勵／懲罰的回饋，模型根據回饋選擇較優的策略，從而使系統向更好的方向發展。

1. 監督學習

監督學習（Supervised Learning）是使用已有的資料進行學習的機器學習方法。已有的資料是成對的——輸入資料和對應的輸出資料所組成的資料對。演算法透過自動分析，找到輸入和輸出資料之間的關係。此後，對於新的資料，演算法也能夠自動舉出對應的輸出結果。

監督學習演算法在 " 學習 " 時，每個資料對應一個預期輸出，這個預期輸出稱為標籤。由於學習過程中需要標籤，就好像有老師教過一樣，所以監督學習也被稱為有教師學習。

例如在前面的採蘑菇例子中，S 首先搜集經驗資料，組成 " 特徵／可食用 " 資料對，其中的是否能食用的資訊就是標籤，這樣就形成了一個判斷模型。對於以後遇到的每個蘑菇，透過查看蘑菇特徵，就可以得出是否可食用的結論。

監督學習演算法簡單易懂，是一種非常高效的演算法。監督學習可以用於解決分類問題，如垃圾郵件分類、醫療診斷等。也可以用於回歸預測（回歸問題見第 8 章）。

KNN 演算法屬於監督學習的一種。監督學習是從具有標記的訓練資料來完成推斷功能的機器學習方法。首先利用一組已知類別的樣本，透過調整分類器的參數，使分類器達到所要求性能。監督學習也稱為有監督學習、監督訓練。

舉例來說，對圖 4.3 中的水果進行分類。首先為奇異果和櫻桃兩種水果設定

標籤，資料特徵是 [' 綠色 ',' 重 '] 的設定標籤為 " 奇異果 "，資料特徵是 [' 紅色 ','
輕 '] 的設定標籤為 " 櫻桃 "，擁有了標籤的水果成為 " 樣本 "。放置在座標系中，
關係如圖 4.3 所示。

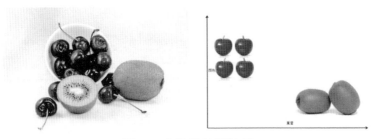

圖 4.3 水果的特徵演示

在對大量的櫻桃和奇異果進行標記後，得到水果的資料集。這時可以進一
步圖例化，例如使用紅點表示櫻桃，綠點代表奇異果，其分佈如圖 4.4。

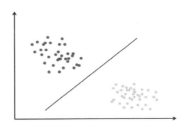

圖 4.4 水果特徵的分佈圖

接下來執行 " 圖中的水果是櫻桃還是奇異果 " 的分類任務。如圖 4.5 所示，
取一隻水果，進行顏色辨識、稱重後判斷這顆水果屬於 [" 紅色 ',' 輕 '] 的類別，
可以判斷為 " 櫻桃 " 類別，如圖 4.6 所示。

圖 4.5 水果辨識示意

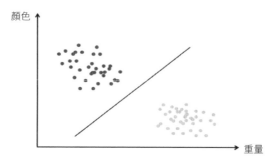

圖 4.6 待判定水果的辨識結果示意

常見的分類演算法就是一種典型的監督學習方法。

2. 非監督學習

與監督學習相對的是**非監督學習**（Unsupervised Learning），也稱為無監督學習。非監督學習直接對沒有標記的訓練資料進行建模學習。與監督學習的最基本的區別是建模的資料沒有標籤。

非監督學習演算法中，沒有經驗資料可供學習。演算法執行時期，只有輸入的無標籤的資料，需要從這些資料中自動提取出知識或結論。非監督學習比監督學習要困難，與監督學習的最基本的區別是建立模型所用的資料沒有標籤可供參考。

無需標籤也可以説是非監督學習的優點。演算法可以在缺乏經驗資料的情況下使用，可以用於認識新問題、探索新領域。因此一直是人工智慧的重要研究方向。

聚類就是一種比較典型的非監督學習，可以在後面的章節中加以學習區分（聚類問題見第 6 章）。如圖 4.7 所示，人們並不知道圖中有哪幾種動物。可以採用的方法之一是根據動物之間的相似程度進行聚類。

圖 4.7 非監督聚類示意圖

(圖片來源：www.veer.com，授權編號：20200822201193105)

3. 強化學習

傳統的機器學習方法都是基於連接的，從訓練資料集中獲得模型和參數。當面臨新的問題時，針對新的資料，在一開始就告訴系統選擇什麼途徑、如何去做等等。

而強化學習是一類特殊的機器學習演算法，屬於試錯學習。智慧體不斷與環境進行互動，以獲得最佳策略。演算法根據當前環境狀態確定所要執行的動作，並進入下一個狀態，目標是讓收益最大化。

強化學習（Reinforcement Learning）的概念來自行為心理學。演算法主要決策最佳化問題。對於特定導向的狀態，系統需要判斷採取什麼行動方案，才能使回報最大化。

強化學習根據系統狀態和最佳化目標進行自主學習，不需要預備知識也不依賴 " 老師 " 的幫助。系統的輸出是連續的動作，事先並不知道要採取什麼動作，透過嘗試去確定哪個動作可以帶來最大回報。

強化學習演算法的核心是評價策略的優劣，從好的動作中學習優的策略，透過更優的策略使得系統輸出向更好的方向發展。強化學習也稱為增強學習，經常用於獲取最大收益或實現特定目標的問題。

與有監督學習相比，強化學習沒有標籤，系統只會給演算法執行的動作一個評分回饋。這種回饋通常不是即時的，而是在下一步得到。

此外，監督與非監督學習的資料是靜態的，而強化學習的過程與輸入是動態、不斷互動產生的，其基本流程如圖 4.8 所示。

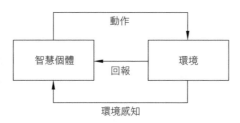

圖 4.8 強化學習流程示意圖

從微觀上看，強化學習把學習看作試探評價過程。智慧個體選擇一個動作用於環境，環境接受該動作後狀態發生變化，同時產生一個強化訊號（獎或懲）回饋給智慧個體。個體根據強化訊號和環境當前狀態再選擇下一個動作，選擇的原則是使受到正強化（獎勵）的機率增大。選擇的動作影響環境下一時刻的狀態及最終的輸出值。

相對監督學習和非監督學習，強化學習在機器學習領域的起步更晚。很多抽象的演算法無法大規模實用，使用中傾向於神經網路與強化學習相結合（即深度強化學習）。

強化學習的典型例子是下棋、遊戲。2016 年和 2017 年戰勝圍棋冠軍李世乭和柯潔的 AlphaGo 系統，其核心 演算法就 到了強化學習演算法。

已有的強化學習演算法種類繁多。根據是否依賴模型，強化學習演算法可以分為基於模型的強化學習演算法和無模型的強化學習演算法。

根據環境傳回的回報函數是否已知，強化學習演算法可以分為正向強化學習和逆向強化學習。正向強化學習的回報函數是人為指定的，而逆向強化學習的回報函數無法指定，要由演算法自己設計出來。

強化學習中最簡單的模型是瑪律科夫決策過程，經常用於解決動態規劃問題。此外還有 k- 搖臂賭博機模型、ε- 貪心演算法等也廣為應用。

▌ 4.2 機器學習演算法的選擇

不論是人臉辨識還是垃圾郵件分類，機器學習都表現出了極強的學習能力。那麼演算法具體又是如何運轉的呢？我們又該依據什麼來選擇不同的機器學習演算法呢？

選擇機器學習演算法的第一要素是資料。在面對一個問題時，能夠獲取哪些資料非常重要，可以說資料是演算法的核心組成。資料的品質高低直接影響到演算法的性能。

　　想得到結果的類型也決定了演算法的選擇。例如演算法的結果是圖表還是資料形式，是一個數值、一個類別、一個邏輯值還是一個策略。

　　在機器學習中，資料集中的每個實體（通常為一行）稱作一個**樣本**或資料點；每個屬性（通常為一列）則被稱為一個特徵。如果這些樣本是具有類別的，那麼每個樣本的類別稱為這個樣本的標籤。

　　例如鳶尾花資料集共有 150 筆資料，即包含 150 個樣本；有 4 列屬性資料，即 4 個特徵；每個樣本都具有類別標籤，表明是哪種鳶尾花。

4.2.1　模型的確定

　　假設要建立一個貓辨識系統，辨識如圖 4.9 中的動物是不是貓。這個能辨識貓的演算法就是 " **模型** "，建立這個模型的過程稱為 " **訓練** "。透過訓練來建立辨別貓的模型，前提是要搜集足夠的資料，因此擷取資料是機器學習演算法的首要任務。

圖 4.9　模型訓練範例圖

(圖片來源：www.veer.com ，授權編號：202008200852312817, 202008270936124100)

　　對基於模型的機器學習演算法來說，具體的實現大致可分為以下幾個步驟：

1. 搜集資料

　　資料中蘊含了模型所要 " 學習 " 的知識，因此資料非常重要，所搜集資料的數量和品質都將決定最終模型的性能好壞。

表 4.1 貓的特徵資訊資料

編號	鬍鬚長 / 單位 mm	耳朵長度 / 單位 mm	毛色	體重 / 單位 g
1	34	82	Black	3520
2		63	Brown	4490
3	45	90	Black	2480
4	28	91	Black	4030
5	37	59	Yellow	8000
6	39	52	Brown	6130
7	48	52	White	5310
8	47	49	Brown	5280

實際處理中，獲取的資料大都存在問題，無法直接使用，需要進行前置處理，例如空值處理、歸一化等。如表 4.1 中，2 號貓的鬍鬚長度為空值，這一筆資料可以刪除。

鬍鬚長度、耳長的數值在 30~63 之間，而體重的數值範圍是幾千。體重與前兩列數值的尺度不同，無法對比。如果繪製在同一幅圖中，相對位置也很難舉出。這時可以透過歸一化進行資料標準化，方便後面處理。

資料標準化：為了讓不同數量級的資料具備可比性，需要採用標準化方法進行處理，消除不同量綱單位帶來的資料偏差。標準化處理後，各資料指標處於同一數量級，適合進行綜合對比評價，這就是資料標準化操作。

歸一化：歸一化是一種資料標準化方法。為方便處理，把需要處理的資料經過處理，數值限制在一定範圍內，通常是將資料範圍調整到 [0,1] 之間。

對數值 x 進行歸一化處理，可以使用本列資料（同一特徵的資料）的最大、最小值，計算方法為：

$$（x-最小值）/（最大值-最小值） \tag{4.1}$$

例如：1 號貓的體重 x=3520 克，體重資料中最小值為 2480 克，最大體重資料為 8000 克，歸一化處理，1 號貓的新體重數值為：

$$x' = (3520 - 2480)/(8000 - 2480) \approx 0.18841 \tag{4.2}$$

1 號貓的鬍鬚長資料歸一化結果為：

$$(34 - 28)/(48 - 28) = 0.3 \tag{4.3}$$

可以看出，歸一化後的資料在同一數量級，更方便對比。

【**例 4.1**】讀取素材 CatInfo.csv，把資料進行歸一化處理。

```python
import pandas as pd
def MaxMinNormalization(x):
    shapeX = x.shape
    rows = shapeX[0]                         # 行數
    cols = shapeX[1]                         # 列數
    headers=list(x)                          #Header 行
    result =pd.DataFrame(columns=headers)    # 存放結果的空 DataFrame
    for i in range(0,rows,1):
        dict1={}                             # 存放每一行結果的字典
        dict1[headers[0]]=i
        for j in range(1,cols,1):
            maxCol=x[headers[j]].max()       #j 列最大值
            minCol=x[headers[j]].min()       #j 列最小值
            val= (x.iloc[i,j]- minCol)/(maxCol-minCol)  #i 行 j 列資料的歸一化結果
            dict1[headers[j]]=val
        result=result.append(dict1,ignore_index=True)    # 把 i 行結果增加到 result
    return result

data1 = pd.read_csv('CatInfo.csv')
print('original data:\n',data1)
newData=MaxMinNormalization(data1)
print('Normalized data:\n',newData)
```

執行結果：

```
original data:
    No  Lwsk  LEar  Weight
0   1   34.0    82    3520
1   2    NaN    63    4490
2   3   45.0    90    2480
3   4   28.0    91    4030
4   5   37.0    59    8000
5   6   39.0    52    6130
6   7   48.0    52    5310
7   8   47.0    49    5280
Normalized data:
    No  Lwsk      LEar    Weight
0  0.0  0.30  0.785714  0.188406
1  1.0   NaN  0.333333  0.364130
2  2.0  0.85  0.976190  0.000000
3  3.0  0.00  1.000000  0.280797
4  4.0  0.45  0.238095  1.000000
5  5.0  0.55  0.071429  0.661232
6  6.0  1.00  0.071429  0.512681
7  7.0  0.95  0.000000  0.507246
```

也可以直接使用 SKlearn 模組的 preprocessing 模組進行資料標準化。例如 MinMaxScaler 類別能將資料區間進行縮放，預設縮放到區間 [0, 1]。其他資料標準模組將在 4.3.1 節中的「資料前置處理」部分介紹。

空值對於處理結果的意義不大。一般在使用前置處理模組之前，先要去除資料中的空值。

【例 4.2】去除資料集的空值並進行歸一化處理。

```
from sklearn import preprocessing
import pandas as pd
data1 = pd.read_csv('CatInfo.csv')
x=data1.dropna(axis=0)                          # 去除含有空值的行

min_max_scaler = preprocessing.MinMaxScaler()
x_minmax = min_max_scaler.fit_transform(x)
print(x_minmax)
```

執行結果：

```
[[0.          0.3         0.78571429 0.1884058 ]
 [0.28571429 0.85        0.97619048 0.          ]
 [0.42857143 0.          1.         0.2807971 ]
 [0.57142857 0.45        0.23809524 1.         ]
 [0.71428571 0.55        0.07142857 0.66123188]
 [0.85714286 1.          0.07142857 0.51268116]
 [1.          0.95        0.         0.50724638]]
```

2. 模型選擇

在選擇演算法時，會面臨「哪個演算法更好」的問題。事實上，演算法的效果不能脫離實際問題。在某些問題上表現好的演算法，在另一個問題上表現可能不盡如意。每個演算法有其固有的特點，有相匹配的應用場景。

模型選擇包含兩層含義，一層含義是指機器學習演算法眾多，對同一個問題，從多種演算法中進行選擇；另一層含義是，對同一個演算法來說，設定不同的參數後，演算法效果可能發生很大變化，甚至變成不同的模型。

在解決具體問題時，可以根據模型功能進行模型選擇；也可以根據資料特徵、問題目標等進行模型選擇。

粗略來說，各類機器學習演算法的基本任務是：

- 分類演算法——解決「是什麼」的問題。

  即根據一個樣本預測出它所屬的類別。例如使用者類別、手寫數字辨識等，都是將目標物件劃分到特定的類。

- 回歸演算法——解決「是多少」的問題。

  即根據一個樣本預測出一個數量詞。例如機票價格預測等，最後得到的結果是某個數值。

- 聚類演算法——解決「怎麼分」的問題。

  即保證同一個類的樣本相似，不同類的樣本之間儘量不同。例如將送貨員的收貨區域進行歸併，以提高送貨效率。

- 強化學習——解決「怎麼做」的問題。

  即根據當前的狀態決定執行什麼動作，最後得到最大的回報。例如下棋機器人，根據最終贏的目標決定當前策略。

不過，演算法的劃分並沒有固定界限。舉例來說，如果分類問題中的每個類中只有一個物件，且是數值，那麼這個分類與回歸的功能是相同的。

值得注意的是，除了上面提到的模型功能、資料特徵、問題目標等因素，也要考慮模型的泛化能力。

泛化能力是指機器學習演算法對新鮮樣本的適應能力。為了使模型泛化性能最好，模型的參數／超參數＊要達到最佳。函數參數可以透過各種最最佳化方法求得。

超參數：也可以看作模型的參數，比如多項式的次數、學習速率、神經網路的層數等參數。超參數一般在模型訓練之前透過手工指定，然後動態調整。確定超參數是模型選擇的重要步驟。

3. 模型訓練與測試

在初始資料和模型都已確定後，使用資料、透過最最佳化等方法確定模型演算法中的參數，這個過程就是**模型訓練**。在解決新問題時，就可以將提供的資料代入這個訓練好的模型，進行求值。

　　模型在被應用之前，需要測定模型的準確程度。因此建立模型需要兩個資料集——訓練用資料集和測試用資料集。這裡的訓練用資料集稱為**訓練集** (Training Set)，測試用的資料集稱為**測試集** (Testing Set)。

　　然而，如果每次訓練都用測試集來評估，測試集已經反覆參與到了模型訓練過程，就削弱了其測試的效果，影響模型的實際使用。

　　因此，有時還使用到一個驗證集，來進行使用前的驗證，如圖 4.10 所示。**驗證集** (Validation Set) 是模型訓練過程中單獨留出的樣本集，可以用於調整模型的超參數和用於對模型的能力進行初步評估。一般在訓練集中單獨劃分出一塊作為驗證集。使用驗證集能減少過擬合。

　　訓練集用來訓練模型或確定模型參數；驗證集用來做模型選擇，即參與模型的最佳化及確定；而測試集是為了測試已經訓練好的模型的泛化能力。

　　可以這樣理解，訓練集是平時的練習題，驗證集是模擬卷，那麼測試集就是考試卷。不能把考試卷用來平時練習，因此測試集與訓練集需要相互獨立。避免將測試資料用於訓練，才能有效評估模型解決新問題的性能。

　　實際處理當中，為了處理方便，有時只拆分為訓練集和測試集兩部分。

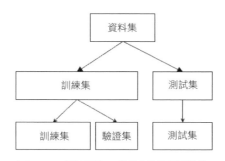

圖 4.10　訓練集、測試集和驗證集

　　在實際處理中，我們希望模型具有良好的泛化能力，而非只能判別某些資料特例。如果將樣本的資料特徵分為局部特徵和全域特徵——資料都具備的為全域特徵，訓練樣本專有的為局部特徵，好的模型習得的全域特徵更多。

　　例如使用下表 4.2 中的貓狗特徵資料表（見素材檔案 CatDog.csv）。特徵 dogorcat 是動物的標記，為 0 時是貓，為 1 時是狗。

表 4.2　貓狗特徵資料表

LEar(mm)	Weight(g)	dogorcat
51	2600	0
41	6500	0
37	4200	0
31	4500	0
40	4800	0
36	7500	0
33	3500	0
60	4500	0
71	8500	0
30	1980	1
34	2300	1
50	3100	1
56	5310	1
46	3500	1
90	7600	1
75	5800	1
95	9500	1
75	9800	1
68	7000	1

將資料繪製成散點圖，分佈如圖 4.11 所示。

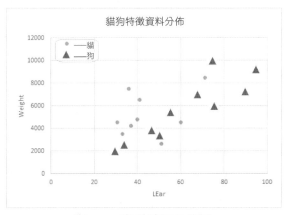

圖 4.11　資料特徵分佈圖

可以看出，貓和狗的資料分界線並不是非常清楚。如果想繪製一筆線完全把兩類資料區分開，有可能繪製出一條複雜的分類線，如圖 4.12 所示。

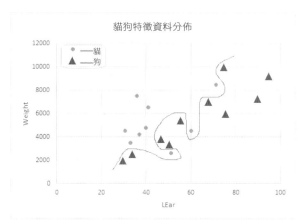

圖 4.12 過擬合的分類線示意圖

圖 4.12 所示的分類模型過度學習了訓練樣本的局部特徵，對於普遍規律學習不夠。這種把訓練樣本特有的性質當作一般個體都具有的性質的訓練就是過擬合。

過擬合 (Overfitting) 也稱為過學習，指模型過度學習了訓練資料的固有關係。它的直觀表現是演算法在訓練集上表現好，但在測試集上表現不好，泛化性能差。出現過擬合主要是因為訓練集的數量級和模型的複雜度不匹配等原因。

與此相反的是**欠擬合** (Underfitting)，即欠學習，指模型沒有學到訓練資料的內在關係，對樣本的一般性質學習不足。舉例來說，" 耳朵長度超過 56 毫米的是狗 " 的判斷模型就屬於欠擬合。出現欠擬合是因為模型學習不足、模型過於簡單等原因。

為避免過擬合，通常採用交叉驗證法，使模型對樣本進行充分、科學的學習。

交叉驗證（Cross Validation）也稱作循環估計，是一個統計學的實用方法。即將訓練集分成若干個互補的子集，然後模型使用這些子集的不同組合訓練，之後用剩下的子集進行驗證。

交叉驗證將訓練集劃分為 K 份,每次採用其中 K-1 份作為訓練集,另外一份作為測試集。交叉驗證法可以避免模型針對特定資料的過擬合問題,也適合資料集過小的情況。

4.2.2 性能評估

模型的 " 優劣 " 不僅與演算法、資料有關,也要看需要解決的具體問題類型。

機器學習模型對某個資料的預測結果與該樣本的真實結果之間的差異稱為**誤差** (Error),訓練集、驗證集和測試集都可能產生誤差。

對模型的評價有很多方法,常用的指標如:準確率(Accuracy)、錯誤率(Error Rate)、精確率(Precision)、召回率(Recall)和均方誤差等。不同的測量方法也會產生不同的判斷結果。

1. 錯誤率

在分類任務(分類見第 5 章)中,經常使用錯誤率與精確率對演算法進行評價。分類錯誤的樣本數佔樣本總數的比例稱為錯誤率。

用 e 代表錯誤率,其計算方法如下:

$$e= 分類錯誤的樣本數 / 樣本總數 \tag{4.4}$$

舉例來説,假設一個動物分類器,使用的資料集中貓、狗、兔各有 2 個樣本,分類模型對樣本進行學習分類,分類結果以下表 4.3 所示。其中,灰色網底表示錯誤的分類結果。

表 4.3 動物分類器的分類結果

真實結果	預測結果(隻)		
	貓	狗	兔
貓	2	0	0
狗	0	1	1
兔	2	0	0

可以計算模型總的分類錯誤率 e 為:

$$e=(1+2)/6=0.5 \tag{4.5}$$

模型對貓的分類錯誤率 ecat 為：

$$ecat=0/2=0 \qquad\qquad (4.6)$$

模型對狗的分類錯誤率 edog 為：

$$edog=1/2=0.5 \qquad\qquad (4.7)$$

模型對兔的分類錯誤率 erabbit 為：

$$erabbit=2/2=1 \qquad\qquad (4.8)$$

可見，模型對貓的分類效果最好。

2. 精確率、召回率、F-measure 指數

精確率（Precision）衡量的是查準率，可以表達系統的效用。召回率衡量的是系統的查全率，可以表達系統的完整性。F-measure 指數也稱為 f_1 指數，是精確率和召回率的調和平均值。

用公式表達如下：

精確率 (p) = 正確辨識的個體總數 / 辨識出的個體總數 　　 （4.9）

召回率 (r) = 正確辨識的個體總數 / 測試集中存在的個體總數 　　 （4.10）

調和平均值 $(f_1)=2pr/(p+r)$ 　　 （4.11）

【**例 4.3**】對表 4.4 中的辨識結果資料，分別計算精確率、召回率和 f_1 指數。

表 4.4 動物辨識結果資料

真實結果	預測結果 / 隻		
	貓	狗	兔
貓	2	0	0
狗	0	1	1
兔	2	0	0

(1) 對貓進行預測時——實際有 2 隻貓；預測結果中有 2 隻貓、2 隻兔被判斷為貓，合計找到 4 隻貓。其中 2 隻預測正確，2 隻預測錯誤。

精確率 p=2/4=0.5，而召回率 r=2/2=1，調和平均值 $f_1=2pr/(p+r) \approx 0.667$。

(2) 對狗進行預測時——實際有 2 條狗；預測結果中有 1 條狗被判斷為狗，合計找到 1 條狗。這 1 條狗預測正確，但另 1 條沒找到。

精確率 $p=1/1=1$，而召回率 $r=1/2=0.5$，調和平均值 $f_1=2pr/(p+r) \approx 0.667$。

(3) 對兔進行預測時——實際有 2 隻兔；預測結果中有 1 條狗被判斷為兔，合計找到 1 隻兔，但是判斷錯誤。

精確率 $p=0/1=0$，而召回率 $r=0/2=0$，調和平均值 $f_1=2pr/(p+r)=0$。

整理後，辨識率結果如表 4.5 所示。

表 4.5 動物辨識的性能指標

類別	精確率 p	召回率 r	f_1 指數
貓	0.5	1	0.667
狗	1	0.5	0.667
兔	0	0	0

3. 均方誤差

錯誤率和精確率適合分類問題。然而，機器學習中還有一些問題，預測出來的結果不是類別，而是具體數值，例如回歸問題。這時，可以透過計算誤差來評估演算法性能。常用的指標有均方誤差 MSE (Mean Square Error)、平均絕對誤差 MAE (Mean Absolute Deviation)。MSE 一種較常用的誤差衡量方法，可以評價資料的變化程度。MSE 值越小，說明機器學習模型的精確度越高。

另外還有 R2（也稱為 R 平方）指標，常用於回歸問題。ROC/AUC 指標，適合資料集樣本類不平衡的情況，其中 ROC 是接收者操作特徵，AUC 是 ROC 曲線下的面積。

4.3　Python 機器學習利器 SKlearn

很多機器學習模型都可以用 Scikit learn 模組實現。Scikit learn 簡稱 SKlearn，是一個專門用於機器學習的 Python 函數庫（官方網址 http://scikit-learn.org）。

SKlearn 是一個簡單高效的資料探勘和資料分析工具，建立在 NumPy，SciPy 和 Matplotlib 的基礎上。SKlearn 包含了許多常見的機器學習演算法，如分類、回歸、聚類、資料降維等方法，每個演算法都提供了詳細的說明文檔。在使用 SKlearn 時，可以參考使用者指南和專案開發 API 文件。

SKlearn 使用便捷，其中各個模型的學習模式及呼叫方式有很強的統一性。例如機器學習的過程中，資料通常拆分成 train 和 test 兩個集合，分別用於訓練和測試。模型的預測過程經常用 fit() 和 predict() 兩個函數，不同機器學習方法的呼叫風格也比較統一。

4.3.1 SKlearn 資料前置處理

1. SKlearn 獲取資料

首先需要建立資料集，資料可以讀取檔案、使用者輸入，也可以使用線上資料。SKlearn 本身就提供了一個強大的資料庫可以直接使用，包含了很多經典資料集。 資料庫網址為：http://scikit-learn.org/stable/modules/classes.html#module-sklearn.datasets 。

主要資料集以下表 4.6 所示。

表 4.6 SKlearn 常用資料集

資料集	描述
datasets.fetch_california_housing	載入加州住房資料集
datasets.fetch_lfw_people	載入有標籤的人臉資料集
datasets.load_boston	載入波士頓房價資料集
datasets.load_breast_cancer	載入乳腺癌威斯康辛州資料集
datasets.load_diabetes	載入糖尿病資料集
datasets.load_iris	載入鳶尾花資料集
datasets.load_wine	載入葡萄酒資料集

在 Python 程式中，可以透過包含 SKlearn 的 datasets 模組來使用這個資料庫。

2. SKlearn 資料前置處理

前面介紹過，在機器學習模型訓練中，資料前置處理階段是不可缺少的一環。SKlearn 中的 preprocessing 模組功能是資料前置處理和資料標準化，能完成諸如資料標準化、正則化、二值化、編碼以及資料缺失處理等，如表 4.7 所示。

表 4.7 常用的 SKlearn.preprocessing 函數

函數名稱	功能
preprocessing.Binarizer	根據設定值對資料進行二值化
preprocessing.Imputer	插值，用於填補遺漏值
preprocessing.LabelBinarizer	對標籤進行二值化
preprocessing.MinMaxScaler	將資料物件中的每個資料縮放到指定範圍
preprocessing.Normalizer	將資料物件中的資料歸一化為單位範數
preprocessing.OneHotEncoder	使用 one-Hot 方案對整數特徵編碼
preprocessing.StandardScaler	透過去除平均值並縮放到單位方差來標準化
preprocessing.normalize	將輸入向量縮放為單位範數
preprocessing.scale	沿某個軸標準化資料集

【例 4.4】使用 SKlearn 的 preprocessing 模組對資料進行標準化處理。

說明：使用 preprocessing.scale 函數，將資料轉化為標準正態分佈。對於函數參數，設定平均值為 0、方差為 1。

```
from sklearn import preprocessing
import numpy as np
x = np.array([[3.0,-2.0,490.0],
              [3.0,0.5,520.0],
              [1.0,2.0,-443.0]])
x_scaled = preprocessing.scale(x)
print(x_scaled)
```

執行結果：

```
[[ 0.70710678 -1.31319831  0.67328879]
 [ 0.70710678  0.20203051  0.74039398]
 [-1.41421356  1.1111678  -1.41368277]]
```

【例 4.5】使用 preprocessing 的 MinMaxScaler 類別，將資料縮放到固定區間，預設縮放到區間 [0,1]。

```
from sklearn import preprocessing
import numpy as np
x = np.array([[3.0,-2.0,490.0],
              [3.0,0.5,520.0],
```

```
               [1.0,2.0,-443.0]])
min_max_scaler = preprocessing.MinMaxScaler()
x_minmax = min_max_scaler.fit_transform(x)
print(x_minmax)
```

執行結果：

```
[[1.         0.         0.96884735]
 [1.         0.625      1.        ]
 [0.         1.         0.        ]]
```

【例 4.6】使用 preprocessing 的 StandardScaler 標準化類別。

```
from sklearn import preprocessing
import numpy as np
x = np.array([[3.0,-2.0,490.0],
              [3.0,0.5,520.0],
              [1.0,2.0,-443.0]])
scaler = preprocessing.StandardScaler().fit(x)
scaler.transform(x)
print(x)
```

執行結果：

```
[[ 3.00e+00 -2.00e+00  4.90e+02]
 [ 3.00e+00  5.00e-01  5.20e+02]
 [ 1.00e+00  2.00e+00 -4.43e+02]]
```

3. SKlearn 資料集拆分

在處理中，經常會把訓練資料集進一步拆分成訓練集和驗證集，這樣有助我們模型參數的選取。可以直接使用 SKlearn 提供的 train_test_split() 方法，按照比例將資料集分為測試集和訓練集。

train_test_split() 是交叉驗證中常用的函數，功能是從樣本中隨機的按比例選取訓練資料集和測試資料集，格式為：

```
X_train,X_test, y_train, y_test =
cross_validation.train_test_split(train_data,train_target,test_size=0.4,
random_state=0)
```

參數解釋：

train_data：要劃分的樣本特徵資料。

train_target：要劃分的樣本結果。

test_size：測試集佔比，預設值為 0.3 即預留 30% 測試樣本。如果是整數的話就是測試集的樣本數量。

random_state：是隨機數的種子。隨機數種子的實質是該組隨機數的編號。在需要重複試驗的時候，使用同一編號能夠得到同樣一組隨機數。比如隨機數種子的值為 1、其他參數相同的情況下，每次得到的隨機數是相同的。如果每次需要不一樣的資料，則 random_state 設定為 None。

【例 4.7】將貓的資料集拆分成訓練集和測試集。

```
import pandas as pd
from sklearn.model_selection import train_test_split
# 匯入資料
data = pd.read_csv('CatInfo.csv',",")
df=pd.DataFrame(data)
# 劃分成測試集和訓練集
cat_train_X , cat_test_X, cat_train_y ,cat_test_y = train_test_
split(df['Lwsk'], df['LEar'], test_size=0.3,random_state=0)
# 依次查看訓練資料、訓練標籤、測試資料、測試標籤
print('cat_train_X',cat_train_X)
print('cat_train_y',cat_train_y)
print('cat_test_X',cat_test_X)
print('cat_test_y',cat_test_y)
```

SKlearn 還提供了交叉驗證方法 KFold() 和留出樣本的方法 LeaveOneOut() 等，可以更科學地進行交叉驗證。

4.3.2　SKlearn 模型選擇與演算法評價

1. SKlearn 定義模型

模型選擇包括選擇不同的學習模型來解決問題，也包括為模型選擇適合的超參數。

透過分析問題，確定要選擇什麼模型來處理，就可以在 SKlearn 中定義模型了。SKlearn 主要包含分類 (Classification)、回歸 (Regression)、聚類 (Clustering)、降維 (Dimensionality reduction)、模型選擇 (Model selection)、前置處理 (Preprocessing) 幾大功能模組。

每個功能模組中提供了豐富的演算法模型供使用。針對不同的問題，選擇合適的模型是非常重要的。SKlearn 提供了演算法選擇路徑地圖，顯示了一個機器學習問題，如何選擇適合導向的 SKlearn 方法。圖 3.18 中展示了 SKlearn 解決不同類型問題時，如何確定學習模型的過程。既牽涉到模型的功能，還需要考慮不同資料量的情況。

選擇模型之後需要對模型進行初始化。例如 KNN 演算法的模型基於 SKlearn.neighbors 中的 KNeighborsClassifier 類別。建立模型需要先使用 KNeighborsClassifier 類別建立一個 KNN 分類器物件，然後對參數給予值，完成模型初始化。

2. 使用模型進行訓練和預測

模型建立之後，需要使用資料集進行學習，稱為訓練。SKlearn 的模型中大都提供了 fit() 函數可以進行學習訓練。

訓練之後，就可以使用模型對新的資料集進行預測了。同樣，SKlearn 的模型中通常也提供了 predict() 函數，可以完成預測任務。

3. SKlearn 的模型評估方法

在機器學習模型中，性能指標是非常關鍵的一項，性能指標一般是透過測量，計算模型的輸出和真值之間的差距而得出。sklearn.metrics 模組中提供了一些計算 " 差距 " 的評估方法，如表 4.8 和 4.9 所示，包括評分函數、性能指標以及距離計算函數等。

表 4.8　常用的 SKlearn 分類指標

函數名稱	功能
metrics.f1_score()	計算調和平均值 f_1 指數
metrics.precision_score()	計算精確度
metrics.recall_score()	計算召回率
metrics.roc_auc_score()	根據預測分數計算接收機工作特性曲線下的計算區域（ROC/AUC）
metrics.precision_recall_fscore_support()	計算每個類的精確度，召回率，f_1 指數和支援
metrics.classification_report()	根據測試標籤和預測標籤，計算分類的精確度，召回率，f_1 指數和支援指標

表 4.9 常用的 SKlearn 回歸指標

函數名稱	功能
metrics.mean_absolute_error()	平均絕對誤差回歸損失
metrics.mean_squared_error()	均方誤差回歸損失
metrics.r2_score()	R＾2（確定係數）回歸分數函數

SKlearn 還提供了聚類指標，包括常見的蘭德指數等，直接使用函數名稱呼叫：

```
metrics.adjusted_rand_score(labels_true'...)
```

此外，**sklearn.model_selection** 模組中也提供了模型驗證功能，以下表 4.10 所示。

表 4.10 常用的 SKlearn 模型驗證功能

函數名稱	功能
model_selection.cross_validate()	透過交叉驗證評估指標，並記錄適合度／得分時間
model_selection.cross_val_score()	透過交叉驗證評估分數
model_selection.learning_curve()	學習曲線
model_selection.validation_curve()	驗證曲線

【例 4.8】演算法精確率評估。

```
from sklearn.metrics import classification_report
y_true = [0, 1, 2, 2, 2]
y_pred = [0, 0, 2, 2, 1]
print(classification_report(y_true, y_pred))
```

演算法傳回精確率、召回率、**F-measure** 指數等性能指標，執行結果如下：

```
             precision    recall  f1-score   support

          0       0.50      1.00      0.67         1
          1       0.00      0.00      0.00         1
          2       1.00      0.67      0.80         3

avg / total       0.70      0.60      0.61         5
```

上面的結果中，第一行是對 0 的預測結果——真值中有一個 0，預測結果中有兩個 0，其中一個預測正確，因此精確率為 0.5，召回率為 1，計算得到 f_1 平均值為 0.67。

第二行是對 1 的預測——真值中有一個 1，預測結果中有一個 1 但是預測錯誤，因此精確率為 0，召回率為 0，f_1 平均值也為 0。

第三行為對 2 的預測——真值中有三個 2，預測結果中有兩個 2 且都預測正確，所以精確率為 1，召回率為 2/3，計算得到 f_1 平均值為 0.8。

▋習題

一、選擇題

1. 機器學習是研究如何使用電腦 _____ 的一門學科。
   A. 模擬生物行為
   B. 模擬人類解決問題
   C. 模擬人類學習活動
   D. 模擬人類生產活動

2. 機器學習研究的目標有三個，不包括 _____。
   A. 人類學習過程的認知模型
   B. 通用學習演算法
   C. 建構任務導向的專用學習系統
   D. 製作長相接近人類的機器系統

3. 按學習方式劃分，機器學習通常分為 _____ 三類。
   A. 監督學習、非監督學習、聚類
   B. 監督學習、非監督學習、神經網路
   C. 監督學習、非監督學習、強化學習
   D. 監督學習、非監督學習、有教師學習

4. 下來關於非監督學習演算法的說法，正確的是 _____。
   A. 資料要是成對的
   B. 演算法準確率非常高

C. 沒有經驗資料可供學習

D. 需要一定的經驗資料

5. 強化學習 _____。

A. 也稱為有教師學習

B. 需要經驗資料

C. 資料要是成對的

D. 不需要預備知識

6. 機器學習模型包括四個組成部分，不包含 _____。

A. 模型結構

B. 知識庫

C. 學習單元

D. 執行單元

7. 關於機器學習模型中的資料，以下說法正確的是 _____。

A. 資料越多越好

B. 資料只要品質好，越少越好

C. 資料的數量和品質都很重要

D. 模型選擇最重要，資料影響不大

8. _____ 是指機器學習演算法對新鮮樣本的適應能力。

A. 模型測試

B. 泛化能力

C. 過擬合

D. 模型訓練

9. 訓練集、驗證集和測試集在使用過程中的順序是 _____。

A. 測試集、訓練集、驗證集

B. 訓練集、測試集、驗證集

C. 驗證集、訓練集、測試集

D. 訓練集、驗證集、測試集

10. 關於過擬合的説法，正確的是 _____ 。

A. 指模型學習不足

B. 會使得模型泛化能力高

C. 會強化欠擬合

D. 可以透過交叉驗證改善

二、填充題

1. 首先要收集大量樣本影像，並標明這些影像的類別，這個過程稱為 _____ 。

2. 把樣本和標注送給演算法學習的處理稱為模型的 _____ 。

3. 以多隱層神經網路為代表的深度學習模型近年來得到快速的發展，屬於 _____ （淺層 / 深層）模型。

4. 隨機森林是一種 _____ （單一 / 整合）學習演算法。

5. _____ 學習在學習的時候需要標籤，也稱為有教師學習。

三、操作題

1. 假設某地某天的記錄了時段溫度分別為 [20,23,24,25,26,27,28,25,24,22,21,20]，程式設計使用 preprocessing.scale() 函數對此數列進行標準化處理。

2. 使用某模型對水果進行預測，真值為 [1,0,0,1,1,0,0,1]，預測結果為 [0,1,1,1,1,1,0,1]，程式設計計算該模型的精確率、召回率和 f1 平均值。

第三部分　實戰篇

第 **5** 章

KNN 分類演算法

本章概要

　　分類是資料分析中非常重要的方法，是對已有資料進行學習，得到一個分類函數或建構出一個分類模型（即通常所說的分類器 Classifier）。

　　分類函數或模型能夠把資料樣本對應到某一個給定的類別，完成資料的類別預測。分類器是機器學習演算法中對資料樣本進行分類的方法的統稱，包含決策樹、SVM、邏輯回歸、單純貝氏、神經網路等演算法。

　　本章主要介紹了 K 近鄰分類演算法的原理、演算法的核心要素，並以 K 近鄰演算法的實現為例，對演算法的資料獲取、資料前置處理、模型實現以及性能評價做了整體介紹。

學習目標

　　當完成本章的學習後，要求：

1. 了解 KNN 分類演算法的基本概念；
2. 熟悉 KNN 演算法的核心要素；
3. 熟悉距離的度量方法；
4. 掌握使用 KNN 演算法解決實際分類問題。

▋ 5.1　KNN 分類

　　分類是使用已知類別的資料樣本，訓練出分類器，使其能夠對未知樣本進行分類。分類演算法是最為常用的機器學習演算法之一，屬於監督學習演算法。

　　KNN 分類演算法（K-Nearest-Neighbors Classification），又叫 K 近鄰演算法。它是概念極其簡單，而效果又很優秀的分類演算法，1967 年由 Cover T 和 Hart P 提出。KNN 分類演算法的核心思想是如果一個樣本在特徵空間中的 k 個最相似 (即特徵空間中最鄰近) 的樣本中的大多數屬於某一個類別，則該樣本也屬於這個類別。

　　如圖 5.1 所示，假設已經獲取一些動物的特徵，且已知這些動物的類別。現在需要辨識一隻新動物，判斷它是哪類動物。

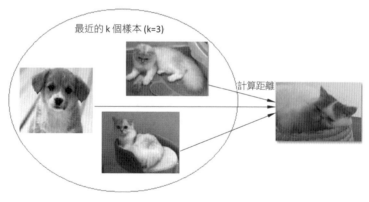

圖 5.1 KNN 分類示意圖

　　首先找到與這個物體最接近的 k 個動物。假設 k=3，則可以找到 2 只貓和 1 只狗。由於找到的結果中大多數是貓，則把這個新動物劃分為貓類。

　　KNN 沒有專門的學習過程，是基於資料實例的一種學習方法。從上述的描述中不難看出，KNN 方法有三個核心要素：

1. k 值

　　也就是選擇幾個和新動物相鄰的已知動物。如果 k 設定值太小，好處是近似誤差會減小，只有特徵與這個新動物很相似的才對預測新動物的類別起作用。

但同時預測結果對近鄰的樣本點非常敏感，僅由非常近的訓練樣本決定預測結果。使模型變得複雜，容易過擬合。如果 k 值太大，學習的近似誤差會增大，導致分類模糊，即欠擬合。

下面舉例看 k 值對預測結果的影響。對圖 5.2 中的動物進行分類，當 k=3 時，分類結果為 " 貓：狗 =2：1"，所以屬於貓；當 k=6 時，表決結果為 " 貓：狗：熊貓 =2：3：1"，所以判斷目標動物為狗。

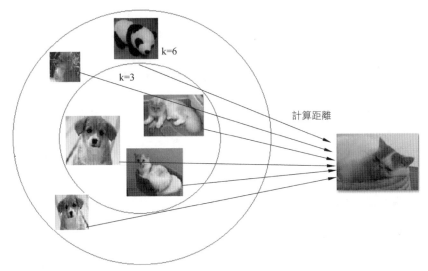

圖 5.2 不同 K 值對結果的影響示意圖

那麼 K 值到底怎麼選取呢？這就涉及距離的度量問題。

2. 距離的度量

距離決定了哪些是鄰居哪些不是。度量距離有很多種方法，不同的距離所確定的近鄰點不同。平面上比較常用的是歐式距離。此外還有曼哈頓距離、餘弦距離、球面距離等。例如圖 5.3 中的四個點為訓練樣本點，對於新的點 new(3,3) 進行預測。其中 cat1、cat2、dog1、dog2、dog3 為訓練資料，new 為測試資料。

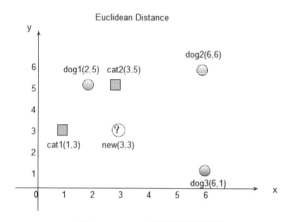

圖 5.3 KNN 中距離的度量

透過座標計算 new(3,3) 到各個點的歐氏距離，根據二維平面上的歐式距離公式：

$$\rho = \sqrt{(x_2 - x_1)^2 + (y_2 - y_1)^2} \tag{5.1}$$

可以得到距離如圖 5.4 所示。

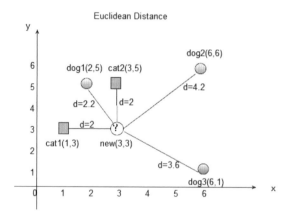

圖 5.4 歐式距離計算結果

3. 分類決策規則

分類結果的確定往往採用多數表決原則，即由輸入實例的 k 個最鄰近的訓練實例中的多數類決定輸入實例的類別。

KNN 演算法是一個簡單高效的分類演算法，可用於多個類別的分類，還可以用於回歸。

5.2 初識 KNN——鳶尾花分類

本節使用 KNN 演算法對 SKlearn 的鳶尾花資料集進行分類。

鳶尾花資料集：鳶尾花 (iris) 是單子葉百合目花卉，鳶尾花資料集最初由科學家 Anderson 測量收集而來。1936 年因用於公開發表的 Fisher 線性判別分析的範例，在機器學習領域廣為人知。

資料集中的鳶尾花資料主要收集自加拿大加斯帕半島，是一份經典資料集。鳶尾花資料集共收集了三類鳶尾花，即 Setosa 山鳶尾花、Versicolour 雜色鳶尾花和 Virginica 維吉尼亞鳶尾花，每一類鳶尾花有 50 筆記錄，共 150 筆資料。資料集包括 4 個屬性特徵，分別是：花瓣長度、花瓣寬度、花萼長度和花萼寬度。

在對鳶尾花資料集操作之前，先對資料進行詳細觀察。SKlearn 中的 iris 資料集有 5 個 key，分別如下：

(1) target_names：分類名稱，包括 setosa、versicolor 和 virginica 類。

(2) data：特徵資料值。

(3) target：分類（150 個）。

(4) DESCR：資料集的簡介。

(5) feature_names：特徵名稱。

1. 查看資料

【例 5.1】對鳶尾花 iris 資料集進行呼叫，查看資料的各方面特徵。

```
from sklearn.datasets import load_iris
iris_dataset = load_iris()
# 下面是查看資料的各項屬性
print(" 資料集的 Keys:\n",iris_dataset.keys())          # 查看資料集的 keys。
print(" 特徵名稱 :\n",iris_dataset['feature_names''])# 查看資料集的特徵名稱
print(" 資料型態 :\n",type(iris_dataset['data']))      # 查看資料型態
print(" 資料維度 :\n",iris_dataset['data'].shape)      # 查看資料的結構
print(" 前五筆資料 :\n{}".format(iris_dataset['data'][:5]))  # 查看前 5 筆資料
```

```
# 查看分類資訊
print(" 標記名稱 :\n",iris_dataset['target_names''])
print(" 標記類型 :\n",type(iris_dataset['target']))
print(" 標記維度 :\n",iris_dataset['target'].shape)
print(" 標記值 :\n",iris_dataset['target'])
# 查看資料集的簡介
print(' 資料集簡介：\n',iris_dataset['DESCR'][:20] + "\n.......")
                                            # 資料集簡介前 20 個字元
```

```
資料集的Keys:
 dict_keys(['data', 'target', 'target_names', 'DESCR', 'feature_names'])
特徵名稱：
 ['sepal length (cm)', 'sepal width (cm)', 'petal length (cm)', 'petal width (cm)']
資料類型：
 <class 'numpy.ndarray'>
資料維度：
 (150, 4)
前 5 筆資料：
 [[5.1 3.5 1.4 0.2]
  [4.9 3.  1.4 0.2]
  [4.7 3.2 1.3 0.2]
  [4.6 3.1 1.5 0.2]
  [5.  3.6 1.4 0.2]]
標記名稱：
 ['setosa' 'versicolor' 'virginica']
標記類型：
 <class 'numpy.ndarray'>
標記維度：
 (150,)
標記值：
 [0 0 0 0 0 0 0 0 0 0 0 0 0 0 0 0 0 0 0 0 0 0 0 0 0 0 0 0 0 0 0 0 0 0 0 0 0
 0 0 0 0 0 0 0 0 0 0 0 0 0 1 1 1 1 1 1 1 1 1 1 1 1 1 1 1 1 1 1 1 1 1 1 1 1
 1 1 1 1 1 1 1 1 1 1 1 1 1 1 1 1 1 1 1 1 1 1 1 1 2 2 2 2 2 2 2 2 2 2 2 2 2
 2 2 2 2 2 2 2 2 2 2 2 2 2 2 2 2 2 2 2 2 2 2 2 2 2 2 2 2 2 2 2 2 2 2 2 2 2
 2 2]
資料集簡介：
 Iris Plants Database
.......
```

2. 資料集拆分

對鳶尾花資料集進行訓練集和測試集的拆分操作，可以使用 train_test_split() 函數。train_test_split() 函數屬於 sklearn.model_selection 類別中的交叉驗證功能，能隨機地將樣本資料集合拆分成訓練集和測試集。其格式為：

```
X_train,X_test, y_train, y_test =
cross_validation.train_test_split(train_data,train_target,test_size=0.4,
  random_state=0)
```

【例 5.2】對 iris 資料集進行拆分，並查看拆分結果。

```
from sklearn.datasets import load_iris
from sklearn.model_selection import train_test_split
iris_dataset = load_iris()
X_train, X_test, y_train, y_test = train_test_split( iris_dataset['data'],
    iris_dataset['target'], random_state=2)
print("X_train",X_train)
print("y_train",y_train)
print("X_test",X_test)
print("y_test",y_test)
print("X_train shape: {}".format(X_train.shape))
print("X_test shape: {}".format(X_test.shape))
```

執行結果中，X_train 和 X_test 的維度分別為：

```
X_train shape: (112, 4)
X_test shape: (38, 4)
```

3. 使用散點矩陣查看資料特徵關係

在資料分析中，同時觀察一組變數的散點圖是很有意義的，這也被稱為散點圖矩陣（scatter plot matrix）。建立這樣的圖表工作量巨大，可以使用 scatter_matrix() 函數。scatter_matrix() 函數是 Pandas 提供了一個能從 DataFrame 建立散點圖矩陣的函數。

函數格式：

```
scatter_matrix(frame, alpha=0.5, c,figsize=None, ax=None, diagonal='hist',
marker='.', density_kwds=None,hist_kwds=None, range_padding=0.05, **kwds)
```

主要參數如下：

frame：Pandas dataframe 物件。

alpha：影像透明度，一般取 (0,1)。

figsize：以英吋為單位的影像大小，一般以元組 (width, height) 形式設定。

Diagonal：必須且只能在 {'hist','kde'} 中選擇 1 個，'hist' 表示長條圖 (Histogram plot)，'kde' 表示核心密度估計 (Kernel Density Estimation)；該參數是 scatter_matrix 函數的關鍵參數。

marker：Matplotlib 可用的標記類型，如 '.' ',' , 'o' 等。

【例 5.3】對例 5.2 的資料結果，使用 scatter_matrix() 顯示訓練集與測試集。可以在例 5.2 的基礎上增加以下敘述：

```
import pandas as pd
iris_dataframe = pd.DataFrame(X_train, columns=iris_dataset.feature_names)
# 建立一個 scatter matrix，顏色值來自 y_train
pd.plotting.scatter_matrix(iris_dataframe, c=y_train, figsize=(15, 15),
marker='o', hist_kwds={'bins': 20}, s=60, alpha=.8)
```

　　執行結果如圖 5.5 所示。可以看到，散點矩陣圖呈對稱結構，除對角上的密度函數圖之外，其他子圖分別顯示了不同特徵列之間的連結關係。如 petal length 與 petal width 之間近似成線性關係，說明這對特徵連結性很強。相反，有些特徵列之間的散佈狀態比較雜亂，基本無規律可循，說明特徵間的連結性不強。

　　因此，在訓練模型時，要優先選擇連結明顯的特徵對進行學習。

4. 建立 KNN 模型

　　初步對資料集了解後，選取合適的模型並對模型進行初始化。然後對資料集進行分類學習，得到訓練好的模型。

　　在 Python 中，實現 KNN 方法使用的是 KNeighborsClassifier 類別，KNeighborsClassifier 類別屬於 Scikit-learn 的 neighbors 套件。

　　KNeighborsClassifier 使用很簡單，核心操作包括三步：

　　(1) 建立 KNeighborsClassifier 物件，並進行初始化。

　　基本格式：

```
sklearn.neighbors.KNeighborsClassifier(n_neighbors=5, weights='uniform',
algorithm='auto', leaf_size=30,p=2, metric='minkowski', metric_params=
None, n_jobs=None, **kwargs)
```

　　主要參數：

　　n_neighbors：int 型，可選，預設值是 5，代表 KNN 中的近鄰數量 k 值。

　　weights：計算距離時使用的權重，預設值是 "uniform"，表示平等權重。也可以設定值 "distance"，則表示按照距離的遠近設定不同權重。還可以自主設計加權方式，並以函數形式呼叫。

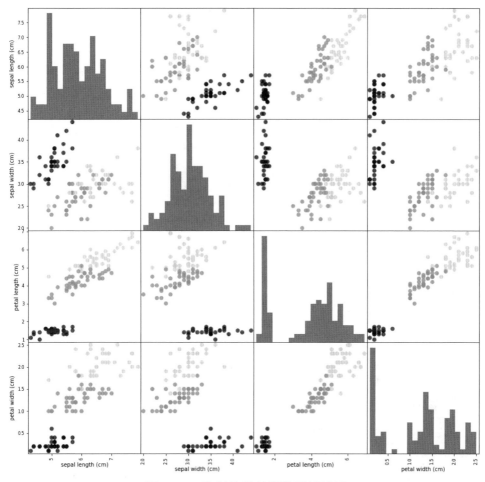

圖 5.5 iris 資料集的特徵散點矩陣圖

metric：距離的計算，預設值是 "minkowski"。當 p=2, metric='minkowski' 時，使用的是歐式距離。p=1, metric='minkowski' 時為曼哈頓距離。

(2) 呼叫 fit() 方法，對資料集進行訓練。

函數格式：

```
fit(X, y)
```

說明：以 X 為訓練集，以 y 為測試集對模型進行訓練。

(3) 呼叫 predict() 函數，對測試集進行預測。

函數格式：

```
predict(X)
```

說明：根據給定的資料預測其所屬的類別標籤。

【例 5.4】使用 KNN 對鳶尾花 iris 資料集進行分類，完整的程式實現。

```
from sklearn import datasets
from sklearn.neighbors import KNeighborsClassifier
from sklearn.model_selection import train_test_split
# 匯入鳶尾花資料並查看資料特徵
iris = datasets.load_iris()
print('資料集結構：',iris.data.shape)
# 獲取屬性
iris_X = iris.data
# 獲取類別
iris_y = iris.target
# 劃分成測試集和訓練集
iris_train_X,iris_test_X,iris_train_y,iris_test_y=train_test_split
    (iris_X,iris_y,test_size=0.2, random_state=0)
# 分類器初始化
knn = KNeighborsClassifier()
# 對訓練集進行訓練
knn.fit(iris_train_X, iris_train_y)
# 對測試集資料的鳶尾花類型進行預測
predict_result = knn.predict(iris_test_X)
print('測試集大小：',iris_test_X.shape)
print('真實結果：',iris_test_y)
print('預測結果：',predict_result)
# 顯示預測精確率
print('預測精確率：',knn.score(iris_test_X, iris_test_y))
```

程式執行結果如下：

```
資料集結構： (150, 4)
測試集大小： (30, 4)
真實結果： [2 1 0 2 0 2 0 1 1 1 2 1 1 1 1 0 1 1 0 0 2 1 0 0 2 0 0 1 1 0]
預測結果： [2 1 0 2 0 2 0 1 1 1 2 1 1 1 2 0 1 1 0 0 2 1 0 0 2 0 0 1 1 0]
預測精確率： 0.9666666666666667
```

從結果可以看出，拆分的測試集中有 30 個樣本，其中有一個判斷錯誤，整體精確率約 96.7%，精度較高。主要原因在於資料集中的資料比較好，資料辨識度較高。

也可以將 KNN 用於影像等分類場合，透過對目標圖像進行歸類，能夠解決類似影像辨識等問題。

▌5.3　KNN 手寫數字辨識

影像辨識是模式辨識研究中一個重要的領域，透過對影像進行分析和理解，辨識出不同模式的目標物件。影像辨識包括：文字辨識、影像辨識與物體辨識。文字辨識是常見的影像辨識問題，是分析並辨識圖片中包含的文字。

其中難度較高的是手寫文字辨識，因為手寫體與印刷體相比，個人風格迥異、圖片大小不一。手寫數字辨識的目標相對簡單，是從影像中辨識出 0~9 的數字，經常用於自動郵件分揀等生產領域。在機器學習中，有時將辨識問題轉化為分類問題。

本實驗使用的資料集修改自 " 手寫數字光學辨識資料集 "[3]，共保留了 1600 張圖片。透過拆分，其中 1068 張作為訓練集，其餘的 532 張為測試集。圖片為長寬都是 32 像素的二值圖，為方便處理，將圖片預存為文字檔（過程省略，參考 3.6.3 PIL 影像處理部分範例）。

【例 5.5】使用 KNN 方法實現手寫數字辨識。

素材資料夾為 "HWdigits"，子目錄 "trainSet" 下存放訓練資料，子目錄 "testSet" 存放測試資料。資料為文字檔形式，每個檔案表示一個手寫數字。

在對檔案系統操作時，可以使用模組 os 提供的 listdir() 方法。listdir() 方法傳回指定的資料夾下的檔案 / 資料夾清單，格式為：os.listdir(path)，字串類型參數 path 指明目標路徑。檔案；operator 模組中的 itemgetter() 函數用於獲取物件的某個維度的資料，參數為序號。

```
#coding=utf-8
import numpy as np
from os import listdir

def loadDataSet():      # 載入資料集
    # 獲取訓練資料集
```

3　來源：http://archive.ics.uci.edu/ml/datasets，Alpaydin 與 Kaynak 提供，1998-07-01 發佈。

```
    print("1.Loading trainSet...")
    trainFileList = listdir('HWdigits/trainSet')
    trainNum = len(trainFileList)

    trainX = np.zeros((trainNum, 32*32))
    trainY = []
    for i in range(trainNum):
        trainFile = trainFileList[i]
        #將訓練資料集向量化
        trainX[i, :] = img2vector('HWdigits/trainSet/%s' % train
File,32,32)
        label = int(trainFile.split('_')[0]) #讀取檔案名稱的第一位作為標記
        trainY.append(label)
    #獲取測試資料集
    print("2.Loadng testSet...")
    testFileList = listdir('HWdigits/testSet')
    testNum = len(testFileList)
    testX = np.zeros((testNum, 32*32))
    testY = []
    for i in range(testNum):
        testFile = testFileList[i]
        #將測試資料集向量化
        testX[i, :] = img2vector('HWdigits/testSet/%s' % testFile,32,32)
        label = int(testFile.split('_')[0])   #讀取檔案名稱的第一位作為標記
        testY.append(label)
    return trainX, trainY, testX, testY
def img2vector(filename,h,w):                    # 將 32*32 的文字轉化為向量
    imgVector = np.zeros((1, h * w))
    fileIn = open(filename)
    for row in range(h):
        lineStr = fileIn.readline()
        for col in range(w):
            imgVector[0, row * 32 + col] = int(lineStr[col])
    return imgVector
def myKNN(testDigit, trainX, trainY, k):
    numSamples = trainX.shape[0]   #shape[0]代表行，每行一個圖片，得到樣本個數
    #1.計算歐式距離
    diff=[]
    for n in range(numSamples):
        diff.append(testDigit-trainX[n])       # 每個個體差
    diff=np.array(diff)                         # 轉變為 ndarray
    #對差求平方和，然後取和的平方根
    squaredDiff = diff ** 2
    squaredDist = np.sum(squaredDiff, axis = 1)
    distance = squaredDist ** 0.5
    #2.按距離進行排序
    sortedDistIndices = np.argsort(distance)
    classCount = {}                           # 存放各類別的個體數量
```

```
    for i in range(k):
        #3. 按順序讀取標籤
        voteLabel = trainY[sortedDistIndices[i]]
        #4. 計算該標籤次數
        classCount[voteLabel] = classCount.get(voteLabel, 0) + 1

    #5. 查詢出現次數最多的類別，作為分類結果
    maxCount = 0
    for key, value in classCount.items():
        if value > maxCount:
            maxCount = value
            maxIndex = key
    return maxIndex

train_x, train_y, test_x, test_y = loadDataSet()
numTestSamples = test_x.shape[0]
matchCount = 0
print("3.Find the most frequent label in k-nearest...")
print("4.Show the result...")
for i in range(numTestSamples):
    predict = myKNN(test_x[i], train_x, train_y, 3)
    print("result is: %d, real answer is: %d" % (predict,test_y[i]))
    if predict == test_y[i]:
        matchCount += 1
accuracy = float(matchCount) / numTestSamples
# 5. 輸出結果
print("5.Show the accuracy...")
print("  The total number of errors is: %d" % (numTestSamples-matchCount))
print('  The classify accuracy is: %.2f%%' % (accuracy * 100))
```

```
1. Loading trainSet...
2. Loadng testSet...
3. Find the most frequent label in k-nearest...
4. Show the result...
result is: 0, real answer is: 0
result is: 0, real answer is: 0
result is: 0, real answer is: 0
result is: 0, real answer is: 0
```

......

```
result is: 9, real answer is: 9
result is: 9, real answer is: 9
result is: 9, real answer is: 9
5. Show the accuracy...
  The total number of errors is: 11
  The classify accuracy is: 97.93%
```

從結果可以看出，辨識率達到 **97.93%**，效果還是比較理想的。

實驗

實驗 5-1：使用 KNN 進行水果分類

在水果自動分類系統中，對於待處理的目標，智慧裝置需要對測量得到的資料（如顏色、重量、尺寸等）進行處理，自動判別出目標的類別。

水果資料集由愛丁堡大學的 Iain Murray 博士建立。他買了幾十個不同種類的橘子、柳丁、檸檬和蘋果，並把它們的尺寸記錄在一張表格中。

本實驗對水果資料進行了簡單前置處理，存為素材檔案 fruit_data.txt。檔案中包含 59 個水果的測量資料。每行表示一個待測定水果，每列為一個特徵。特徵從左到右依次是：

fruit_label：標記值，表示水果的類別，1- 蘋果，2- 橘子，3- 柳丁，4- 檸檬。

mass：水果的重量。

width：測量出的寬度。

height：測量出的高度。

color_score：顏色值。

本實驗要求使用 SKlearn 的 neighbors 模組，對水果資料進行 KNN 分類，然後預測下面表 5.1 中 A、B 兩隻水果的類別：

表 5.1 待預測的水果資料

樣本	mass	width	height	color_score
A	192	8.4	7.3	0.55
B	200	7.3	10.5	0.72

實驗 5-2：繪製 KNN 分類器圖

描述：使用 SKlearn 的 KNeighborsClassifier 功能，對鳶尾花資料集進行 KNN 近鄰分類。將分類結果以分類別圖的形式顯示。

本實驗使用到的主要函數包括：

1. meshgrid (x,y) 函數

函數描述：由 NumPy 模組提供，能夠根據參數 x、y 座標傳回座標矩陣。如果使用 Matplotlib 進行視覺化，可以查看函數結果中的網格化資料的分佈情況。

參數：x 和 y 均為 ndarray 類型的陣列。

傳回值：由參數 x、y 座標建構的網格矩陣。

2. ListedColormap(colors, name='from_list', N=None) 函數

函數描述：由 matplotlib.colors 模組提供，從 colors 串列資料中生成 Colormap 物件。

參數：

colors：為串列或陣列。可以是 Matplotlib 標準顏色串列，也可以是等效的 RGB 或 RGBA 浮點陣列。

name：可選。為 string 類型，用來標記 Colormap 物件。

N：可選，整數類型，表示 Colormap 的通道數。

傳回值：Colormap 物件。

3. pcolormesh(*args, alpha=None, norm=None, cmap=None, vmin=None, vmax=None, shading='flat', antialiased=False, data=None, **kwargs) 函數

函數描述：由 matplotlib.pyplot 模組提供，能夠使用非規則矩形網格建立偽色圖。

主要參數如下。

*args：包括 X、Y 參數，以及 C 參數。其中，參數 C 是一個二維陣列，可以映射為 Colormap。參數 X、Y 為參數 C 所填充區域的四個端點的座標的集合。

cmap：可選。是 Colormap 類型或是 string 類型。如是 string 字串，則是已建立的 Colormap 物件的名稱。

shading：可選，指填充樣式。設定值 "flat" 或 "gouraud"。

4. ravel([order]) 函數

函數描述：由 numpy.ndarray 模組提供，函數傳回扁平化的一維陣列。

參數 order：可選，指索引順序。可以設定值 "C"、"F" 等，"C" 代表以行為主進行 C 語言風格的索引，"F" 代表以列為主進行 Fortran 語言風格的索引。

傳回值：為一維陣列。

實驗完整程式如下：

```python
import numpy as np
from sklearn import neighbors, datasets
import matplotlib.pyplot as plt
from matplotlib.colors import ListedColormap

# 建立 KNN 模型，使用前兩個特徵
iris = datasets.load_iris()
irisData = iris.data[:, :2]    # Petal length、Petal width 特徵
irisTarget = iris.target
clf = neighbors.KNeighborsClassifier(5)  # K=5
clf.fit(irisData, irisTarget)

# 繪製 plot
ColorMp = ListedColormap(['#005500', '#00AA00', '#00FF00'])
X_min, X_max = irisData[:, 0].min(), irisData[:, 0].max()
Y_min, Y_max = irisData[:, 1].min(), irisData[:, 1].max()
X, Y = np.meshgrid(np.arange(X_min, X_max, 1/50),np.arange(Y_min, Y_max, 1/50))
# 預測
label = clf.predict(np.c_[X.ravel(), Y.ravel()])
label = label.reshape(X.shape)
# 繪圖並顯示
plt.figure()
plt.pcolormesh(X,Y,label,cmap=ColorMp)
plt.show()
```

程式執行結果如圖 5.6 所示。

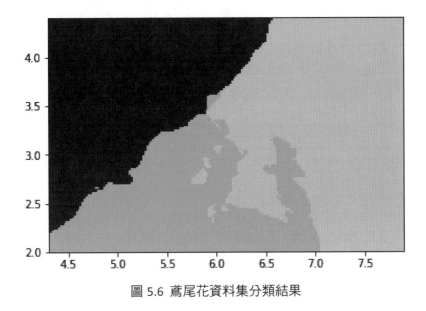

圖 5.6 鳶尾花資料集分類結果

　　根據鳶尾花資料集的特點，實驗中只使用了資料集的花瓣長度、花瓣寬度兩個特徵，就可以將三類鳶尾花進行劃分。程式使用 k=5 的 KNN 模型進行預測，預測結果 label 為 0、1、2。使用三個類別預測結果作為索引，將對應的 ColorMp 顏色將三個類別的樣本分別顯示。

第 **6** 章

K-Means聚類演算法

本 章 概 要

　　聚類是一類機器學習基礎演算法的總稱。聚類的典型應用包括對市場分析人員發現不同的客戶群，刻畫不同客戶群的特徵。將聚類應用於房屋價格資料集，可以發現房屋的地段位置、面積、建築年份等對房價的影響。聚類能夠幫助人們發現基因相近的動植物，輔助研究人員劃分生物種群。聚類演算法也可以用於 Web 文件內容的發現。

　　聚類的核心計算過程是將資料物件集合按相似程度劃分成多個類。劃分得到的每個類稱為聚類的簇。

　　聚類分析起源於分類學，也可以看成是研究分類問題的一種方法。但是聚類不等於分類。聚類與分類的主要區別在於，聚類所面對的目標類別是未知的。

　　本章主要介紹了聚類演算法的概念和 K-Means 聚類演算法。並透過綜合案例進行演算法的剖析。

學 習 目 標

　　當完成本章的學習後，要求：

1. 理解聚類演算法：
2. 理解 K-Means 類演算法的概念；
3. 掌握 K-Means 演算法的步驟；
4. 掌握使用 K-Means 演算法解決實際聚類問題；
5. 理解 K-Means 演算法的特點。

6.1 K-Means 聚類演算法

夫鳥同翼者而聚居，獸同足者而俱行。

——《戰國策》

目前為止，我們關心的都還是監督學習問題，所處理的物件包含標籤。但有時，我們得到的物件是無標籤的，即訓練樣本的標記資訊是未知的。這時，需要對無標記訓練樣本進行學習。分析這類無標籤資料需要使用非監督學習技術。

非監督學習可以揭示資料的內在性質或分佈規律，為進一步的資料分析提供基礎。本章介紹非監督學習的一種基本方法—聚類演算法。

6.1.1 聚類

聚類 (Clustering) 是指將不同的物件劃分成由多個物件組成的多個類的過程。由聚類產生的資料分組，同一組內的物件具有相似性，不同組的物件具有相異性。聚類待劃分的類別未知，即訓練資料沒有標籤。

簇 (Cluster) 是由距離鄰近的物件組合而成的集合。聚類的最終目標是獲得緊湊、獨立的簇集合。一般採用相似度作為聚類的依據，兩個物件的距離越近，其相似度就越大。

由於缺乏先驗知識，一般而言，聚類沒有分類的準確率高。不過聚類的優點是可以發現新知識、新規律。當我們對觀察物件具有了一定了解之後，可以再使用分類方法。因此，聚類也是了解未知世界的一種重要方法。聚類可以單獨實現，透過劃分尋找資料內在分佈規律，也可以作為其他學習任務的前驅過程。

由於聚類使用的資料是無標記的，因此聚類屬於非監督學習。

聚類本質上仍然是類別的劃分問題。由於沒有固定的類別標準，因此聚類的核心問題是 如何定義簇。可以依據樣本間距離，樣本的空間分辨密度等確定。

按照簇的定義和聚類的方式，聚類大致分為以下幾種：K-Means 為代表的簇中心聚類、基於連通性的層次聚類、以 EM 演算法為代表的機率分佈聚類、以 DBSCAN 為代表的基於網格密度的聚類，以及高斯混合聚類等。

下面以 K-Means 聚類為例介紹聚類演算法的基本概念和具體實現。

6.1.2　K-Means 聚類

K-Means 聚類演算法也稱為 K 平均值聚類演算法，是典型的聚類演算法。對於給定的資料集和需要劃分的類數 k，演算法根據距離函數進行迭代處理，動態地把資料劃分成 k 個簇（即類別），直到收斂為止。簇中心 (cluster center) 也稱為聚類中心。

K-Means 聚類的優點是演算法簡單、運算速度快，即使資料集很大計算起來也便捷。不足之處是如果資料集較大，容易獲得局部最佳的分類結果。而且所產生的類的大小相近，對雜訊資料也比較敏感。

K-Means 演算法的實現很簡單，首先選取 k 個資料點作為初始的簇中心，即聚類中心。初始的聚類中心也被稱作種子。然後，一個一個計算各資料點到各聚類中心的距離，把資料點分配到離它最近的簇；一次迭代之後，所有的資料點都會分配給某個簇。再根據分配結果計算出新的聚類中心，並重新計算各資料點到各種子的距離，根據距離重新進行分配。不斷重複計算和重新分配步驟，直到分配不再發生變化或滿足終止條件。

演算法設計如下：

```
隨機選擇 k 個資料點 -> 起始簇中心
While 資料點的分配結果發生改變：
    for 資料集中的每個資料點 p：
        for 迴圈存取每個簇中心 c：
            computer_distance(p,c)
            將資料點 p 分配到最近的簇
    for 每一個簇：
        簇中心更新為簇內資料點的平均值
```

聚類是一個反覆迭代的過程，理想的終止條件是簇的分配和各簇中心不再改變。此外，也可以設定迴圈次數、變化誤差作為終止條件。

聚類的運算流程可以簡單示意如圖 6.1 所示。

1. 輸入資料

2. 初始化簇中心

3. 第一次分配

4. 第一次更新簇中心

5. 第二次分配

6. 第二次更新簇中心

7. 第三次分配

8. 分配不變，結束

圖 6.1 聚類過程示意圖

在上面的示意圖中，第三次迭代之後，分配方案和簇中心保持不變，演算法結束。

K-Means 演算法的類別劃分依賴於樣本之間的距離。距離的度量方法有很多種，如常用的歐氏距離、曼哈頓距離等。

6.1.3 聚類演算法的性能評估

K 平均值聚類是非監督演算法，演算法的性能通常比分類演算法低。因此，在聚類結束後，對演算法的結果進行評價在實際使用中是很必要的。

1. 聚類演算法的評價指標

由於聚類對劃分的類別沒有固定的定義，因此也沒有固定的評價指標。可以嘗試使用聚類結果對演算法進行評價。

常見的聚類評價方法有 3 類：外部有效性評價、內部有效性評價和相關性測試評價。

外部評價可以反映聚類結果的整體直觀效果，常用的指標有前面介紹的F-measure 指數，以及 Rand 指數和 Jaccard 係數等。

內部評價是利用資料集的內部特徵來評價，包括 Dunn 指數、輪廓係數等指標。

相關性測試評價是選定某個評價指標，然後為聚類演算法設定不同的參數進行測試。根據測試結果選取最佳的演算法參數和聚類模式等，例如改進的 Dunn 指數等。

2. K-Means 目標函數

聚類演算法的理想目標是類內距離最小，類間的距離最大。因此，通常依此目標建立 K 平均值聚類的目標函數，如下：

假設資料集 X 包含 n 個資料點，需要劃分到 k 個類。類中心為用集合 U 表示。聚類後所有資料點到各自聚類中心的差的平方和為聚類平方和用 J 表示，J 值為：

$$J = \sum_{c=1}^{k} \sum_{i=1}^{n} \| x_i - u_c \|^2 \tag{6.1}$$

聚類的目標就是使 J 值最小化。 如果在某次迭代前後，J 值沒有發生變化，則說明簇的分配不再發生變化，演算法已經收斂。

▌6.2　使用 K-Means 實現資料聚類

6.2.1　使用 SKlearn 實現 K-Means 聚類

Scikit-learn 的 cluster 模組中提供的 KMeans 類別可以實現 K-Means 聚類，建構函數如下：

```
sklearn.cluster.KMeans(n_clusters=8, init='k-means++', n_init=10, max_
iter=300, tol=0.0001, precompute_distances='auto', verbose=0, random_
state=None, copy_x=True, n_jobs=None, algorithm='auto')
```

主要參數含義如下：

n_clusters：可選，預設為 8。要形成的簇的數目，即類的數量。

n_init：預設為 10，用不同種子執行 K-Means 演算法的次數。

max_iter：預設 300，單次執行的 K-Means 演算法的最大迭代次數。

傳回 KMeans 物件的屬性包括：

cluster_centers_：陣列類型，各個簇中心的座標。

labels_：每個資料點的標籤。

inertia_：浮點數，資料樣本到它們最接近的聚類中心的距離平方和。

n_iter_：執行的迭代次數。

KMeans 類別主要提供了三個方法，用法見表 6.1 中描述。

表 6.1 KMeans 類別的主要方法

方法	功能
fit(X[,y,sample_weight])	進行 K-Means 聚類計算
predict(X[,sample_weight]	預測 X 中的每個樣本的所屬的最近簇
fit_predict(X[,y,sample_weight])	計算簇中心，並預測每個樣本的所屬簇

【例 6.1】使用 sklearn.cluster.KMeans 進行 K-Means 平均值聚類。

資料中包含有六個資料點，依次是 [1,2], [1, 2], [1, 4], [1, 0],[4, 2], [4, 4] 和 [4, 0]]，建構一個 K-Means 聚類模型進行劃分；並使用訓練好的模型預測 [0,0],[4, 4] 兩個資料點的類別。

```
from sklearn.cluster import KMeans
import numpy as np
X = np.array([[1, 2], [1, 4], [1, 0], [4, 2], [4, 4], [4, 0]])
kmeans = KMeans(n_clusters=2, random_state=0).fit(X)
# 顯示類別標籤
print('k labels are:',kmeans.labels_)
# 預測結果
print('predict results are:',kmeans.predict([[0, 0], [4, 4]]))
# 顯示簇中心
print('cluster centers are:',kmeans.cluster_centers_)
```

執行結果：

```
k labels are: [0 0 0 1 1 1]
predict results are: [0 1]
cluster centers are: [[1. 2.]
 [4. 2.]]
```

對於前面的鳶尾花資料集，也可以進行聚類分析。與分類不同，聚類演算法不使用資料集中的標籤列。但可以透過預測結果與標籤進行對比，查看演算法的效率。

【例 6.2】對鳶尾花資料進行聚類。

```
from sklearn import datasets
from sklearn.cluster import KMeans
iris = datasets.load_iris()
X = iris.data
y = iris.target     # 保留標籤
clf=KMeans(n_clusters=3)
model=clf.fit(X)
predicted=model.predict(X)
# 將預測值與標籤真值進行對比
print('the predicted result:\n',predicted)
print("the real answer:\n",y)
```

執行結果：

```
the predicted result:
 [1 1 1 1 1 1 1 1 1 1 1 1 1 1 1 1 1 1 1 1 1 1 1 1 1 1 1 1 1 1 1 1 1 1 1 1 1
 1 1 1 1 1 1 1 1 1 1 1 1 1 2 2 0 2 2 2 2 2 2 2 2 2 2 2 2 2 2 2 2 2 2 2 2 2
 2 2 0 2 2 2 2 2 2 2 2 2 2 2 2 2 2 2 2 2 2 2 2 2 0 2 0 0 0 0 2 0 0 0 0
 0 0 2 2 0 0 0 0 2 0 2 0 2 0 0 2 2 0 0 0 0 0 2 0 0 0 0 2 0 0 2 0 0 2 0
 0 2]
the real answer:
 [0 0 0 0 0 0 0 0 0 0 0 0 0 0 0 0 0 0 0 0 0 0 0 0 0 0 0 0 0 0 0 0 0 0 0 0 0
 0 0 0 0 0 0 0 0 0 0 0 0 0 1 1 1 1 1 1 1 1 1 1 1 1 1 1 1 1 1 1 1 1 1 1 1 1
 1 1 1 1 1 1 1 1 1 1 1 1 1 1 1 1 1 1 1 1 1 1 1 1 2 2 2 2 2 2 2 2 2 2 2
 2 2 2 2 2 2 2 2 2 2 2 2 2 2 2 2 2 2 2 2 2 2 2 2 2 2 2 2 2 2 2 2 2 2 2
 2 2]
```

　　從程式的傳回結果可以看出演算法的準確率；也可以看出，聚類演算法生成的類別不是原始資料集中的標籤，是系統自動生成的。

　　聚類還可以用於文字分析領域。文字分析的主要物件是中文或英文的文字資訊。透過對文字進行分析、挖掘，找出文章關鍵字、提煉文章摘要，或分析文章傾向性等。

　　例 6.3 先使用前面介紹過的 Jieba 中文分詞模組數將中文句子劃分成單字；再使用 feature_extraction 模組對文字進行前置處理，其中的 TfidfVectorizer 類別能將文件轉為 TF-IDF 特性矩陣。再對傳回的向量結果進行 K-Means 聚類分析，得到每段文字的聚類結果。

【例 6.3】K-Means 演算法文字聚類演算法實例 - 文字情感分析。

```
# -*- coding: utf-8 -*-
```

```
import jieba
from sklearn.feature_extraction.text import TfidfVectorizer
from sklearn.cluster import KMeans

def jieba_tokenize(text):
    return jieba.lcut(text)

tfidf_vect = TfidfVectorizer(tokenizer=jieba_tokenize, lowercase=False)
text_list = [" 中國的小朋友高興地跳了起來 ", " 今年經濟情況很好 ", \
" 小明看起來很不舒服 ", " 李小龍武功真厲害 "," 他很高興去中國工作 "," 真是一個高興的週末 ","
這件衣服太不舒服啦 "]

# 聚類的文字集
tfidf_matrix = tfidf_vect.fit(text_list)                # 訓練
print(tfidf_matrix.vocabulary_)                         # 列印字典
tfidf_matrix = tfidf_vect.transform(text_list)          # 轉換
arr=tfidf_matrix.toarray()                              #tfidf 陣列
print('tfidf array:\n',arr)
num_clusters = 4
km = KMeans(n_clusters=num_clusters, max_iter=300, random_state=3)

km.fit(tfidf_matrix)
prt=km.predict(tfidf_matrix)
print("Predicting result: ", prt)
```

執行結果：

```
{" 中國 ':2,' 的 ':20,' 小朋友 ':14,' 高興 ':30,' 地 ':10,' 跳 ':28,' 了 ':3,' 起來 ':2
7,' 今年 ':4,' 經濟 ':24,' 情況 ':17,' 很 ':16,' 好 ':12,' 小明 ':13,' 看起來 ':21,
 '不 ':1,' 舒服 ':25,' 李小龍 ':18,' 武功 ':19,' 真 ':22,' 厲害 ':6,' 他 ':5,' 去 ':7,
 '工作 ':15,' 真是 ':23,' 一個 ':0,' 週末 ':8,' 這件 ':29,' 衣服 ':26,' 太 ':11,' 啦 ':
tfidf array:
 [[0.         0.         0.31643237 0.38120438 0.         0.
  0.         0.         0.         0.         0.38120438 0.
  0.         0.         0.38120438 0.         0.         0.
  0.         0.         0.31643237 0.         0.         0.
  0.         0.         0.         0.38120438 0.38120438 0.
  0.2704759 ]
 [0.         0.         0.         0.         0.47122483 0.
  0.         0.         0.         0.         0.         0.
```

......

```
  0.3465257 ]
 [0.         0.35793914 0.         0.         0.         0.
  0.         0.         0.         0.43120736 0.         0.43120736
  0.         0.         0.         0.         0.         0.
  0.         0.35793914 0.43120736 0.         0.         0.43120736
  0.         ]]
Predicting result:  [1 3 0 2 1 1 0]
```

從結果可以看出，首先 Jieba 模組的 lcut() 函數將七個句子劃分成了 31 個單字。後續的 TFIDF 詞頻矩陣結果表明了每個句子對 31 個單字的詞頻統計結果，最後使用 K-Means 聚類對矩陣的七行資料進行聚類並預測，得到各句的聚類結果。

6.2.2 Python 實現 K-Means 聚類

K-Means 聚類演算法廣泛應用於人群分類、影像分割、物種聚類、地理位置聚類等場景。為了更好地理解 K-Means 演算法及其內在結構，在下面的物流配送問題中，使用 Python 程式具體實現 K-Means 演算法。

【例 6.4】物流配送問題。

問題描述：「雙十一」期間，物流公司要給 M 城市的 50 個客戶配送貨物。假設公司只有 5 輛貨車，客戶的地理座標在 testSet.txt 檔案中，如何配送效率最高？

問題分析：可以使用 K-Means 演算法，將檔案內的位址資料聚成 5 類。由於每類的客戶位址相近，可以分配給同一輛貨車。

```
#coding=utf-8
from numpy import *
from matplotlib import pyplot as plt
# 計算兩個向量的歐式距離
def distEclud(vecA, vecB):
    return sqrt(sum(power(vecA - vecB, 2)))
# 選 K 個點作為種子
def initCenter(dataSet, k):
    print('2.initialize cluster center...')
    shape=dataSet.shape
    n = shape[1]    # 列數
    classCenter = array(zeros((k,n)))
    # 取前 k 個資料點作為初始聚類中心
    for j in range(n):
        firstK=dataSet[:k,j]
        classCenter[:,j] = firstK
    return classCenter
# 實現 K-Means 演算法
def myKMeans(dataSet,k):
    m = len(dataSet)                      # 行數
    clusterPoints = array(zeros((m,2)))   # 各簇中的資料點
```

```
        classCenter = initCenter(dataSet, k)  # 各簇中心
        clusterChanged = True
        print('3.recompute and reallocated...')
        while clusterChanged:                    # 重複計算，直到簇分配不再變化
            clusterChanged = False
            # 將每個資料點分配到最近的簇
            for i in range(m):
                minDist = inf
                minIndex = -1
                for j in range(k):
                    distJI = distEclud(classCenter[j,:],dataSet[i,:])
                    if distJI < minDist:
                        minDist = distJI; minIndex = j
                if clusterPoints[i,0] != minIndex:
                    clusterChanged = True
                clusterPoints[i,:] = minIndex,minDist**2
            # 重新計算簇中心
            for cent in range(k):
                ptsInClust = dataSet[nonzero(clusterPoints[:,0]==cent)[0]]
                classCenter[cent,:] = mean(ptsInClust, axis=0)
        return classCenter, clusterPoints
# 顯示聚類結果
def show(dataSet, k, classCenter, clusterPoints):
    print('4.load the map...')
    fig = plt.figure()
    rect=[0.1,0.1,1.0,1.0]
    axprops = dict(xticks=[], yticks=[])
    ax0=fig.add_axes(rect, label='ax0', **axprops)
    imgP = plt.imread('city.png')
    ax0.imshow(imgP)
    ax1=fig.add_axes(rect, label='ax1', frameon=False)
    print('5.show the clusters...')
    numSamples = len(dataSet)              # 物件數量
    mark = ['ok', '^b', 'om', 'og', 'sc']
    # 根據每個物件的座標繪製點
    for i in range(numSamples):
        markIndex = int(clusterPoints[i, 0])%k
        ax1.plot(dataSet[i, 0], dataSet[i, 1], mark[markIndex])
    # 標記每個簇的中心點
    for i in range(k):
        markIndex = int(clusterPoints[i, 0])%k
        ax1.plot(classCenter[i, 0], classCenter[i, 1], '^r', markersize = 12)
    plt.show()

print('1.load dataset...')
dataSet=loadtxt('testSet.txt')
K=5                                        # 類的數量
```

```
classCenter,classPoints= myKMeans(dataSet,K)
show(dataSet,K,classCenter,classPoints)
```

執行結果如圖 6.2：

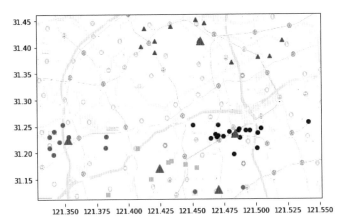

圖 6.2 物流公司配送區域劃分結果

6.3　K-Means 演算法存在的問題

6.3.1　K-Means 演算法的不足

　　K-Means 演算法過程簡單，實現便捷，能夠滿足很多實際應用。然而演算法也存在一定的問題。比以下面幾點不足：

1. k 值的選定比較難

　　大多時候，使用者並不知道資料集應該分成多少類。實際使用時，類的數量可以是經驗值，也可以多次處理選取其中最佳的值，或透過類的合併或分裂得到。

2. 初始聚類中心的選擇對聚類結果有較大影響

　　例如前面物流配送的例子，如果將初始聚類中心修改為中間 k 個、後 k 位或任意的 k 個值，所得到的結果是不同的。也可以看出，初值選擇的好壞是關鍵性的因素，也是 K-Means 演算法的主要問題。

3. K-Means 演算法的時間銷耗比較大

由於演算法需要重複進行計算和樣本歸類，又反覆調整聚類中心。因此演算法的時間複雜度較高。尤其當資料量比較大時，將耗費很多時間。

4. K-Means 演算法的功能具有局限性

由於演算法是基於距離進行分配，當資料封包含明確分開的幾部分時，可以良好地劃分。然而，如果資料集形狀複雜，比如是狹長形狀的，或是相互存在環繞的資料集，K-Means 演算法就無法處理。

總的來說，K-Means 演算法是一個經典的基礎演算法，能夠輕鬆地解決很多實際問題，對新領域的研究也有著很大的發掘資訊的作用。但也需要注意，K-Means 演算法有不適合的場景。

【例 6.5】對半環狀資料集進行 K-Means 聚類。

問題描述： SKlearn 中的半環狀資料集 make_moons 是一個二維資料集，對某些演算法來說具有挑戰性。資料集中的資料有兩類，其分佈為兩個交錯的半圓，而且還包含隨機的雜訊。

```python
import matplotlib.pyplot as plt
from sklearn.cluster import KMeans
from sklearn.datasets import make_moons

# 生成環狀資料集
X, Y = make_moons(n_samples=200, noise=0.05, random_state=0)

# 使用 K-Means 聚成兩類
kmeans = KMeans(n_clusters=2)
kmeans.fit(X)
Y_pred = kmeans.predict(X)

# 繪製聚類結果圖
plt.scatter(X[:, 0], X[:, 1], c=Y_pred, s=60, edgecolor='b')
plt.scatter(kmeans.cluster_centers_[:, 0], kmeans.cluster_centers_[:, 1],
            marker='x',  s=100, linewidth=2, edgecolor='k')

plt.xlabel("X")
plt.ylabel("Y")
```

對於半環狀資料集，理想的分類結果是相互環繞的兩個半圓形。但使用 K-Means 演算法聚類的結果如圖 6.3 所示，劃分出來的效果較差。

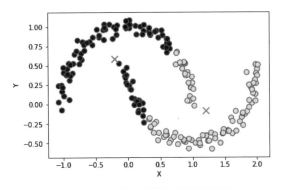

圖 6.3 半環狀資料集的聚類結果

　　使用 K 平均值聚類無法區分出半環狀資料集中的兩個半圓形。想一想為什麼？

6.3.2 科學確定 k 值

　　選擇合適的 k 值對聚類演算法非常重要，可以預先觀察資料來選取認為合適的簇個數，也可以使用經驗值或嘗試的方法。

　　研究人員提出了很多確定 k 值的方法，常見的如下面幾個。

1. 經驗值

　　在很多場合，我們發現人們習慣使用 k=3、k=5 等經驗值進行嘗試。這主要根據解決問題的經驗而來。因為在實際問題中，樣本通常只劃分成數量較少的、明確的類別。

2. 觀測值

　　在聚類之前，可以用繪圖方法將資料集視覺化。然後透過觀察，人工決定將樣本聚成幾類。

3. 肘部方法

　　肘部方法（Elbow Method）是將不同的模型參數與得到的結果視覺化，例如擬合出折線，幫助資料分析人員選擇最佳參數。

　　如果不同的參數對演算法結果有影響，則折線圖會發生變化。例如折線圖會出現反趨點，類似於手臂上的 " 肘部 "，則表示反趨點位置為模型參數的關鍵。

　　例如圖 6.4 中，隨著 k 的變化，誤差平方和（SSE）值呈下降趨勢。反趨點出現在 k=4 位置。即，當 k 大於 4 後，k 值的變化對結果影響較小。

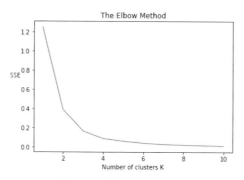

圖 6.4 肘部方法示意圖

　　需要注意的是，如果資料不是很聚集的話，肘部方法的效果會變差。不聚集的資料會生成一條平滑的曲線，k 的最佳值將不清楚。

4. 性能指標法

　　透過性能指標來確定 k 值，例如選取能使輪廓係數最大的 k 值。

6.3.3　使用後處理提高聚類效果

　　K-Means 演算法有自身特有的不足，k 值的選擇和初值的選取都影響最終的聚類結果。為了進一步提高聚類效果，也可以在聚類之後再進行後期處理。可以對聚類結果進行評估，根據評估進行類的劃分或合併。

　　評價聚類演算法可以使用誤差值，常用的評價聚類效果的指標是誤差平方和 SSE。SSE 的計算比較簡單，統計每個點到所屬的簇中心的距離的平方和。假設 n 代表該簇內的資料點的個數，表示該簇資料點的平均值，簇的誤差平方和 SSE 的計算公式如下：

$$SSE = \sum_{i=1}^{n} (y_i - \bar{y})^2 \tag{6.2}$$

SSE 值越小，表明該簇的離散程度越低，聚類效果越好。可以根據 SSE 值對生成的簇進行後處理，例如將 SSE 值偏大的簇進行再次劃分。

在 K-Means 演算法中，由於演算法收斂到局部最佳，不同的初值會產生不同的聚類結果。針對這個問題，使用誤差進行後處理後，離散程度高的類被拆分，得到的聚類結果更為理想。

除了在聚類之後進行處理，也可以在聚類的主過程中使用誤差進行簇劃分，比如常用的二分 K-Means 聚類演算法。

二分 K-Means 聚類：首先將所有資料點看作一個簇，然後將該簇一分為二。計算每個簇內的誤差指標（比如 SSE 值），將誤差最大的簇劃分成兩個簇，降低聚類誤差。不斷重複進行，直到簇的個數等於使用者指定的 k 值為止。

可以看出，二分 K-Means 演算法能夠一定程度上解決 K-Means 收斂於局部最佳的問題。

▌實驗

實驗 6-1： 銀行客戶分組畫像

問題描述：銀行對客戶資訊進行擷取，獲得了 200 位客戶的資料。客戶特徵包括以下 4 個：社保號碼（Profile Id）、姓名（Name）、年齡（age）和存款數量（deposit）。使用 K-Means 演算法對客戶進行分組，生成各類型客戶的特點畫像。

素材檔案見 Customer_Info.csv，完整的程式碼見步驟 1 到步驟 3。

步驟 1：獲得資料。

```
# -*- coding: utf-8 -*-
import numpy as np
import matplotlib.pyplot as plt
import pandas as pd

# 客戶存款、年齡資料集
dataset=pd.read_csv('Customer_Info.csv')
X=dataset.iloc[: , [4,3]].values
```

步驟 2： 使用肘部方法找到最佳的簇數。

```
from sklearn.cluster import KMeans
sumDS = []
for i in range(1, 11):
  kmeans=KMeans(n_clusters=i)
  kmeans.fit(X)
  sumDS.append(kmeans.inertia_)        # 樣本到簇中心的距離平方和
  #print(kmeans.inertia_)              # 數值為 10 的 11 次方 -1e11
plt.plot(range(1, 11),sumDS)
plt.title('The Elbow Method')
plt.xlabel('Number of clusters K')
plt.ylabel('SSE')
plt.show()
```

實驗結果如圖 6.5 所示。

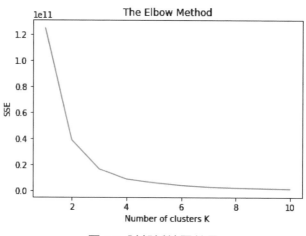

圖 6.5 肘部折線圖結果

從上面的肘部折線圖中可看出，k 取 3 或 4 合適。

步驟 3：在資料集上使用 k=3 進行聚類。

```
kmeans=KMeans(n_clusters=3, init='k-means++', max_iter= 300, n_init= 10,
random_state= 0)
y_kmeans=kmeans.fit_predict(X)

# 叢集視覺化
plt.scatter(X[y_kmeans == 0, 0], X[y_kmeans == 0, 1], s = 100, marker='^',
c = 'red', label='Not very rich')
```

```
plt.scatter(X[y_kmeans == 2, 0], X[y_kmeans == 2, 1], s = 100, marker='o',
c = 'green', label='Middle')
plt.scatter(X[y_kmeans == 1, 0], X[y_kmeans == 1, 1], s = 100, marker='*',
c = 'blue', label='Rich')
plt.scatter(kmeans.cluster_centers_[:, 0], kmeans.cluster_centers_[:, 1], s
= 250, c = 'yellow', label='Centroids')
plt.title('Clusters of customer Info')
plt.xlabel('Deposit  ')
plt.ylabel('Age')
plt.legend()
plt.show()
```

實驗結果見下面圖 6.6 所示。

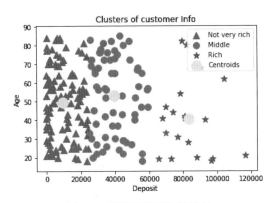

圖 6.6　銀行客戶畫像結果

聚類結果如圖 6.6 所示，從圖中我們可以看出，三角形▲為存款較少的客戶類型；圓形●為中等存款客戶；星形★為存款數量較多的客戶類型。三個簇的簇中心為灰色圓形●代表的資料樣本。

請動手修改上面的程式，查看 K 為 4 時的聚類結果。

實驗 6-2：對影像進行聚類

在影像處理領域，也可以使用 K-Means 演算法，例如對影像進行向量量化處理。

向量量化（vector quantization）：簡單來說就是將資料表示為某些分量之和，是用一個有限子集來表示整體資料的方法。因為用比原始影像少的資料來儲存影像，可以實現影像的壓縮。這項技術廣泛地用在訊號處理以及資料壓縮等領域。

例如將一幅 256 色（8 位元）的灰階圖映射到 16 色（4 位元）。簡單處理的話，可以對顏色值 x，使用 x*15/255 計算。但如果影像的顏色不均勻，這種直接映射壓縮可能導致某些顏色大量遺失，例如這幅 256 圖只有 12、26、51 三種顏色，映射之後會變成全黑。

一個解決方案是使用聚類來選取代表性的點，因此可以使用 K-Means 演算法對影像進行向量量化處理。下面採用聚類對 LFW 資料集中的人像圖片進行向量量化處理。

1. LFW 資料集簡介

人臉資料集 LFW(Labeled Faces in the Wild) 是一個帶標籤的人物臉部圖片資料集，目前公開的版本有很多。可以在 http://archive.ics.uci.edu 的公開資料集中下載，在 uci 的公開資料集中下載的資料集包含 5749 個類，共 13233 張彩色照片，每張圖片大小為 250*250。下面對其中的一張照片進行向量量化處理。

http://archive.ics.uci.edu 的公開資料集中的照片如圖 6.7 所示。

圖 6.7 人臉資料集 LFW

也可以使用 fetch_lfw_people() 獲取 SKlearn 提供的 LFW 資料集。目前，使用函數 fetch_lfw_people() 獲取的資料集為字典類型，包含鍵值：target、image、target_names。有 3023 張單色照片，每張圖片大小為 65*87，屬於 62 個類。

步驟 1：查看 lfw_people 資料集。

```
from sklearn.datasets import fetch_lfw_people
people=fetch_lfw_people(min_faces_per_person=20,resize=0.7)
print(people.target)                    # 人物標記
print(people.target_names)              # 人物名稱
print(people['data'].shape)             # 資料形狀
print(people['target'].shape)           # 標記形狀
```

執行結果：

```
[61 25  9 ... 14 15 14]
['Alejandro Toledo' 'Alvaro Uribe' 'Amelie Mauresmo' 'Andre Agassi'
 'Angelina Jolie' 'Ariel Sharon' 'Arnold Schwarzenegger'
 'Atal Bihari Vajpayee' 'Bill Clinton' 'Carlos Menem' 'Colin Powell'
 'David Beckham' 'Donald Rumsfeld' 'George Robertson' 'George W Bush'
 'Gerhard Schroeder' 'Gloria Macapagal Arroyo' 'Gray Davis'
 'Guillermo Coria' 'Hamid Karzai' 'Hans Blix' 'Hugo Chavez' 'Igor Ivanov'
 'Jack Straw' 'Jacques Chirac' 'Jean Chretien' 'Jennifer Aniston'
 'Jennifer Capriati' 'Jennifer Lopez' 'Jeremy Greenstock' 'Jiang Zemin'
 'John Ashcroft' 'John Negroponte' 'Jose Maria Aznar'
 'Juan Carlos Ferrero' 'Junichiro Koizumi' 'Kofi Annan' 'Laura Bush'
 'Lindsay Davenport' 'Lleyton Hewitt' 'Luiz Inacio Lula da Silva'
 'Mahmoud Abbas' 'Megawati Sukarnoputri' 'Michael Bloomberg' 'Naomi Watts'
 'Nestor Kirchner' 'Paul Bremer' 'Pete Sampras' 'Recep Tayyip Erdogan'
 'Ricardo Lagos' 'Roh Moo-hyun' 'Rudolph Giuliani' 'Saddam Hussein'
 'Serena Williams' 'Silvio Berlusconi' 'Tiger Woods' 'Tom Daschle'
 'Tom Ridge' 'Tony Blair' 'Vicente Fox' 'Vladimir Putin' 'Winona Ryder']
(3023, 5655)
(3023,)
```

步驟 2：查看並顯示人臉影像。

這裡使用到了 zip() 函數，參數是任意個可迭代的物件。功能是將物件中對應的元素組合成一個個元組，然後傳回這些元組組成的串列。

在步驟 1 的基礎上增加以下程式：

```
import matplotlib
import matplotlib.pyplot as plt
```

```
image_shape = people.images[0].shape
print(image_shape)
print("Number of classes:",len(people.target_names))
print("shape of targetss:",people.target.shape)

fig, axes = plt.subplots(2, 5, figsize=(15, 8))
for target, image, ax in zip(people.target, people.images, axes.ravel()):
    ax.imshow(image)
    ax.set_title(people.target_names[target])
```

執行結果如圖 6.8：

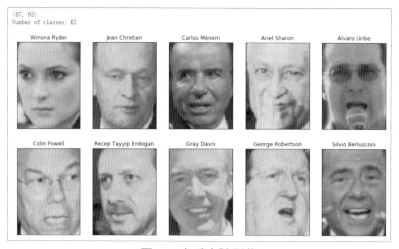

圖 6.8 查看人臉影像

步驟 3：查看每個人物的影像總數。

在步驟 2 的基礎上增加以下程式：

```
import numpy as np
# 統計每個標記數量
counts = np.bincount(people.target)
for i, (count, name) in enumerate(zip(counts, people.target_names)):
    print("{0:25} {1:3}".format(name, count), end='     ')
    if (i + 1) % 4 == 0:
        print()
```

顯示結果：

Alejandro Toledo	39	Alvaro Uribe	35	Amelie Mauresmo	21	Andre Agassi	36
Angelina Jolie	20	Ariel Sharon	77	Arnold Schwarzenegger	42	Atal Bihari Vajpayee	24
Bill Clinton	29	Carlos Menem	21	Colin Powell	236	David Beckham	31
Donald Rumsfeld	121	George Robertson	22	George W Bush	530	Gerhard Schroeder	109
Gloria Macapagal Arroyo	44	Gray Davis	26	Guillermo Coria	30	Hamid Karzai	22
Hans Blix	39	Hugo Chavez	71	Igor Ivanov	20	Jack Straw	28
Jacques Chirac	52	Jean Chretien	55	Jennifer Aniston	21	Jennifer Capriati	42
Jennifer Lopez	21	Jeremy Greenstock	24	Jiang Zemin	20	John Ashcroft	53
John Negroponte	31	Jose Maria Aznar	23	Juan Carlos Ferrero	28	Junichiro Koizumi	60
Kofi Annan	32	Laura Bush	41	Lindsay Davenport	22	Lleyton Hewitt	41
Luiz Inacio Lula da Silva	48	Mahmoud Abbas	29	Megawati Sukarnoputri	33	Michael Bloomberg	20
Naomi Watts	22	Nestor Kirchner	37	Paul Bremer	20	Pete Sampras	22
Recep Tayyip Erdogan	30	Ricardo Lagos	27	Roh Moo-hyun	32	Rudolph Giuliani	26
Saddam Hussein	23	Serena Williams	52	Silvio Berlusconi	33	Tiger Woods	23
Tom Daschle	25	Tom Ridge	33	Tony Blair	144	Vicente Fox	32
Vladimir Putin	49	Winona Ryder	24				

2. 聚類實現影像的向量量化

將影像處理成一維陣列形式，每個影像當作一個資料。使用 K-Means 對資料進行處理得到 k 個簇中心，即提取到的分量。使用這些分類來表示影像，實現壓縮、重建的功能。

對圖像資料進行聚類的程式碼如下。

```python
# -*- coding: utf-8 -*-
from PIL import Image
import numpy as np
from sklearn.cluster import KMeans
import matplotlib
import matplotlib.pyplot as plt

def restore_image(cb, cluster, shape):
    row, col, dummy = shape
    image = np.empty((row, col, dummy))
    for r in range(row):
        for c in range(col):
            image[r, c] = cb[cluster[r * col + c]]
    return image

if __name__ == '__main__':
    matplotlib.rcParams['font.sans-serif'] = [u'SimHei']
    matplotlib.rcParams['axes.unicode_minus'] = False
    # 聚類數 2,6,30
    num_vq = 2
    im = Image.open('Tiger_Woods_0023.jpg')
    image = np.array(im).astype(np.float) / 255
    image = image[:, :, :3]
    image_v = image.reshape((-1, 3))
    kmeans = KMeans(n_clusters=num_vq, init='k-means++')
```

```
N = image_v.shape[0]                    # 影像像素總數
# 選擇樣本，計算聚類中心
idx = np.random.randint(0, N, size=int(N * 0.7))
image_sample = image_v[idx]
kmeans.fit(image_sample)
result = kmeans.predict(image_v)    # 聚類結果
print(' 聚類結果 :\n', result)
print(' 聚類中心 :\n', kmeans.cluster_centers_)

plt.figure(figsize=(15, 8), facecolor='w')
plt.subplot(211)
plt.axis('off')
plt.title(u' 原始圖片 ', fontsize=18)
plt.imshow(image)
# 可以使用 plt.savefig(' 原始圖片 .png') ，儲存原始圖片並對比

plt.subplot(212)
vq_image = restore_image(kmeans.cluster_centers_, result, image.shape)
plt.axis('off')
plt.title(u' 聚類個數 :%d' % num_vq, fontsize=20)
plt.imshow(vq_image)
# 可以使用 plt.savefig(' 向量化圖片 .png')，儲存處理後的圖片並對比

plt.tight_layout(1.2)
plt.show()
```

　　程式使用兩個分量重建了影像，還可以將重建分量數 num_vq 修改為 6 和 30。圖 6.9 顯示的是原圖以及使用 2、6、30 個分量重建影像的結果。

原始圖片  聚類個數 :2  聚類個數 :6  聚類個數 :30

圖 6.9 分別用 2、6、30 個分量重建的影像

第 **7** 章

推薦演算法

本章概要

　　隨著網際網路的高速發展，網路中的資訊資源呈爆炸性增長。電腦、行動終端及多媒體技術的更新，也極大提升了人們獲取想要的資訊資源的便捷性。

　　豐富的資源為人們帶來極大便利，也讓使用者產生了困擾。使用者很難從網路中即時準確地獲取自己想要的資訊．產生了資訊超載問題。程式如何能幫助使用者高效率地找到所需資訊，成為重要的研究問題。

　　推薦系統就是分析使用者的需求特徵，將與使用者相匹配的資訊推薦給使用者的軟體系統。在電子商務、網路新聞、電子音樂、社交平台等領域廣泛應用。

　　本章介紹推薦系統的基本概念及常見的幾種推薦演算法，在此基礎上講解推薦系統的設計和實現。

學習目標

　　當完成本章的學習後，要求：

1. 了解推薦演算法的基本概念；
2. 掌握推薦演算法的類別；
3. 掌握基於協同過濾的推薦演算法；
4. 了解他常見的推薦演算法。

7.1 推薦系統

　　早期的網際網路提供給使用者的功能和資訊都有限。近年來，隨著雲端運算、物聯網、巨量資料等資訊技術的迅速發展，網際網路空間中各類應用引發了資料規模的爆炸式增長。人們從資訊匱乏時代走入了資訊超載的時代。在這個時代下，資訊消費者與資訊生產者都遇到了極大的挑戰。對資訊消費者，面臨的問題是如何在繁多的資訊中收集到自己感興趣的資訊。同時對資訊生產者來說，高效率地把資訊推送給感興趣的資訊消費者，而非淹沒在資訊網際網路的海洋之中，也非常困難。

　　如何從大量的資料資訊中獲取有價值的資訊成為關鍵問題。如果使用者有明確的需求，面對大量的物品資訊，可以透過搜尋引擎找到所需要的物品。當使用者沒有明確需求時，比如某人今天想看電影或電視劇，但面對電影網站上繁多的電影手足無措。另一方面，資源提供方也苦於沒有良好的推廣途徑，投放的影片市場效果不理想。

　　由此，推薦系統便應運而生。一方面，推薦系統可以為資訊消費者提供服務，幫助篩選他們潛在可能感興趣的資訊。另一方面，推薦系統同時也給資訊生產者提供了途徑去挖掘潛在的消費者，幫助他們實現更有效率的資訊推送。

　　舉例來說，影視網站的推薦系統可以收集使用者的觀看歷史，對使用者進行特徵提取，提供給使用者量身訂製的個性化推薦。也可以對網站上的電影內容以及相關資訊進行分析，然後推薦給可能感興趣的受眾。

　　推薦系統作為解決 " 資訊超載 " 問題的有效方法，已經成為了學術界和工業界的關注熱點，獲得了廣泛的應用。

7.1.1 推薦演算法概述

　　推薦演算法出現得很早，最早的推薦系統是卡內基•美隆大學推出的 Web Watcher 瀏覽器導航系統，可以根據當前的搜尋目標和使用者資訊，突出顯示對使用者有用的超連結。史丹佛大學又推出了個性化推薦系統 LIRA。AT&T 實驗室於 1997 年提出基於協同過濾的個性化推薦系統，通過了解使用者的喜好和需求，能更精確地呈現相關內容。

在 Facebook 自 2006 年開始引領網際網路社交新潮流之後，推薦系統真正與網際網路產品相結合。加之亞馬遜、淘寶等主營電子商務的網際網路產品改變了線民的社交生活方式，推薦演算法在社交、電子商務等產品中被運用地風生水起。

根據亞馬遜網站的資料統計，在已購買的網站使用者中，原本就有明確購買意向的僅佔 6%。如果商家能夠把滿足客戶模糊需求的商品主動推薦給客戶，就有可能將客戶的潛在需求轉化為實際購買需求。因此，根據使用者興趣、愛好、購買行為等特徵進行商品推薦的推薦系統應運而生，並被廣泛使用。推薦系統的流程如圖 7.1 所示。

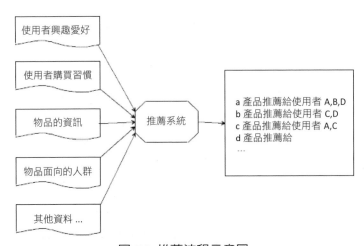

圖 7.1 推薦流程示意圖

目前，大型電子商務網站（如 Amazon、Taobao）、音樂播放軟體以及大型視訊網站等，都有內建的推薦系統。在購物網站上，當使用者瀏覽或購買了某些物品後，經常會彈出新的物品供選擇。如圖 7.2 所示，一位客戶剛在 Amazon 上瀏覽了樂高積木，馬上看到系統推薦給他了相關產品。顧客在淘寶網站收藏了一張實木書桌，平台會推薦一系列相關的裝置。為什麼電子商務平台那麼了解你？你總是很容易看到感興趣的新聞，聽到符合自己風格的音樂呢？

這背後是推薦系統平台在工作。推薦系統首先收集、處理客戶的資料，透過分析客戶的特徵，為客戶推薦最合適的商品。

(a) 在 www.amazon.cn，把樂高積木加入購物車後，推薦的物品　(b) 在 taobao.com，把實木書桌加入購物車後的推薦物品　(c) 蝦米音樂的智慧推薦功能

圖 7.2 電子商務網站上的自動推薦

　　推薦系統的核心工作是使用特定的資訊分析技術，將項目推薦給可能感興趣的使用者。

　　了解使用者的興趣愛好是推薦系統最重要的環節。如何把使用者的行為進行量化，得到每個使用者的特徵偏好，也是一個難題。各商業模式下，使用者偏好都是一個比較複雜的指標，企業有自己統計使用者偏好的方法，計算也各不相同。IBM 在研究中提到了一些可以參考的使用者偏好統計方法，以下表 7.1 所示。

表 7.1　使用者行為和使用者偏好（摘選自 IBM《探索推薦引擎內部的秘密》系列）

使用者行為	類型	特徵	作用
評分	顯性	偏好，整數，可能的設定值是 [0,n]，n 一般為 5 或 10	透過使用者對物品的評分，可以精確地得到使用者的偏好
投票	顯性	偏好，布林值，設定值 0 或 1	透過使用者對物品的投票，可以較精確地得到使用者的偏好
轉發	顯性	偏好，布林值，設定值 0 或 1	透過使用者對物品的投票，可以精確地得到使用者的偏好。也可以 (不精確地) 推理到被轉發人的偏好
標記標籤	顯性	一些單字，需要對單字進行分析，得到偏好	透過分析使用者的標籤，可以得到使用者對項目的理解，同時可以分析出使用者的情感：喜歡還是討厭
評論	顯性	一段文字，需要進行文字分析，得到偏好	透過分析使用者的評論，可以得到使用者的情感：喜歡還是討厭
點擊、查看	隱式	一群組使用者的點擊，使用者對物品感興趣，需要進行分析，得到偏好	使用者的點擊一定程度上反映了使用者的注意力，所以它也可以從一定程度上反映使用者的喜好

使用者行為	類型	特徵	作用
頁面停留時間	隱式	時間資訊,噪音大,需要進行去噪,分析得到偏好	使用者的頁面停留時間一定程度上反映了使用者的注意力和喜好,但噪音偏大,不易利用
購買	隱式	偏好,布林值,設定值 0 或 1	使用者的購買能明確地説明他對這個項目感興趣

以上列舉的使用者行為都是比較通用的,推薦引擎設計人員會根據應用的特點增加特殊的使用者行為。

7.1.2　推薦系統的評價指標

由於推薦所針對的需求是潛在、隱性的,所以如何評價推薦系統性能是比較複雜的問題。在推薦系統進行推薦後,使用者進行了購買,是否就判斷它是一個效能良好的推薦系統?答案是不一定。因為使用者的購買行為受很多因素影響,可能來自商家廣告、搜尋引擎,以及推薦系統沒有發現的使用者實際需求。

此外,好的推薦系統不僅要準確預測使用者的喜好,而且要能擴充使用者視野,幫助使用者發現那些他們可能感興趣,但不那麼容易被發現的物品。同時,推薦系統要將那些被埋沒的長尾商品 *,推薦給可能會感興趣的使用者。推薦系統可以提高長尾商品的銷售, 這是搜尋引擎無法辦到的。

長尾商品 (Long Tail product) 的概念由克里斯·安德森 (Chris Anderson)在 2004 年 " 長尾 " 一文中提出,用來描述諸如亞馬遜之類的網站的積沙成塔式的經濟模式。

長尾商品是指那些原來不受到重視的銷量小但種類多的產品或服務。由於長尾商品總量巨大,累積起來的總收益會超過主流產品,這種現象稱為長尾現象。

如果從正態分佈來看,常態曲線中間的突起部分叫 " 頭 ";兩邊相對平緩的部分叫 " 尾 "。人群大多數的頻繁的需求集中在頭部,這部分一般稱為流行。而分佈在尾部的需求是個性化的,零散的小量的需求。這部分差異化的、少量的需求會在常態曲線上形成一條長長的 " 尾巴 ",由於尾的數量大,即將所有非流行的市場累加起來,會形成一個比流行市場還大的市場。

推薦系統比較複雜，對系統性能的評價可以從多方面進行考慮。下面列舉出幾種評估方法，此外，還可以依據實際應用場景，設計符合實際的評價指標，作為演算法模型最佳化的依據。

1. 使用者信任度

測量使用者對推薦系統的信任程度非常關鍵，只有使用者充分信任推薦系統，才會增加與推薦系統的互動，從而獲得更好的個性化推薦。可以透過下面三個通路提高使用者信任度：

(1) 透過調查問卷，統計使用者滿意度，詢問使用者是否信任推薦系統的推薦結果。或統計線上統計點擊率、使用者停留時間和轉換率等指標進行度量。根據調查結果進行模式改進。

(2) 提供推薦理由，增加推薦系統的透明度。

(3) 可以透過好友進行基於社交關係的推薦。

2. 預測準確度

預測準確度度量一個推薦系統或推薦演算法預測使用者行為的能力，這個指標是最重要的推薦系統評測指標。評分預測的準確度可以透過使用者對物品的預測值與使用者實際的評分、購買等行為之間的誤差進行計算。

3. 覆蓋率

覆蓋率是指推薦出來的結果能不能很好的覆蓋所有的商品，是不是所有的商品都有被推薦的機會。描述一個推薦系統對長尾商品的發掘能力，最簡單的依據是被推薦的商品佔物品總數的比例。

4. 多樣性

良好的推薦系統不但要捕捉使用者的喜好，還要能擴充使用者視野，幫助使用者發現那些他們可能會感興趣的物品。

例如你看過了一部電影《哪吒》，你每次登入這個網站他都給你推薦《哪吒》或類似的動畫片，這對使用者來說就很疲勞。一個更優的策略是推薦出來的大部分物品是使用者可能感興趣的，再用小比例去試探新的興趣，讓使用者能夠獲得那些他們沒聽說過的物品。此外，還要把使用者之前在有過行為的物品，從推薦列表中過濾掉，取出使用者看過、買過的商品。

驚喜度也是近幾年推薦系統領域最熱門的話題。在提高多樣性、新穎性的基礎上，如果推薦結果和使用者的歷史興趣不相似，但卻讓使用者覺得滿意，則推薦結果的驚喜度就非常可觀。

5. 即時性

有些物品比如新聞、微博等，具有很強的時效性，需要在物品還具有時效性時就將它們推薦給使用者。推薦系統的即時性，包括兩方面：一是即時更新推薦列表滿足使用者新的行為變化；二是需要將新加入系統的物品推薦給使用者。

以上只是常見的幾種評價方法。在實際應用中，需要結合實際需求進行分析，設定符合實際的指標，多方面來考量推薦系統的性能。

7.1.3 推薦系統面臨的挑戰

由於推薦要解決的是非確定性的複雜問題，所以推薦系統面臨著很多挑戰。一般來說，系統在執行中會遇到以下幾個常見困難。

1. 冷啟動問題

冷啟動問題是推薦系統最突出的問題。冷啟動是指推薦系統在沒有足夠歷史資料的情況下進行推薦。推薦系統開始執行時期缺乏必要的資料，這時推薦系統得出讓使用者滿意的推薦結果比較困難。

冷啟動問題主要分為三類：

(1) 使用者冷啟動：指新使用者情況下，如何給新使用者做個性化推薦的問題。

(2) 系統冷啟動：指新系統情況下，只有物品的資訊沒有使用者及行為，如何進行推薦。

(3) 物品冷啟動：指新物品情況下，如何將新推出的物品推薦給可能的感興趣使用者。

對於不同的冷啟動問題，有不同的解決方案。以下解決方法可以作為參考：

(1) 對新使用者或不活躍使用者，提供標準化的推薦，例如推薦熱門產品。等收集足夠多的使用者資料後，再更換為個性化推薦。

(2) 對新註冊使用者，在註冊時要求提供年齡、性別等個人資訊。或進一步要求使用者在第一次登入時選擇一些興趣標籤；或請使用者對一些物品進行評價。根據使用者的個人資訊、興趣標籤、對物品的評分，給使用者推薦相關物品。

(3) 對於新存取使用者，可以根據使用者連結的社群網站帳號，在授權的情況下匯入使用者在社交網站上的好友，然後給使用者推薦其好友感興趣的物品。

(4) 對於新物品，可以利用物品的名稱、標籤、描述等資訊，將它們推薦給對相似物品感興趣的使用者。

(5) 對於系統冷啟動問題，可以引入經驗模型，根據已有的知識預先建立相關性矩陣。

2. 多目標最佳化問題

影響推薦系統性能的因素非常多，因此推薦系統可以看作一個多目標最佳化問題。怎樣能綜合考慮這些繁雜的影響因素，達到理想的推薦效果，也是一個有挑戰的問題。

3. 多來源的異質資料

推薦系統的資料來自各種資料來源、各種格式，例如使用者資訊、物品資訊、使用者和使用者的關係，以及使用者和物品的關係。資料來源還經常是異質的，存在文字、網頁、圖片、聲音、視訊等豐富的格式。內容的多來源和異質性都是需要解決的問題。

4. 時效問題

像新聞這樣的產品，有時效性要求。另一方面，使用者的興趣會改變，要進行追蹤更新；使用者已經消費過的類似商品不需要再次推薦。因此推薦的結果需要保證即時性，要即時、準確，並且會依據最新的資料進行迭代更新。

除了上述挑戰外，推薦系統在實際應用也可能會遇到其他各方面的問題，需要根據實際情況去解決。

7.1.4 常見的推薦演算法

自首次提出協同過濾技術以來，推薦系統成為一門獨立的學科並受到廣泛關注。推薦系統的核心是推薦演算法，它認為使用者的行為並不是隨機的，而是蘊含著很多模式。因此，透過分析使用者與項目之間的二元關係，基於使用者歷史行為或相似性關係能夠發現使用者可能感興趣的項目。

推薦系統通常將使用者的歷史行為，比如將物品購買行為或電影評分行為，透過資料處理，轉化為一個使用者對物品的行為矩陣。行為矩陣能夠表示使用者集合與物品集合之間的連結關係。推薦演算法收集並分析使用者和物品的行為矩陣，預測使用者對未評分過的物品的評分值，為使用者推薦預測評分值最大的物品列表，以盡可能實現對使用者的準確推薦。

隨著推薦系統的廣泛應用，推薦演算法也不斷發展。目前來說，推薦演算法可以粗略分為幾個大類：協同過濾推薦演算法、基於內容的推薦演算法、基於圖結構的推薦演算法和混合推薦演算法。

7.2 協同過濾推薦演算法

協同過濾 (Collaborative Filtering, CF) 概念是 1992 年提出的，並被 GroupLens 在 1994 年應用在新聞過濾中。目前的協同過濾推薦演算法可以按資料維度分為兩類：基於使用者的協同過濾演算法和基於物品的協同過濾演算法。

7.2.1 基於使用者的協同過濾演算法

1. 基於使用者的協同過濾

在日常交往中，可以觀察一個人的朋友們的喜好，借此推測這個人的興趣偏好，從而為他推薦他可能喜歡的內容。基於協同過濾的演算法就是基於這個想法。首先使用特定的方式找到與一個使用者相似的使用者集合，即他的 " 朋友們 "。分析這些相似使用者的喜好，將這些 " 朋友們 " 喜歡的東西推薦給該使用者。演算法基於以下假設：如果兩個使用者對一些項目的評分相似，則他們對其他項目的評分也具有相似性。例如小明經過調查，驚奇地發現有 5 個同學和他看過的電影大部分相同，那麼這 5 個同學推薦給他的電影就很可能是他喜歡的。

演算法的流程示意圖如圖 7.3，推薦系統根據使用者對項目的歷史評分矩陣，計算出使用者之間的相似程度。再根據相似使用者對項目的評分，推測出當前使用者 U 對項目的可能評分，即對項目的喜愛程度。

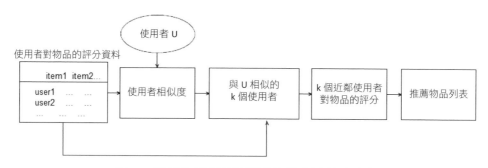

圖 7.3 基於使用者的協調過濾推薦演算法流程

下面對演算法流程進行詳細介紹。

首先，系統需要擷取使用者、項目的相關資料，建構一個使用者 - 物品評分矩陣，例如下表 7.2 所示的資訊矩陣：

表 7.2 使用者 - 物品評分矩陣

Item	Item1	Item2	...	ItemN
User1	e11	e12	...	e1N
...	...	...	...	...
UserU	eU1	eU2	...	eUN
...	...	...	...	...
UserV	eV1	eV2	...	eVN
...	...	...	...	...
UserM	eM1	eM2	...	eMN

接下來，要計算使用者和使用者之間的相似度。相似度根據距離計算，如歐式距離、餘弦距離等。假設使用者資料為 N 維的，則使用者 U 和使用者 V 兩

個向量的歐式距離為：

$$d(U,V) = \sqrt{\sum_{i=1}^{N} (U_i - V_i)^2} = \sqrt{(eU1 - eV1)^2 + \cdots + (eUN - eVN)^2} \quad (7.1)$$

歐式距離得到的結果是一個非負數，最大值是正無限大。顯然，距離越大相似度越小，即相似度與距離負相關。另外，為方便使用，通常希望相似度值是在某個具體範圍內。所以，我們可以將上面的歐氏距離進行以下變換，轉換到 (0,1] 範圍：

$$sim(U,V) = \frac{1}{1 + d(U,V)} \quad (7.2)$$

餘弦相似度也是經常使用的相似度度量方法，計算的是兩個向量之間夾角的餘弦值。餘弦相似度的結果範圍為 [-1，1]。我們仍然使用上面假設的 N 維的使用者資料，則使用者 U 和使用者 V 兩個向量的餘弦相似度如下：

$$sim(U,V) = cos\theta = \frac{U \cdot V}{\| U \| \times \| V \|} = \frac{\sum_{i=1}^{N} (U_i \times V_i)}{\sqrt{\sum_{i=1}^{N} (U_i)^2} \times \sqrt{\sum_{i=1}^{N} (V_i)^2}} \quad (7.3)$$

其中、表示向量 ||U||、||V|| 的二範數（向量的二範數是向量中各個元素平方之和再開根號）。

除了上面介紹的基於歐式距離的相似度、餘弦相似度之外，還有很多種相似度的度量方法，例如皮爾遜相似度等，不再一一介紹。

舉例來說，對於使用者 U 進行推薦，要先計算使用者 U 與其他使用者的相似度。進行排序，找出與使用者 U 最相似的 k 個使用者，用集合 P(u, k) 表示。對於其中的每個相似使用者 V，可以很方便地從矩陣中提取出 V 喜歡過的物品。

對於每個候選物品 i，使用者 U 對它感興趣的程度 f(u, i) 可以透過其他使用者的喜歡程度與使用者間的相似度來計算，公式如下：

$$f(u,i) = \sum_{v \in P(u,k) \cap N(i)} sim_{uv} \times r_{v_i} \quad (7.4)$$

其中：

P(u, k)：與使用者 U 最相似的前 k 個使用者的集合。

N(i)：喜歡物品 i 的使用者集合（i 一般為使用者 U 未喜歡過的物品）。

v：與使用者 U 最相似的前 k 個使用者集合中，喜歡過物品 i 的使用者。

sim_{uv}：使用者 U 和使用者 V 的相似度。

r_{v_i}：使用者 V 對物品 i 的喜歡程度。

實際應用中，希望計算結果最好與 r_{v_i} 的取值範圍相同。所以經常把上面求得的喜歡程度取平均值，使用者 U 對物品 i 的喜歡程度 r_{u_i} 計算如下：

$$r_{u_i} = \frac{f(u,i)}{\displaystyle\sum_{v \in P(u,k) \cap N(i)} sim_{uv}} = \frac{\displaystyle\sum_{v \in P(u,k) \cap N(i)} sim_{uv} \times r_{v_i}}{\displaystyle\sum_{v \in P(u,k) \cap N(i)} sim_{uv}} \qquad (7.5)$$

基於使用者的 CF 的基本思想非常簡單，基於使用者對物品的偏好找到鄰居使用者，然後將鄰居使用者喜歡的推薦給當前使用者。

下面使用例子進行詳細講解。在某個電子商務平台上，收集到的使用者對物品的評價結果資料以下面表格所示。下面對使用者 U1，提取兩個相鄰使用者 (k=2) 的歷史偏好，預測使用者 U1 對 I2 物品的評分。

表 7.3 使用者對物品的評價結果

物品 使用者	I1	I2	I3	I4
U1	5	-	4	4
U2	3	0	3	3
U3	2	5	2	1
U4	4	3	5	4

首先計算 U1 與各個使用者的相似度，使用歐式距離：

$$d(U1, U2) = \sqrt{(5-3)^2 + (4-3)^2 + (4-3)^2} = \sqrt{6}$$

$$d(U1, U3) = \sqrt{(5-2)^2 + (4-2)^2 + (4-1)^2} = \sqrt{22}$$

$$d(U1, U4) = \sqrt{(5-4)^2 + (4-5)^2 + (4-4)^2} = \sqrt{2}$$

$$\text{sim}(U1,U2) = \frac{1}{1+\sqrt{6}} \approx 0.29$$

$$\text{sim}(U1,U3) = \frac{1}{1+\sqrt{22}} \approx 0.18$$

$$\text{sim}(U1,U4) = \frac{1}{1+\sqrt{2}} \approx 0.41$$

根據排序，與 U1 最相似的兩個使用者是 U2、U4。接著使用 U2、U4 對物品 I2 的評分，預測 U1 對物品 I2 的評分：

$$r(U1,I2) = \frac{(0.29 \times 2)+(0.41 \times 3)}{0.29+0.41} \approx 2.59$$

透過結果可以看出，使用者 U1 對物品 I2 的喜歡程度的預測值為 2.59。可以使用同樣的方法，對所有 U1 未評價過的物品進行預測。然後將預測值進行排序，將評分最高的一些物品推薦給 U1。

不過值得注意的是，每個使用者的評分習慣有所不同，例如有人喜歡打高分，有人的評分習慣偏低。為了計算結果更精確，在實際操作中，可以用評分減去使用者評分的平均值，以消弱使用者評分的高低習慣對結果的影響。

經過改進，預測某個使用者 U 對某個項目 i 的評分 r_{u_i} 的計算如下：

$$r_{u_i} = \overline{r_u} + \frac{\sum\limits_{v \in P(u,k) \cap N(i)} \text{sim}_{uv} \times (r_{v_i} - \overline{r_v})}{\sum\limits_{v \in P(u,k) \cap N(i)} \text{sim}_{uv}} \tag{7.6}$$

其中 $\overline{r_u}$ 和 $\overline{r_v}$ 分別是使用者 U、使用者 V 對物品的評價平均值。很容易計算出使用者 U1、U2、U3、U4 的評分平均值：

$$\overline{r_{u1}} = \frac{5+4+4}{3} = 4.33$$

$$\overline{r_{u2}} = \frac{3+2+3+3}{4} = 2.75$$

$$\overline{r_{u3}} = \frac{2+5+2+1}{4} = 2.5$$

$$\overline{r_{u4}} = \frac{4+3+5+4}{4} = 4$$

可以自己動手計算一下，使用了平均值進行改進後，計算出來的結果。

基於使用者的協同過濾演算法原理簡單，實現便捷。雖然已經在理論和實際應用中獲得了很大的成就，不過還會有一些問題。

1) 稀疏的使用者評分資料

大型電子商務系統中的物品非常多，每個使用者買過的物品只佔極少的比例。因此不同使用者之間買的物品重疊性較低，演算法很難為當前使用者匹配到偏好相似的鄰居使用者。評分矩陣中大部分資料都為空，因而評分矩陣都是稀疏的，難以處理。

2) 系統擴充遇到的問題

僅計算相似度的過程來説，運算量就很大。而且隨著系統的影響力增加，使用者會持續增加會存在突然的激增，相似性運算的複雜度會越來越高。運算時間變長使得對使用者的響應時間慢，系統的擴充性受到限制。

對比來看，物品之間的相似性相對固定，同時有些網站物品數量不多且增長緩慢。這時計算不同物品之間的相似度進行推薦，可以解決上面的問題。可以使用基於物品的協同過濾演算法。

2. 基於物品的 (item-based) 協同過濾演算法

演算法基於以下假設：同一個使用者對相似項目的評分存在相似性。當測算使用者對某個項目的評分時，可以根據使用者對若干相似項目的評分進行估計。

例如喜歡看電影的小明，對影片《少林寺》、《醉拳》、《新龍門客棧》和《一代宗師》的評價比較高，由於電影《葉問》與上述電影的相似度較高，那麼影片《葉問》很可能是他感興趣的。

基於物品的協同過濾演算法的想法本質上與基於使用者的系統過濾演算法類似，可以使用前文介紹的使用者相似度公式計算項目間的相似度。相似度與預測的計算過程都類似。預測某個使用者 U 對某個項目 i 的評分 r_{u_i} 的計算如下：

$$r_{u_i} = \frac{\sum\limits_{j \in G(i,k) \cap N(u)} sim_{ij} \times r_{v_i}}{\sum\limits_{j \in G(i,k) \cap N(u)} sim_{ij}} \tag{7.7}$$

其中：

r_{v_i}：使用者 V 對物品 i 的喜歡程度。

G(i,k)：與物品 i 最相似的前 k 個物品集合。

N(u)：U 喜歡過的物品集合。

j：與物品 i 最相似的前 k 個物品集合中，使用者喜歡過的物品。

sim_{ij}：物品 i 和物品 j 的相似度。

基於物品的協同過濾推薦演算法原理上和基於使用者的協同過濾推薦演算法類似，只是在計算鄰居時採用物品作為物件，而非從使用者的維度。將所有使用者對某個物品的喜歡程度作為一個向量，計算物品之間的相似度，得到某物品的相似物品。然後，根據使用者歷史的評價資料，預測當前使用者對沒評價過的物品的評分，對物品排序後作為推薦。

使用表 7.4 中的資料，使用基於物品的協同過濾推薦演算法，計算使用者 U2 對物品 I2 的評分。

表 7.4 使用者對物品的評價結果

使用者＼物品	I1	I2	I3	I4
U1	5	-	4	4
U2	3	0	3	3
U3	2	5	2	1
U4	4	3	5	4

首先計算 I2 與各個物品的相似度，使用歐式距離：

$$d(I2,I1) = \sqrt{(0-3)^2 + (5-2)^2 + (3-4)^2} = \sqrt{19}$$
$$d(I2,I3) = \sqrt{(0-3)^2 + (5-2)^2 + (3-5)^2} = \sqrt{22}$$
$$d(I2,I4) = \sqrt{(0-3)^2 + (5-1)^2 + (3-4)^2} = \sqrt{26}$$

於是得到相似度：

$$sim(I2,I1) = \frac{1}{1+\sqrt{19}} \approx 0.19$$

$$sim(I2,I3) = \frac{1}{1+\sqrt{22}} \approx 0.18$$

$$sim(I2,I4) = \frac{1}{1+\sqrt{26}} \approx 0.16$$

透過排序，可知與 I2 最相似的兩個物品是 I1、I3。所以使用使用者對 I1、I3 物品的評分，預測使用者 U1 對物品 I2 的評分。

$$r(U1,I2) = \frac{(0.19 \times 5) + (0.18 \times 4)}{0.19 + 0.18} \approx 4.51$$

透過結果可以看出，使用者 U1 對物品 I2 的喜歡程度的預測值為 4.51。可以使用同樣的方法，對所有 U1 未評價過的物品進行預測。然後將預測值進行排序，將評分最高的一些物品推薦給 U1。

那麼遇到具體問題時，是採用基於使用者的相似度還是基於物品的相似度？具體要看使用者、項目的各自數量。如果物品資料很多，物品之間的相似度計算量很大；同樣地，基於使用者的相似度計算量也會隨著使用者數而增加。在很多產品推薦系統中，使用者的數量會大於產品的種類數。一個簡單的方案是比較使用者和物品的數量，取數量較少、增長較緩慢的進行計算。

協同過濾推薦演算法是最常用的推薦策略。但在巨量資料量時，不論是基於使用者還是基於項目的計算量都比較大，執行效率是一個值得注意的問題。

7.2.2 基於內容的推薦演算法

基於內容的模式起源於資訊檢索領域，這種模式是從物品的內容為基礎。推薦的原理是分析系統的歷史資料，提取物件的內容特徵和使用者的興趣偏好。對被推薦物件，先和使用者的興趣偏好相匹配。再根據內容之間的連結程度，將連結度高的內容推薦給使用者。

關鍵的環節是計算被推薦物件的內容特徵和使用者模型的興趣特徵二者之間的相似性。與協同過濾演算法不同的地方在，基於內容的推薦演算法不需要大量使用者、物品資料作為評分的基礎，而是利用使用者對評過分的物品進行文件整理，列出這些物品的標記或關鍵字清單。目前基於內容的推薦演算法大多使用在大量文字資訊的場合，如新聞推薦。

推薦時會把這些產品的文字資訊關鍵字提取出來形成一個標籤列表，並將之前對使用者喜歡過的物品進行整理得到的標籤與新物品標籤進行比對。

例如對微博使用者進行廣告推薦，首先要透過使用者發言提煉出使用者的興趣關鍵字。接下來對廣告內容進行分析，提取出廣告內容的關鍵字，二者相匹配的話則進行推薦。對於這樣的文字資料，可以配合使用 TF-IDF 頻率資料。

例如圖 7.4，首先整理使用者喜歡過的物品，分析出物品的標籤，然後搜尋出連結的產品。例如整理 " 鄉村教師代言人－馬雲 " 的微博資訊並進行資料分析，可以篩選出部分興趣關鍵字為：" 資料，創業，服務，鄉村，體驗，利潤 "，就可以投放與這些詞相關度高的創業服務類廣告。

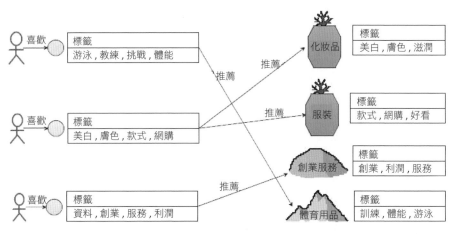

圖 7.4　基於內容的推薦演算法示意圖

基於內容的推薦演算法的主要優勢有：

(1) 不需要大量資料。只要使用者產生了初始的歷史資料，就可以開始進行推薦的計算，而且可以期待準確性。

(2) 方法簡單、有效，推薦結果直觀，容易理解，不需要領域知識。

(3)不存在稀疏問題。

基於內容的推薦的缺點如下：

(1)對物品內容進行解析時，受到物件特徵提取能力的限制。例如影像、視訊、音訊等產品資源沒有有效的特徵提取方法。即使是文字資源，提取到的特徵也只能反映資源的一部分內容。

(2) 推薦結果相對固化，難發現新內容。只有推薦物件的內容特徵和使用者的興趣偏好匹配才能獲得推薦。使用者僅獲得跟以前類似的推薦結果，很難為使用者發現新的感興趣的資訊。

(3) 使用者興趣模型與推薦物件模型之間的相容問題，比如模式、語言等是否一致對資訊匹配非常關鍵。

7.2.3　基於圖結構的推薦演算法

圖結構主要是基於複雜網路理論，最為出名的是 1999 年推出的基於二部圖的推薦演算法。

二部圖即二分圖，是一種特殊的圖模型。二部圖 G 的定義是：G=(V,E) 是一個無向圖，如果頂點 V 可分割為兩個互不相交的子集 (A,B)，並且圖中的每條邊（i, j）所連結的兩個頂點 i 和 j 分別屬於這兩個不同的頂點集 (i∈ A, j∈ B)，如圖 7.5 所示。

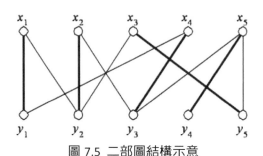

圖 7.5　二部圖結構示意

二部圖網路中的節點分為兩個集合 (X,Y)，而節點間的連接只能發生在兩個集合之間。向使用者進行推薦的任務轉變為預測使用者與項目間的相關性問題。相關性越大，被推薦的可能性越大。基於圖結構的推薦演算法中還有三部圖推薦演算法等。

7.2.4 其他推薦演算法

1. 基於連結規則

根據使用者的歷史資料，為使用者推薦相似行為的人的其他項目。很可能會推薦毫無連結的項目，但卻能夠獲得意想不到的效果。舉例來說，著名的沃爾瑪的 " 啤酒 + 尿布 " 推薦。

2. 基於知識網路

在推薦之前，先建構知識網路，例如知識圖譜。採用領域的知識或規則進行推理，分析使用者與已有的知識和需求的知識之間的連結，不僅能產生推薦，還能較好地解釋推薦原因。

3. 基於模型的推薦演算法

把推薦問題看出分類或預測問題。可以採用機器學習模型，根據已有的使用者行為訓練出一個預測使用者喜好的模型。從而對以後的使用者進行推薦。例如基於單純貝氏、線性回歸、K-Means、KNN 等機器學習演算法的推薦模型。另外還有基於矩陣的奇異值分解模型，透過降低矩陣的維度，進行相似度計算及推薦。

4. 混合推薦演算法

每個推薦演算法各有其適合的應用場合。有時候單一的推薦演算法無法滿足實際要求，這時可以考慮使用混合推薦。混合推薦是將若干種推薦演算法透過某種方式進行結合，如疊加、加權、變換、特徵組合等，以提高最終的推薦準確度。

▌7.3 基於內容的推薦演算法實例

【例 7.1】麻辣香鍋菜品推薦。

問題描述：小明經常到一家店去吃麻辣香鍋，如圖 7.6。最近，這家店的老闆開發了一個菜品推薦程式。老闆先整理出店裡各種菜的口味特點，如：脆的、甜的、辣的等記錄到資料檔案中。在小明點菜時，程式分析小明的歷史評價得知小明喜歡的菜品，並據此推薦他可能喜歡的其他菜品。

圖 7.6 麻辣香鍋菜品

實驗素材檔案見 hot-spicy pot.csv。

問題分析：推薦演算法使用的是各個菜品的 taste 口味特徵，為文字類型。可以考慮建構 taste 特徵的 tfidf 矩陣，對文字資訊向量化處理。然後使用距離度量方法，計算相似度，進行推薦。

實驗步驟如下：

步驟 1：讀取資料

```
import pandas as pd
from numpy import *
food=pd.read_csv('hot-spicy pot.csv')
food.head(10)
```

得到結果如下：

	name	taste
0	celery	crispy|spice|green vegetable
1	spinach	soft|green vegetable
2	meat ball	soft|round|meat
3	fish ball	soft|round|meat
4	lotus root	crispy|sweet |round|rice
5	beef	soft|meat
6	green pepper	crispy|spicy|green vegetable
7	coriander	soft|spice|green vegetable
8	ginger	crispy|spicy|spice
9	sweet potato	crispy|sweet |round|rice

步驟 2：查看特徵

其中，taste 屬性是要用到的特徵，查看前 5 個特徵：

```
food['taste'].head(5)
```

```
0    crispy spice green vegetable
1           soft green vegetable
2           soft round meat
3           soft round meat
4    crispy sweet round rice
Name: taste, dtype: object
```

步驟 3：計算距離

接下來使用 SKlearn 提供的 pairwise_distances() 函數計算向量間的距離。

```
from sklearn.metrics.pairwise import pairwise_distances
cosine_sim=pairwise_distances(tfidf_matrix,metric="cosine")
tfidf_matrix.shape
```

生成了一個 18 行 10 列的相似距離矩陣 tfidf_matrix。

步驟 4：進行推薦

最後根據相似距離矩陣，對目標菜品，推薦距離相近的相似菜品。

完整程式如下：

```
import pandas as pd
from numpy import *
from sklearn.feature_extraction.text import TfidfVectorizer

#1.讀取資料
print('Step1:read data...')
food=pd.read_csv('hot-spicy pot.csv')
food.head(10)

#2.將菜品的描述建構成 TF-IDF 向量
print('Step2:make TD-IDF...')
tfidf=TfidfVectorizer(stop_words='english')
tfidf_matrix=tfidf.fit_transform(food['taste'])
tfidf_matrix.shape

#3.計算兩個菜品的餘弦相似度
print('Step3:compute similarity...')
from sklearn.metrics.pairwise import pairwise_distances
cosine_sim=pairwise_distances(tfidf_matrix,metric="cosine")
```

```
# 推薦函數，輸出與其最相似的 10 個菜品
def content_based_recommendation(name,consine_sim=cosine_sim):
    idx=indices[name]
    sim_scores=list(enumerate(cosine_sim[idx]))
    sim_scores=sorted(sim_scores,key=lambda x:x[1])
    sim_scores=sim_scores[1:11]
    food_indices=[i[0]for i in sim_scores]
    return food['name'].iloc[food_indices]

#4.根據菜名及特點進行推薦
print('Step4:recommend by name...')
#5.建立索引，方便使用菜名進行資料存取
indices=pd.Series(food.index,index=food['name']).drop_duplicates()
result=content_based_recommendation("celery")
result
```

執行結果為：

```
Step1:read data...
Step2:make TD-IDF...
Step3:compute similarity...
Step4:recommend by name...

7         coriander
16            onion
6      green pepper
1           spinach
8            ginger
15          cabbage
13           potato
4        lotus root
9      sweet potato
2         meat ball
Name: name, dtype: object
```

可以看出，對於小明評分較高的「芹菜」，系統能夠推薦出相似度較高的菜品。

▌ 7.4 協同過濾演算法實現電影推薦

推薦演算法可以挖掘人群中存在的共同喜好，找出興趣相投的使用者，提供給使用者潛在的喜好物品。在下面的例子中，使用協作過濾演算法對使用者進行電影推薦。

【例 7.2】查看 MovieLens 電影資料集。

說明：本例中使用的是著名的電影資料集 MovieLens-100k 資料集，如圖 7.7 所示，資料來自著名的電影網站 IMDB 網站。IMDB 電影網站是著名且權威的電影、電視和名人內容網站，網址為 http://us.imdb.com。可以查詢最新電影和電視的收視率和評論等專業的電影資訊。

圖 7.7　來自 IMDB 網站的《Toy Story》電影資訊

MovieLens 資料集是實現和測試電影推薦最常用的資料集之一。它包含 943 個使用者為精選的 1682 部電影舉出的 100,000 個電影評分。資料集見 \ml-100k\ 資料夾下的素材，資料集中的資料檔案可以很方便地使用文字編輯軟體查看。

主要資料檔案及內容如下：

u.data 檔案：列資料依次為 user_id，movie_id，rating，unix_timestamp，資料列以 tab 分隔。

u.item 檔案：列資料依次為 movie_id，title, release_date, video_release_date，imdb_url。包括電影 ID、標題、上映時間和 IMDB 連結。此外，用布林值的組合標識每部電影的類型，包括動作、探險、動畫等，詳見資料集的說明文件 readme.txt。資料以 "|" 符號分隔。

u.user：列資料依次為 user_id，age，occupation，zip_code。

查看使用者／電影排名資訊程式：

```
import pandas as pd
# 讀取資料集 -u.data 檔案，查看使用者 / 項目排名資訊
heads = ['user_id', 'item_id', 'rating', 'timestamp']
ratings = pd.read_csv('ml-100k/u.data', sep='\t', names=heads)
print(ratings)
```

執行結果：

```
      user_id   item_id   rating   timestamp
0         196       242        3   881250949
1         186       302        3   891717742
2          22       377        1   878887116
3         244        51        2   880606923
4         166       346        1   886397596
5         298       474        4   884182806
6         115       265        2   881171488
7         253       465        5   891628467
8         305       451        3   886324817
9           6        86        3   883603013
10         62       257        2   879372434
11        286      1014        5   879781125
```

【例 7.3】獲取使用者數量。

```
print("len of users:",len(ratings))
```

執行結果：

```
len of ratings: 100000
```

【例 7.4】查看匯入電影資料表。

這裡需要注意，由於 u.item 與 u.user 中的資料型態更為複雜，包含了特殊的符號，所以增加 "encoding='latin-1' " 參數。程式如下，執行結果如圖 7.8-7.10 所示：

```
import pandas as pd
# 讀取資料
u_cols = ['user_id', 'age', 'sex', 'occupation', 'zip_code']
users = pd.read_csv('ml-100k/u.user', sep='|', names=u_cols,
        encoding='latin-1')
print(users)
r_cols = ['user_id', 'movie_id', 'rating', 'unix_timestamp']
```

```
ratings = pd.read_csv('ml-100k/u.data', sep='\t', names=r_cols, encoding=
'latin-1')
print(ratings)

m_cols = ['movie_id', 'title', 'release_date', 'video_release_date', 'imdb_
url']
movies = pd.read_csv('ml-100k/u.item', sep='|', names=m_cols, usecols=range
(5),encoding='latin-1')
print(movies)
```

執行結果：

```
user list:=====================================
     user_id  age  sex    occupation  zip_code
0          1   24    M     technician     85711
1          2   53    F          other     94043
2          3   23    M         writer     32067
3          4   24    M     technician     43537
4          5   33    F          other     15213
5          6   42    M      executive     98101
6          7   57    M  administrator     91344
7          8   36    M  administrator     05201
8          9   29    M        student     01002
9         10   53    M         lawyer     90703
10        11   39    F          other     30329
11        12   28    F          other     06405
12        13   47    M        educator     29206
```

圖 7.8 u.user 結果 [943 rows x 5 columns]

```
rating list:=====================================
     user_id  movie_id  rating  unix_timestamp
0        196       242       3       881250949
1        186       302       3       891717742
2         22       377       1       878887116
3        244        51       2       880606923
4        166       346       1       886397596
5        298       474       4       884182806
6        115       265       2       881171488
7        253       465       5       891628467
8        305       451       3       886324817
9          6        86       3       883603013
10        62       257       2       879372434
11       286      1014       5       879781125
12       200       222       5       876042340
```

圖 7.9 u.data 結果 [100000 rows x 4 columns]

```
movies list:================================
      movie_id                                      title
0            1                              Toy Story (1995)
1            2                              GoldenEye (1995)
2            3                             Four Rooms (1995)
3            4                             Get Shorty (1995)
4            5                                Copycat (1995)
5            6   Shanghai Triad (Yao a yao yao dao waipo qiao) ...
6            7                         Twelve Monkeys (1995)
7            8                                   Babe (1995)
8            9                      Dead Man Walking (1995)
9           10                            Richard III (1995)
10          11                            Seven (Se7en) (1995)
11          12                     Usual Suspects, The (1995)
```

```
     release_date video_release_date
0     01-Jan-1995                NaN
1     01-Jan-1995                NaN
2     01-Jan-1995                NaN
3     01-Jan-1995                NaN
4     01-Jan-1995                NaN
5     01-Jan-1995                NaN
6     01-Jan-1995                NaN
7     01-Jan-1995                NaN
8     01-Jan-1995                NaN
9     22-Jan-1996                NaN
10    01-Jan-1995                NaN
11    14-Aug-1995                NaN
12    30-Oct-1995                NaN
13    01-Jan-1994                NaN
```

```
                                                imdb_url
0     http://us.imdb.com/M/title-exact?Toy%20Story%2...
1     http://us.imdb.com/M/title-exact?GoldenEye%20(...
2     http://us.imdb.com/M/title-exact?Four%20Rooms%...
3     http://us.imdb.com/M/title-exact?Get%20Shorty%...
4     http://us.imdb.com/M/title-exact?Copycat%20(1995)
5     http://us.imdb.com/Title?Yao+a+yao+yao+dao+wai...
6     http://us.imdb.com/M/title-exact?Twelve%20Monk...
7       http://us.imdb.com/M/title-exact?Babe%20(1995)
8     http://us.imdb.com/M/title-exact?Dead%20Man%20...
9     http://us.imdb.com/M/title-exact?Richard%20III...
10     http://us.imdb.com/M/title-exact?Se7en%20(1995)
11    http://us.imdb.com/M/title-exact?Usual%20Suspe...
12    http://us.imdb.com/M/title-exact?Mighty%20Aphr...
```

圖 7.10 u.item 結果 [1682 rows x 5 columns]

【例 7.5】協同過濾推薦演算法進行電影推薦。

說明：分別使用基於使用者的協同過濾演算法、基於電影項目的協同過濾演算法進行電影推薦，並對演算法效率進行評估。

程式如下：

```python
# -*- coding: utf-8 -*-
import pandas as pd
import numpy as np
from sklearn.metrics.pairwise import pairwise_distances

#user-based/item-based 預測函數
def predict(scoreData, similarity, type='user'):
    # 1. 基於物品的推薦
    if type == 'item':
        # 評分矩陣 scoreData 乘以相似度矩陣 similarity，再除以相似度之和
        predt_Mat = scoreData.dot(similarity) / np.array([np.abs(similarity).
sum(axis=1)])
    elif type == 'user':
    # 2. 基於使用者的推薦
        # 計算使用者評分平均值，減少使用者評 # 分高低習慣影響
        user_meanScore = scoreData.mean(axis=1)
        score_diff = (scoreData - user_meanScore.reshape(-1,1)) # 獲得評分差值
        # 推薦結果 predt_Mat: 等於相似度矩陣 similarity 乘以評分差值矩陣
        # score_diff，再除以相似度之和，最後加上使用者評分平均值 user_meanScore。
        predt_Mat = user_meanScore.reshape(-1,1) + similarity.dot(score_diff)
/ np.array([np.abs(similarity).sum(axis=1)]).T
    return predt_Mat

# 步驟 1. 讀取資料檔案
print('step1.Loading dataset...')
r_cols = ['user_id', 'movie_id', 'rating', 'unix_timestamp']
scoreData = pd.read_csv('ml-100k/u.data', sep='\t', names=r_cols, encoding=
'latin-1')
print('  scoreData shape:',scoreData.shape)

# 步驟 2. 生成使用者 - 物品評分矩陣
print('step2.Make user-item matrix...')
n_users = 943
n_items = 1682
data_matrix = np.zeros((n_users, n_items))
for line in range(np.shape(scoreData)[0]):
    row=scoreData['user_id'][line]-1
    col=scoreData['movie_id'][line]-1
    score=scoreData['rating'][line]
    data_matrix[row,col] = score
print('  user-item matrix shape:',data_matrix.shape)

# 步驟 3. 計算相似度
print('step3.Computing similarity...')
# 使用 pairwise_distances 函數，簡單計算餘弦相似度
```

```
user_similarity = pairwise_distances(data_matrix, metric='cosine')
item_similarity = pairwise_distances(data_matrix.T, metric='cosine')
                                                    #T 轉置轉變計算方向
print('  user_similarity matrix shape:',user_similarity.shape)
print('  item_similarity matrix shape:',item_similarity.shape)

# 步驟 4. 使用相似度進行預測
print('step4.Predict...')
user_prediction = predict(data_matrix, user_similarity, type='user')
item_prediction = predict(data_matrix, item_similarity, type='item')
print('ok.')
```

顯示結果：

```
step1.Loading dataset...
  scoreData shape: (100000, 4)
step2.Make user-item matrix...
  user-item matrix shape: (943, 1682)
step3.Computing similarity...
  user_similarity matrix shape: (943, 943)
  item_similarity matrix shape: (1682, 1682)
step4.Predict...
ok.
```

前面四個步驟進行了相似度計算和推薦。下面的步驟用來顯示推薦結果。

程式執行後得到兩個預測結果矩陣，其中 user_prediction 是基於使用者的協同過濾的推薦結果，item_prediction 是基於物品的協同過濾推薦結果。使用下面程式顯示結果矩陣的部分資訊：

【例 7.6】顯示電影推薦結果。

```
# 步驟 5  顯示推薦結果
print('step5.Display result...')
print('------------------------')
print('(1)UBCF predict shape',user_prediction.shape)
print('  real answer is:\n',data_matrix[:5,:5])
print('  predict result is:\n',user_prediction[:5,:5])
print('(2)IBCF predict shape',item_prediction.shape)
print('  real answer is:\n',data_matrix[:5,:5])
print('  predict result is:\n',item_prediction[:5,:5])
```

執行結果如下。

```
step5.Display result...
-----------------------
(1)UBCF predict shape (943, 1682)
  real answer is:
[[5. 3. 4. 3. 3.]
 [4. 0. 0. 0. 0.]
 [0. 0. 0. 0. 0.]
 [0. 0. 0. 0. 0.]
 [4. 3. 0. 0. 0.]]
  predict result is:
[[2.06532606 0.73430275 0.62992381 1.01066899 0.64068612]
 [1.76308836 0.38404019 0.19617889 0.73153786 0.22564301]
 [1.79590398 0.32904733 0.15882885 0.68415371 0.17327745]
 [1.72995146 0.29391256 0.12774053 0.64493162 0.14214286]
 [1.7966507  0.45447388 0.35442233 0.76313037 0.35953865]]
(2)IBCF predict shape (943, 1682)
  real answer is:
[[5. 3. 4. 3. 3.]
 [4. 0. 0. 0. 0.]
 [0. 0. 0. 0. 0.]
 [0. 0. 0. 0. 0.]
 [4. 3. 0. 0. 0.]]
  predict result is:
[[0.44627765 0.475473   0.50593755 0.44363276 0.51266723]
 [0.10854432 0.13295661 0.12558851 0.12493197 0.13117761]
 [0.08568497 0.09169006 0.08764343 0.08996596 0.08965759]
 [0.05369279 0.05960427 0.05811366 0.05836369 0.05935563]
 [0.22473914 0.22917071 0.26328037 0.22638673 0.25997313]]
```

推薦完成後，接下來的步驟是對準確率進行評價。

方便起見，這裡使用 SKlearn 模組提供的 mean_square_error() 函數計算
MSE 誤差，函數傳回 MSE 誤差值。為提高準確率，計算 MSE 之前去除了資料
矩陣中的 0 值。使用的測試資料集是真值 data_matrix 矩陣。最終 rmse() 函數
傳回 MSE 誤差的平方根。

MSE：指參數估計值與參數真值之差的平方的期望值，採用擬合資料和原
始資料對應點的誤差平方和計算。

【**例 7.7**】電影推薦演算法的性能評價。

```python
# 步驟 6　性能評估
print('step6.Performance evaluation...')
from sklearn.metrics import mean_squared_error
from math import sqrt
# 計算演算法的 MSE 誤差
def rmse(predct, realNum):
    # 去除無效的 0 值
    predct = predct[realNum.nonzero()].flatten()
```

```
    realNum = realNum[realNum.nonzero()].flatten()
    return sqrt(mean_squared_error(predct, realNum))
print('U-based MSE = ', str(rmse(user_prediction, data_matrix)))
print('M-based MSE= ', str(rmse(item_prediction, data_matrix)))
```

執行結果：

```
step6.Performance evaluation...
U-based MSE =  2.963475328997318
M-based MSE=  3.392143861739501
```

從結果可以看出，基於使用者的協同過濾演算法的 MSE 值約為：2.96，基於物品的系統過濾演算法的 MSE 值約為 3.39。MSE 較高主要是因為資料的稀疏性導致的。

如果想進一步降低 MSE 誤差，一個可以使用的方法是對資料進行過濾。例如在對某個使用者進行推薦時，只使用與他最相似的 k 個使用者的資料，這樣可能會獲得更理想的推薦結果。

▋ 實驗

實驗 7-1：使用 KNN 進行圖書推薦。

問題提出：下面比表 7.5 中是一個圖書網站的資料，有 6 位使用者對 4 本圖書進行了評分。詳細評分的值越大表示喜好越強烈。使用 KNN 模型找出與使用者 F 最相似的使用者。

表 7.5 使用者圖書評分表

使用者編號	圖書 1	圖書 2	圖書 3	圖書 4
A	1.1	1.5	1.4	0.2
B	1.9	1.0	1.4	0.2
C	1.7	1.2	1.3	0.2
D	2.6	2.1	1.5	0.2
E	2.0	2.6	1.4	0.2
F	1.6	1.5	1.2	0.1

這裏需要建構一個基於 KNN 模型的推薦引擎，計算使用者 F 與使用者 A~E 六人中哪個使用者喜好相似，從而把相似使用者喜歡的圖書向使用者 F 進行推薦。

實驗 7-2：基於使用者的產品推薦。

　　問題提出：根據使用者的特徵找到相似的使用者。並且把相似使用者的喜愛產品推薦給當前使用者。例如客戶 A 與 B 相似，則將客戶 A 所購買過的產品推薦給客戶 B，反之亦然。

　　本實驗中使用的資料存放於兩個資料檔案中。檔案 UserInfo.csv 中存放的是使用者的基本資訊，根據使用者的基本資訊計算使用者相似度；檔案 userFavorit.csv 中存放的是使用者喜愛的產品，可以推薦給相似的使用者。

第 8 章

回歸演算法

本 章 概 要

回歸分析是確定變數間依賴關係的一種統計分析方法,屬於監督學習方法。前面介紹的分類問題的目標是預測類別,而回歸任務的目標是預測一個值。區分分類任務和回歸任務有一個簡單方法,就是問一個問題:輸出是否具有某種連續性。

回歸分析的方法有很多種,按照變數的個數,可以分為一元回歸和多元回歸分析;按照引數和因變數之間的關係,可分為線性回歸分析和非線性回歸分析。

在機器學習中,回歸分析身為預測模型,常用於對問題結果或結論的預測分析。舉例來說,出行日期與機票價格之間的關係。

有各種各樣的回歸技術用於預測,包括線性回歸、邏輯回歸、多項式回歸和嶺回歸等。

學 習 目 標

當完成本章的學習後,要求:

1. 了解回歸演算法的基本概念;
2. 掌握一元線性回歸演算法的使用;
3. 掌握多元線性回歸演算法;
4. 熟悉邏輯回歸概念;
5. 理解邏輯回歸的過程;
6. 邏輯回歸的使用。

8.1 線性回歸

回歸分析（Regression Analysis) 是確定兩種或兩種以上變數間相互依賴的定量關係的一種統計分析方法。回歸屬於監督學習方法。

回歸分析的方法有很多種，按照變數的個數，可以分為一元回歸和多元回歸分析；按照引數和因變數之間的關係，可分為線性回歸分析和非線性回歸分析。

在機器學習中，回歸分析經常身為預測模型，例如預測分析出行日期與機票價格之間的關係、股票市場價格等。

回歸一詞是由達爾文（Charles Darwin）的表弟高爾頓（Francis Galton）提出的。高爾頓被譽為現代回歸和相關技術的創始人。

高爾頓使用豌豆實驗來確定尺寸的遺傳規律。透過把原始的豌豆種子（父代）與新長的豌豆種子（子代）進行比較，發現豌豆在尺寸上具有一定的遺傳規律。高爾頓進一步研究人類的身高，發現父輩與子代的身高也具有一定的對應關係和傾向性。這一現象被命名為回歸現象。

有各種各樣的回歸技術用於預測，包括線性回歸、邏輯回歸、多項式回歸和嶺回歸等。

8.1.1 一元線性回歸

利用回歸分析來確定多個變數的依賴關係的方程式稱為回歸方程式。如果回歸方程式所呈現的圖形為一根直線，則稱為線性回歸方程式。

線性回歸（Linear Regression）演算法的核心是線性回歸方程式，透過在輸入資料和輸出資料之間建立一種直線的相關關係，完成預測的任務。即將輸入資料乘以一些常數，經過基本處理就可以得到輸出資料。線性回歸方程式的參數可以有一個或多個，經常用於實際的預測問題，例如預測機票價格、股票市場走勢預測等，是一個廣受關注的演算法。

由於能夠用一個直線描述資料之間的關係，因此對於新出現的資料，將輸入資料乘以一些常數，經過基本處理可以得到輸出資料。

假設輸入的資料 $X=(x_1, x_2, \cdots, x_n)$，線性回歸的最簡單模型是輸入變數的線性組合：

$$y = w_1 x_1 + \cdots + w_n x_n + b \qquad (8.1)$$

如果 X 只有一個數值，則線性回歸為 y=WX+b 稱為一元線性回歸，其中 X 表示輸入資料，W 是模型的參數。就是高中數學裡的直線方程式，W 就是斜率，b 是 y 軸偏移。如果 X 為一組資料 $x=(x_1, x_2, \cdots, x_n)$，則為多元線性回歸。

一元線性回歸方程式比較容易求解，多元線性回歸模型的求解比較複雜。經常使用最小平方演算法逼近從而進行擬合。除了最小平方法，也可以使用其他的數學方法進行擬合。

最小平方法是一種數學最佳化方法，它透過最小化誤差的平方和尋找最佳結果。利用最小平方方法可以簡便地求得未知的資料，並使得這些求得的資料與實際資料之間誤差的平方和為最小。

【例 8.1】一元線性回歸預測電影的票房收入。

說明：光明電影公司投資拍攝了五部電影，並且整理了各部影片的投資金額（百萬元）和票房收入（百萬元）。電影的投入和票房收入的資料見下面表格 8.1。接下來要拍一部投資 2 千萬的電影，使用一元線性回歸預測新電影的票房收入。

表 8.1 光明電影公司投資收入表

No	Cost	Income
1	6	9
2	9	12
3	12	29
4	14	35
5	16	59

步驟 1：使用資料繪製圖，發現資料分佈規律，結果如圖 8.1 所示。

```python
import matplotlib.pyplot as plt
def drawplt():
    plt.figure()
    plt.title('Cost and Income Of a Film')
    plt.xlabel('Cost(Million Yuan)')
```

```
    plt.ylabel('Income(Million Yuan)')
    plt.axis([0, 25, 0, 60])
    plt.grid(True)
X = [[6], [9], [12], [14], [16]]
y = [[9], [12], [29], [35], [59]]
drawplt()
plt.plot(X, y, 'k.')
plt.show()
```

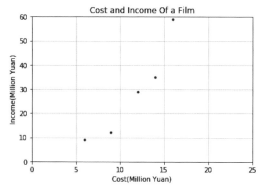

圖 8.1 資料分佈圖

步驟 2：線性回歸預測電影票房收入。

前面繪製了電影的資料分佈圖，如果要預測某部電影的票房收入，可以使用 SKlearn 的 linear_model 模組，其中的 LinearRegression() 函數能實現線性回歸。

格式：

```
class sklearn.linear_model.LinearRegression (fit_intercept = True，normalize
= False，copy_X = True，n_jobs = None )
```

主要參數：

normalize ：布林值，可選，預設為 False。如果為 True，則回歸向量 X 將在回歸之前進行歸一化處理。

屬性：

coef_ ：線性回歸問題的估計係數。

intercept_ ：回歸方程式的截距。

在上面程式的基礎上進行修改，電影票房完整的預測程式如下：

```python
from sklearn import linear_model
import matplotlib.pyplot as plt
def drawplt():
    plt.figure()
    plt.title('Cost and Income Of a Film')
    plt.xlabel('Cost(Million Yuan)')
    plt.ylabel('Income(Million Yuan)')
    plt.axis([0, 25, 0, 60])
    plt.grid(True)

X = [[6], [9], [12], [14], [16]]
y = [[9], [12], [29], [35], [59]]
model = linear_model.LinearRegression()
model.fit(X, y)
a = model.predict([[20]])
w=model.coef_
b=model.intercept_
print("投資 2 千萬的電影預計票房收入為:{:.2f}百萬元".format(model.predict ([[20]])
 [0][0]))
print("回歸模型的係數是：",w)
print("回歸模型的截距是：",b)
print("最佳擬合線：y = ",int(b)," ", int(w),"× x» )
drawplt()
plt.plot(X, y, 'k.')
plt.plot([0,25],[b,25*w+b])
plt.show()
```

執行結果為：

```
投資 2 千萬的電影預計票房收入為 :69. 95 百萬元
回歸模型的係數是： [[4.78481013]]
回歸模型的截距是： [-25.74683544]
最佳擬合線 :y = -25 + 4 × x
```

繪製出的結果圖如圖 8.2 所示。

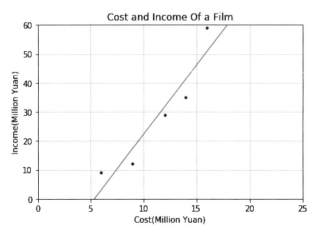

圖 8.2 擬合出的回歸直線

由圖可見,我們使用了一元線性回歸擬合出了一條趨勢直線,確定了直線的斜率參數為 4,在 y 軸上的截距參數為 -25,投資和回報呈線性相關的關係。

8.1.2 多元線性回歸

待確定的變數超過一個時,就需要使用多元線性回歸演算法。下面介紹多變數問題中的多元線性回歸方法。

【例 8.2】多元線性回歸預測電影票房

光明電影公司在執行過程發現,電影票房除了拍攝投資之外,還與廣告推廣的費用相關。於是在上面的資料基礎上,又搜集到了每部電影的廣告費用,整理成下面的表格。使用多元回歸演算法,預測投資 1 千萬、廣告推廣費用 3 百萬的電影的票房收入。

表 8.2 光明電影公司投資收入表

No	Cost	AD	Income
1	6	1	9
2	9	3	12
3	12	2	29
4	14	3	35
5	16	4	59

程式如下：

```python
import numpy as np
from sklearn import datasets,linear_model

x = np.array([[6,1,9],[9,3,12],[12,2,29],
              [14,3,35],[16,4,59]])
X = x[:,:-1]
Y = x[:,-1]
print('X:',X)
print('Y:',Y)

# 訓練資料
regr = linear_model.LinearRegression()
regr.fit(X,Y)
print(' 係數 (w1,w2) 為 :',regr.coef_)
print(' 截距 (b) 為 :',regr.intercept_)
# 預測
y_predict = regr.predict(np.array([[10,3]]))
print(' 投資 1 千萬，推廣 3 百萬的電影票房預測為：',y_predict,' 百萬 ')
```

執行結果為：

```
X: [[ 6  1]
 [ 9  3]
 [12  2]
 [14  3]
 [16  4]]
Y: [ 9 12 29 35 59]
係數 (w1,w2) 為 :[ 4.94890511 -0.70072993]
截距 (b) 為 :-25.79562043795624
投資 1 千萬, 推廣 3 百萬的電影票房預測為 :[21.59124088]百萬
```

線性回歸演算法原理簡單，實現起來非常方便。然而，由於是線性模型，只能擬合結果與變數的線性關係，具有很大局限性。所以也發展出了局部加權回歸、嶺回歸等多種回歸處理方法，以便處理更加複雜的問題。

8.2 邏輯回歸

對於簡單的線性相關問題，可以使用線性回歸，將資料點擬合成一筆直線。線性回歸的假設是所有的資料都精確或粗略地分佈在這條直線上，因此可以完成基本的預測任務。

　　有時人們只想知道待判定的資料點位於直線的上邊還是下邊、左側還是右側，以便得知當前資料的歸屬或類型。針對這項任務，本節介紹一種特殊的回歸演算法——邏輯回歸，能夠完成分類任務。

8.2.1　線性回歸存在的問題

　　我們已經看到線性回歸的運算式為：

$$y = w_1 x_1 + \cdots + w_n x_n + b \tag{8.2}$$

　　在分類問題中，希望函數的值不是連續，而是分段的。例如二分類問題中，希望某些範圍的值傳回 0，其他的值傳回 1。例如圖 8.3 所示，在判斷客戶是否信用良好的問題中，首先透過擬合資料得到線性回歸方程式和一個設定值（threshold, 表示分界值），高於 0.5 設定值的為信用良好，低於設定值的判定是信用不好。

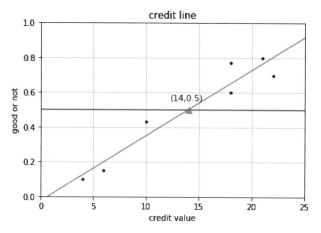

圖 8.3　原始資料擬合出的信用評價線

　　從圖 8.3 中可以看出信用判定與信用評分是線性相關的。從擬合出的直線與設定值線的交點可以看出，信用評分高於 14 的使用者可以判定為信用良好。

　　接下來如圖 8.4 所示，假設擷取的資料中出現了兩個特殊資料 A 和 B，這兩個資料點相對其他資料點是比較偏離的，對線性方程式的結果影響較大。重新擬合後，可以看出在 A 和 B 的影響下，根據新擬合出的回歸線，所有樣本的計算數值都發生了一些變化。

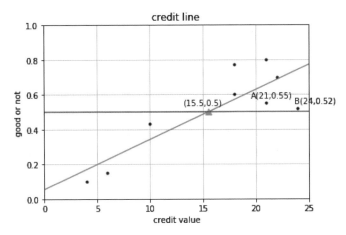

圖 8.4 新增噪點後重新擬合的信用線

增加了 A 和 B 兩個噪點後，評價信用良好的設定值提高到 15.5，直接影響了演算法性能。從圖中能看出 A 和 B 都是高於設定值的，應該屬於信用良好。使用線性回歸解決這類問題，會發現結果頻繁改變，不夠穩定。事實上這類判定問題本質上是分類問題，需要的是一個基於條件的判別方法，根據合理邊界進行類型預測。研究者透過對回歸演算法進行修改，引入了邏輯函數 Sigmoid 函數進行判別。

8.2.2 邏輯函數 Sigmoid

Sigmoid 函數是一種 Logistic 函數，起源於 Logistic 模型。顧名思義，Sigmoid 函數屬於邏輯函數。

1. 邏輯（Logistic）函數

邏輯（Logistic）模型：也稱為 Verhulst 模型或邏輯增長曲線，是一個早期的人口分佈研究模型，由 Pierre-François Verhulst 在 1845 年提出。描述系統中人口的增長率和當下的人口數目成正比，還受到系統容量的限制。Logistic 模型是由微分方程形式描述的，求解後可以得到 Logistic 函數。Logistic 函數的簡單形式為：

$$h(x) = \frac{1}{1 + e^{-x}} \qquad\qquad (8.3)$$

其中 x 的取值範圍是 (-∞，+∞)，而值域為 (0, 1)。

2. Sigmoid 函數

由於 logistic 函數的圖形外形看起來像 S 形，因此 Logistic 函數經常被稱為 Sigmoid 函數（S 形函數）。在機器學習中，人們經常把 Sigmoid 函數和 Logistic 函數看作同一個函數的兩個名稱。Sigmoid 邏輯函數的圖形如圖 8.5 所示。

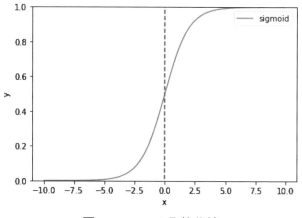

圖 8.5 sigmoid 函數曲線

由圖 8.5 可見，當 x 趨於 +∞ 時，函數值趨近於 1；當 x 趨向 -∞ 時，函數值趨近 0。可以使用中間軸將函數劃分，右邊大於 0.5 的判斷為 1（比如信用良好），左邊小於 0.5 的判斷為 0（例如信用不佳），就可以完成二分類的判斷。

基於 Sigmoid 函數的分類器適合於解決分類問題，還有個優點是函數曲線比較平滑、易於求導。

8.2.3 邏輯回歸的概念

邏輯回歸（Logistics Regression）是根據現有資料對分類邊界線建立回歸公式，以此進行分類。邏輯回歸在線性回歸模型的基礎上，透過引入 Sigmoid 函數，將線性回歸的輸出值映射到（0, 1）範圍。接下來使用設定值將結果轉換成 0 或

1，能夠完成兩類問題的預測。由線性回歸變換為邏輯回歸的過程如下：

首先，我們已知線性回歸的運算式為：

$$y = w_1 x_1 + \cdots + w_n x_n + b \tag{8.4}$$

將 y 代入 Sigmoid 公式：

$$h(x) = \frac{1}{1 + e^{-x}} \tag{8.5}$$

可以得到邏輯回歸方程式：

$$h(y) = \frac{1}{1 + e^{-y}} = \frac{1}{1 + e^{-(w_1 x_1 + \cdots + w_n x_n + b)}} \tag{8.6}$$

下面我們嘗試使用邏輯回歸演算法解決實際的類別判斷問題。

【例 8.3】邏輯回歸預判信用卡逾期情況。

問題描述：前進銀行搜集了貸款使用者的資料，包括使用者年齡、欠款額（百元）、月收入（元）和是否逾期的資訊，資料在下表 8.3 中。使用五個使用者的資料建立一個邏輯回歸模型。透過 6 號使用者的個人資訊，判斷使用者貸款 20 萬元後是否會逾期。

表 8.3 銀行貸款使用者資訊表

編號	年齡	欠款額 / 元	收入 / 元	逾期否
1	20	7000	800	Yes
2	35	2000	2500	No
3	27	5000	3000	Yes
4	32	4000	4000	No
5	45	2000	3800	No
6	30	3500	3500	?

問題分析：與線性回歸類似，需要擬合出 w_1、w_2、$\cdots$、w_n、b 這幾個係數，其中 w_1 是年齡的係數，w_2 是欠款額的係數，w_3 是收入的係數，b 是偏移向量，" 逾期否 " 特徵作為分類使用的標籤。

當模型根據前五位使用者的資料建構出模型之後，可以判斷出編號 6 的使用者的逾期情況，具體程式實現參見本章中實驗。

確定參數的主要目標是最小化損失函數，可以使用最大似然法建構損失函數，再使用梯度下降法進行求解（本教材不對最佳化演算法做詳細介紹）。邏輯回歸常用來處理二分類問題，也可以使用 Softmax() 方法處理多分類問題，使用 Softmax() 方法的邏輯回歸也稱為 Softmax 回歸。

8.2.4　線性回歸與邏輯回歸的區別

線性回歸輸出的是一個值，且為連續的，而邏輯回歸則將值映射到（0, 1）集合。

舉例來說，我們要透過一個人信用卡欠款的數額預測一個人的還款時長，在預測模型中還款時長的值是連續的。因此，最後的預測結果是一個數值，這類問題就是線性回歸能解決的問題。而如果要透過信用卡欠款數額預測還款是按期還是逾期，在預測模型中，結果應該是某種可能性（類別），預測物件屬於哪個類別，這樣的問題就是邏輯回歸能解決的分類問題。所以邏輯回歸也叫邏輯分類。

也就是說，線性回歸經常用來預測一個具體數值，如預測房價、未來的天氣情況等。邏輯回歸經常用於將事物歸類，例如判斷一幅 x 光片上的腫瘤是良性還是惡性的、判斷一個動物是貓還是狗等。所以，區分分類和回歸問題主要看輸出是否是連續的。如果結果具有連續性，就是回歸問題。

例如從 " 雲青青兮欲雨 " 這句話中可以知道，此刻的天空中有雲，雲的顏色特點是 " 青青 "，由此可以預測即將要下雨了。輸入資料是 " 雲青青 "" 青青 " 就是雲的特徵，而 " 雨 " 就是輸出的預測結果。

把這個問題的輸出分成兩種：一種是預測天氣類別，另一種是預測降雨的機率。在第一種情況下，我們期望的輸出是天氣類別，值包括晴天、雨天兩個類別，屬於分類問題。而第二種情況下，我們想得到的是降雨機率，是從 0% 到 100% 的連續值，就是回歸問題。

8.2.5　邏輯回歸參數的確定

1. 邏輯回歸的損失函數

損失是真實模型與假設模型之間差異的度量。機器學習或統計機器學習常見的損失函數由 0-1 損失函數、平方損失函數、絕對值損失函數和對數損失函數，邏輯回歸中，採用的則是對數損失函數。如果損失函數越小，表示模型越好。

對數損失函數，也稱為對數似然損失函數，是在機率估計上定義的，可用於評估分類器的機率輸出。對數損失函數形式如下：

$$L(Y,P(Y \mid X)) = -\log(P(Y \mid X)) \tag{8.7}$$

其中，$P(Y \mid X)$ 代表正確分類的機率，損失函數是其對數反轉。再代入前面的邏輯回歸函數 $h(y)$。假設待確定的參數為，可以得到基於對數損失函數的邏輯回歸損失函數如下：

$$\text{cost}(h_\theta(x),y) = \begin{cases} -\log(h_\theta(x)), & y=1 \\ -\log(1-h_\theta(x)), & y=0 \end{cases} \tag{8.8}$$

將以上兩個運算式合併為一個，則單一樣本的損失函數可以描述為：

$$\text{cost}(h_\theta(x),y) = -y_i\log(h_\theta(x)) - (1-y_i)\log(1-h_\theta(x)) \tag{8.9}$$

觀察這個式子，$y_i=1$ 當時，公式值取前半段，值為 $-\log(h_\theta(x))$；當 $y_i=0$ 時，公式取後半段，值為 $-\log(1-h_\theta(x))$。剛好可以分離出上面兩個運算式。

在實際計算中，有時是使用各個樣本分佈計算損失再取平均值；有時使用全部樣本 $\text{cost}(h_\theta(x),y)$ 的總和。

2. 確定參數 θ

在一般的線性回歸中，可以使用最小平方方法確定參數。不過對邏輯回歸的參數 θ 來說，比較好的方法是梯度下降法，利用迭代的方式求解 θ。

梯度下降法首先對 θ 設定初值，然後改變 θ 的值，使 θ 按梯度下降的方向逐漸減少。利用梯度下降法，逐步最小化損失函數，找準梯度下降方向，即偏導數的反方向，每次前進一小步，直到結果收斂或到達結束條件。

已知，向量的整體代價函數為：

$$J(\theta) = \frac{1}{m} \sum_{i=1}^{m} \text{cost}(h_\theta(x^{(i)}), y^{(i)}) \tag{8.10}$$

因此，這個迭代的流程也可以使用公式表示：

$$\theta_j := \theta_j - \alpha \frac{\partial}{\partial \theta_j} J(\theta) = \theta_j - \alpha \frac{1}{m} \sum_{i=1}^{m} (h_\theta(x^{(i)}) - y^{(i)}) x_j^{(i)} \tag{8.11}$$

其中：α 為自訂的更新係數，也稱為學習率。

上面的式子看起來比較複雜。Python 中的矩陣計算比較方便，假設 X、Y 為輸入資料。為 sigmoid 函數的結果。可以把上式簡寫成：

$$\theta = \theta - \alpha \times (((H - Y) \times X^T)/m) \tag{8.12}$$

其中 H,Y,X 為矩陣，X^T 為 X 的轉置矩陣。

可以看出，簡化後的式子更容易理解，也更容易使用 Python 實現。與上面公式對應的更新 θ 的虛擬程式碼如下：

```
g = np.dot( (H -Y), X.T) / y.rows    # 計算梯度
theta=theta- alpha * g               # 使用學習率 alpha 計算步進值，梯度下降
```

3. 梯度下降

神經網路訓練的關鍵是權重的值，透過調整使得誤差向量盡可能小，即找到函數的全域最小值。

對於一個給定的函數，如何從某個點收斂到這個函數的極小值呢？本質上屬於最最佳化演算法中的求極值問題。一個常用的求極值方法是梯度下降法。

使用如圖 8.6 所示的函數 Z 的圖形，來模擬梯度下降法的求解過程。圖中谷底就是誤差函數的最小值，假設有一個小球從某個點出發，逐步最佳化它的位置，最終到達谷底。小球從起點開始，計算誤差函數的導數，得到當前位置的斜率，從而獲得下一步的走向。

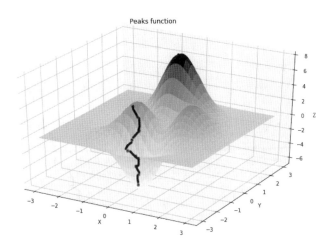

圖 8.6 梯度下降法示意圖

　　梯度下降的目的，是找到函數 Z 的最小值。上面的圖是多峰值函數，從不同的位置出發，可以得到多個不同的局部最小值，理想狀態下能獲得全域最小值。

　　誤差函數相對簡便一些，通常使用的是凸函數，只有一個全域最佳解。但需要注意的是下降的速率，如果速率過快，容易產生結果的反覆。鑑於此，我們在調整很多模型的學習率的時候，需要謹慎。不妨採用圖 8.7 中示意的 " 先粗後細 " 的方法，一開始先使用大的學習率進行粗調，當誤差降到一定程度後，再使用小的學習率進行細調。

　　下面的程式就是梯度下降的簡單實現，當迴圈次數達到一定數量後，x 會非常接近 f(x) 函數的最小值。

```
while grade>0:
    delta=a*grade
    x=x-delta
```

　　梯度下降基於導數，當梯度下降到一定數值後，每次迭代的變化將很小。可以設定一個設定值，只要變化小於該值就停止迭代。此時得到的結果近似於最佳解。

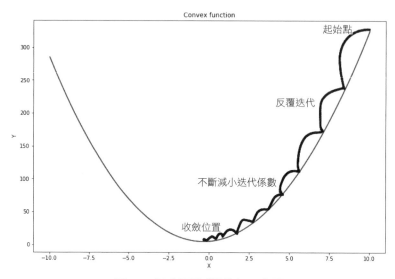

圖 8.7　梯度下降學習率示意圖

　　不過，如果在計算過程中發現損失函數的值不斷變大，那麼演算法就不會收斂。原因有可能是步進值速率 a 太大，可適當調整 a 值。具體計算方法可參考凸最佳化相關資料，例如 Stephen Boyd 的《凸最佳化 Convex Optimization》。

▌8.3　回歸分析綜合案例

8.3.1　信用卡逾期情況預測實例

【例 8.4】使用 Python 實現邏輯回歸演算法，完成信用卡逾期情況預測。

　　問題描述：前進銀行搜集了使用者貸款、收入和信用卡是否逾期的資訊。使用這些資料建立一個能預測信用卡逾期情況的邏輯回歸模型。使用梯度下降法確定模型參數，並繪圖顯示損失函數的變化過程。使用 credit-overdue.csv 素材檔案提供的資料集。

　　步驟 1：載入資料集。

```
import pandas as pd
df = pd.read_csv("credit-overdue.csv", header=0)  # 載入資料集
df.head()                                          # 查看前 5 行資料
```

	debt	income	overdue
0	1.86	4.39	0
1	0.42	4.91	0
2	2.07	1.06	1
3	0.64	1.55	0
4	1.24	2.48	0

步驟 2：繪製資料的散點圖，查看資料分佈情況，結果如圖 8.8 所示。

```
from matplotlib import pyplot as plt
plt.figure(figsize=(10, 6))
map_size = {0: 20, 1: 100}
size = list(map(lambda x: map_size[x], df['overdue']))
plt.scatter(df['debt'],df['income'], s=size,c=df['overdue'],marker='v')
```

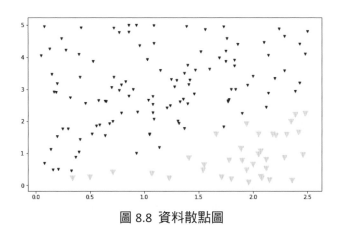

圖 8.8 資料散點圖

步驟 3：定義 Sigmoid 函數、損失函數，使用梯度下降確定模型參數。

```
# 定義 Sigmoid 函數
def sigmoid(z):
    sigmoid = 1 / (1 + np.exp(-z))
    return sigmoid
# 定義對數損失函數
def loss(h, y):
    loss = (-y * np.log(h) - (1 - y) * np.log(1 - h)).mean()
    return loss
# 定義梯度下降函數
def gradient(X, h, y):
```

```
    gradient = np.dot(X.T, (h - y)) / y.shape[0]
    return gradient

# 邏輯回歸過程
def Logistic_Regression(x, y, lr, num_iter):
    intercept = np.ones((x.shape[0], 1))    # 初始化截距為 1
    x = np.concatenate((intercept, x), axis=1)
    w = np.zeros(x.shape[1])                 # 初始化參數為 0

    for i in range(num_iter):                # 梯度下降迭代
        z = np.dot(x, w)                     # 線性函數
        h = sigmoid(z)                       # sigmoid 函數
        g = gradient(x, h, y)                # 計算梯度
        w -= lr * g                # 透過學習率 lr 計算步進值並執行梯度下降
        z = np.dot(x, w)                     # 更新參數到原線性函數中
        h = sigmoid(z)                       # 計算 sigmoid 函數值
        l = loss(h, y)                       # 計算損失函數值
    return l, w                              # 傳回迭代後的梯度和參數
```

步驟 4：初始化模型，並對模型進行訓練。

```
# 初始化參數
import numpy as np
x = df[['debt','income']].values
y = df['overdue'].values
lr = 0.001                      # 學習率
num_iter = 10000                # 迭代次數
# 模型訓練
L = Logistic_Regression(x, y, lr, num_iter)
L
```

執行結果如下：

```
(0.1938336837185912, array([ 0.05603937,  0.9925221 , -1.3325938 ]))
```

透過步驟四的執行，邏輯回歸模型的參數已經確定，模型建立完成。下一步顯示模型分類線，並測試模型的性能。

步驟 5：根據得到的參數，繪製模型分類線，結果見圖 8.9 中。

```
plt.figure(figsize=(10, 6))
map_size = {0: 20, 1: 100}
size = list(map(lambda x: map_size[x], df['overdue']))
plt.scatter(df['debt'],df['income'], s=size,c=df['overdue'],marker='v')

x1_min, x1_max = df['debt'].min(), df['debt'].max(),
```

```
x2_min, x2_max = df['income'].min(), df['income'].max(),

xx1, xx2 = np.meshgrid(np.linspace(x1_min, x1_max), np.linspace(x2_min, x2_
max))
grid = np.c_[xx1.ravel(), xx2.ravel()]

probs = (np.dot(grid, np.array([L[1][1:3]]).T) + L[1][0]).reshape(xx1.
shape)
plt.contour(xx1, xx2, probs, levels=[0], linewidths=1, colors='red');
```

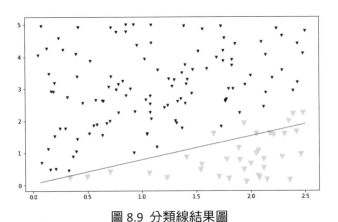

圖 8.9 分類線結果圖

步驟 6： 繪製損失函數變化曲線，結果見圖 8.10 中。

```
def Logistic_Regression(x, y, lr, num_iter):
    intercept = np.ones((x.shape[0], 1))    # 初始化截距為 1
    x = np.concatenate((intercept, x), axis=1)
    w = np.zeros(x.shape[1])                 # 初始化參數為 1

    l_list = []                              # 儲存損失函數值
    for i in range(num_iter):                # 梯度下降迭代
        z = np.dot(x, w)                     # 線性函數
        h = sigmoid(z)                       # sigmoid 函數

        g = gradient(x, h, y)                # 計算梯度
        w -= lr * g                          # 透過學習率 lr 計算步進值並執行梯度下降

        z = np.dot(x, w)                     # 更新參數到原線性函數中
        h = sigmoid(z)                       # 計算 sigmoid 函數值

        l = loss(h, y)                       # 計算損失函數值
        l_list.append(l)
    return l_list
```

```
lr = 0.01                                 # 學習率
num_iter = 30000                          # 迭代次數
l_y = Logistic_Regression(x, y, lr, num_iter)  # 訓練

# 繪圖
plt.figure(figsize=(10, 6))
plt.plot([i for i in range(len(l_y))], l_y)
plt.xlabel("Number of iterations")
plt.ylabel("Loss function")
```

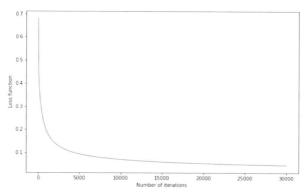

圖 8.10　損失函數變化曲線圖

　　可以看到，損失函數的值隨著迭代次數的增加而逐漸降低。前面降低地非常快速，達到一定程度後趨於穩定。上面的程式步驟迭代到 20000 次左右，之後的資料變化比較緩慢，此時就接近於損失函數的極小值。

8.3.2　使用邏輯回歸實現鳶尾花分類預測

　　在 SKlearn 中，由三個邏輯回歸相關的模組，分別是 LogisticRegression、LogisticRegressionCV 和 LogisticRegression_path。 三 者 的 區 別 在 於：LogisticRegression 需要手動制定正則化係數；LogisticRegressionCV 使用了交叉驗證選擇正則化係數；LogisticRegression_path 只能用來擬合資料，不能用於預測。所以通常使用的是前兩個模組 LogisticRegression、LogisticRegressionCV，同時，這兩個模組的重要參數的意義也是相同的。

LogisticRegression 類別的格式如下：

```
class sklearn.linear_model.LogisticRegression(penalty='l2', dual=False,
tol=0.0001, C=1.0, fit_intercept=True, intercept_scaling=1, class_weight=
None, random_state=None, solver='warn', max_iter=100, multi_class='warn',
verbose=0, warm_start=False, n_jobs=None, l1_ratio=None)
```

主要參數如下：

random_state：整數，虛擬亂數生成器的種子，用於在混淆資料時使用。

solver：最佳化演算法。設定值 "liblinear" 代表座標軸下降最佳化法。"lbfgs" 和 "newton-cg" 分別表示兩種擬牛頓最佳化方法；"sag" 是隨機梯度下降最佳化法。

max_iter：int，可選，預設值 = 100。求解器收斂的最大迭代次數。

主要屬性如下：

classes_：陣列型，表示類別，是分類器已知的類的串列。

coef_：陣列型，表示特徵係數，是決策函數中的特徵係數。

intercept_：陣列型，表示決策用的截距。

下面使用 SKlearn 提供的邏輯回歸，對 iris 資料集進行分類預測。

【例 8.5】邏輯回歸預測鳶尾花。

對於前面的鳶尾花分類問題，可以使用邏輯回歸處理。

```
from sklearn.datasets import load_iris
from sklearn.linear_model import LogisticRegression
from sklearn.model_selection import train_test_split
from sklearn import metrics

X, y = load_iris(return_X_y=True)
X_train, X_test, y_train, y_test = train_test_split(X, y, test_size=0.3,
random_state=42, stratify=y)

clf=LogisticRegression(random_state=0,solver='lbfgs',multi_class= 'multi
nomial').fit(X_train, y_train)

print('coef:\n',clf.coef_)
print('intercept:\n',clf.intercept_ )
```

```
print('predict first two:\n',clf.predict(X_train[:2, :]))
print('classification score:\n',clf.score(X_train, y_train))

predict_y = clf.predict(X_test)
print('classfication report:\n ',metrics.classification_report (y_test,
predict_y))
```

執行結果如下：

```
coef:
[[-0.53307831  0.76023615 -2.22716872 -0.98175429]
 [ 0.41908367 -0.42402044 -0.09598081 -0.8335063 ]
 [ 0.11399463 -0.33621571  2.32314953  1.81526059]]
intercept:
[  9.87177093   2.39409336 -12.26586429]
predict first two:
[1 1]
classification score:
 0.9714285714285714
classfication report:
              precision    recall  f1-score   support

           0       1.00      1.00      1.00        15
           1       0.88      0.93      0.90        15
           2       0.93      0.87      0.90        15

avg / total       0.93      0.93      0.93        45
```

其中，coef 參數為最終確定的模型係數，intercept 參數為模型的截距參數。可以看出，分類器性能為 0.97，精確度、召回率和 f1 指數都為 0.93，具有較好的分類表現。

實驗

實驗：對信用卡逾期進行預判。

現在解決前面例 8.3 提到的信用卡逾期問題。資料集包括使用者年齡、貸款額（百元）、收入（元）和逾期資訊，以下表 8.4 所示。要求使用 SKlearn 模組提供的邏輯回歸模型進行新使用者的逾期預測。

表 8.4 銀行貸款使用者資訊表

age	debt	income	overdue
20	7000	800	1
35	2000	2500	0
27	5000	3000	1
32	4000	4000	0
45	2000	3800	0
30	3500	3500	?

(1) 讀取資料。

```
import numpy as np
data=np.array([[20,7000,800,1],[35,2000,2500,0],[27,5000,3000,1],
[32,4000,4000,0],[45,2000,3800,0],[30,3500,3500,0]])
data[:,:3]
```

可查看到 data 的前三列資料，為：

```
array([[  20, 7000,  800],
       [  35, 2000, 2500],
       [  27, 5000, 3000],
       [  32, 4000, 4000],
       [  45, 2000, 3800],
       [  30, 3500, 3500]])
```

(2) 繪圖顯示資料，如圖 8.11 所示。

```
import matplotlib.pyplot as plt
from mpl_toolkits.mplot3d import Axes3D, axes3d
X1=data[:,0]                              #age
X2=data[:,1]                              #debt
X3=data[:,2]                              #income
Y=data[:,3]                               #overdue
figure = plt.figure()
ax = Axes3D(figure, elev=-152, azim=-26) #elev、azim 設置 y 軸、z 軸旋轉角度
mask = 0
ax.scatter(X1[Y==0], X2[Y==0], X3[Y==0], c='b', s=120, edgecolor='k')
ax.scatter(X1[Y==1], X2[Y==1], X3[Y= = 1], c= 'r', marker= '^',s= 120,
edgecolor ='k')
ax.set_title('Credit data visualization') # 設置 表
ax.set_xlabel("Age")
ax.set_ylabel("Debt")
ax.set_zlabel("Income")
```

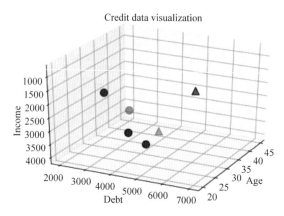

圖 8.11 資料分佈結果圖

(3) 建立邏輯回歸模型。

```
from sklearn import linear_model
lr=linear_model.LogisticRegression()
lr.fit(data_std,data[:,3])
```

邏輯回歸模型初始化結果如下：

```
LogisticRegression(C=1.0, class_weight=None, dual=False, fit_intercept=True,
          intercept_scaling=1, max_iter=100, multi_class='ovr', n_jobs=1,
          penalty='l2', random_state=None, solver='liblinear', tol=0.0001,
          verbose=0, warm_start=False)
```

(4) 傳回預測結果。

```
lr.coef_
```

```
array([[-0.00012173,  0.00907798, -0.01187387]])
```

```
lr.intercept_
```

```
array([-2.33365123e-06])
```

(5) 使用結果參數繪製如圖 8.12 所示分類結果圖。

```
coef=lr.coef_[0]
intercept=lr.intercept_[0]
figure = plt.figure ()
```

```
ax = Axes 3D (figure, elev=152, azim=-26)    #elev、azim 設置 y 軸、z 軸旋轉角度
XX = np.linspace (X1.min () - 0.02, X1.max () +0.02, 50)# 生成分類面 x 樣本點
yy np.linspace (X2.min() - 0.02, X2.max () +0.02, 50)    # 生成分類面 y 樣本點
XX, YY = np.meshgrid (xx, yy)
ZZ = (coef [0] * XX + coef [1] * YY + intercept) / -coef [2]
                                         # 生成分類面 z 樣本點
ax.plot_surface (XX, YY, ZZ, rstride=8, cstride=8, alpha=0.3) # 生成分類平面
ax.scatter (X1 [Y==0], X2 [Y==0], X3 [Y== 0], c= 'b', s= 60, edgecolor=
'k')
ax.scatter (X1 [Y==1], X2 [Y==1], X3 [Y==1], c= 'r', marker='^', s= 60,
edgecolor= 'k')
ax.set_xlabel ("Age")
ax.set_ylabel ("Debt")
ax.set_zlabel("Income")
```

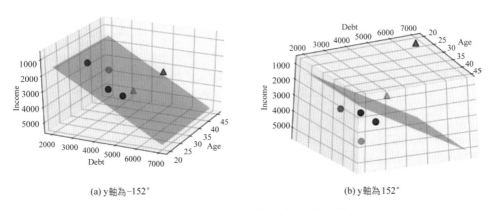

(a) y 軸為 -152°　　　　　　　　　　(b) y 軸為 152°

圖 8.12 不同旋轉視角下的分類平面

　　程式最後繪製出的圖形如圖 8.12。圖所示的分類平面，由於信用資料具有
三個特徵，所以使用邏輯回歸結果擬合的是三維的分類平面。

第 **9** 章

支援向量機 SVM

本章概要

　　支援向量機是由感知機展而來的機器學習演算法，屬於監督學習演算法。支援向量機演算法具有完備的理論基礎，演算法透過對樣本進行求解，得到最大邊距的超平面，並將其作為分類決策邊界。

　　本章介紹了支援向量機的基本理論，以及支援向量機最佳化求解的方法。核心函數對支援向量機來說也是非常重要的參數。不同的核心函數能夠使支援向量機具有不同的功能，甚至變成不同的模型。

學習目標

　　當完成本章的學習後，要求：

1. 了解支援向量機的概念；
2. 理解支援向量機的參數功能；
3. 量機支援向量機參數的最佳化求解；
4. 掌握支援向量機的實現方法；
5. 了解支援向量機核心函數的功能及使用。

9.1 支援向量機的概念

支援向量機 (Support Vector Machines, SVM) 是 Cortes 和 Vapnik 於 1995 年首先提出的,在解決小樣本、線性 / 非線性及高維模式辨識領域表現出特有的優勢。支援向量機的優點是原理簡單,但是具有堅實的數學理論基礎。廣泛應用於分類、回歸和模式辨識等機器學習演算法的應用中。

SVM 是一種研究小樣本機器學習模型的統計學習方法,其目標是在有限的資料資訊情況下,漸進求解得到最佳結果。其核心思想是假設一個函數集合,其中每個函數都能取得小的誤差,然後從中選擇誤差小的函數作為最佳函數。

SVM 的原理是尋找一個保證分類要求的最佳分類超平面,策略是使超平面兩側的間隔最大化。模型建立過程可轉化為一個凸二次規劃問題的求解。SVM 很容易處理線性可分的問題。對於非線性問題,SVM 的處理方法是選擇一個核心函數。然後透過核心函數將資料映射到高維特徵空間,最終在高維空間中建構出最佳分類超平面,從而把原始平面上不好分的非線性資料分開。

支援向量機的優點有:

- 小樣本:並不是需要很少的樣本,而是與問題的複雜程度比起來,需要的樣本數量相對少。

- 在高維空間中有效:樣本的維度很高的情況下也可以處理。

- 非線性:SVM 擅長處理非線性問題,主要透過核心函數和懲罰變數完成。

- 理論基礎簡單,分類效果較好。

- 通用性好,可以自訂核心函數。

支援向量機也具有一些缺點,例如:

- 計算複雜度高,對大規模資料的訓練困難。

- 不支援多分類,多分類問題需要間接實現。

- 對不同的核心函數敏感。

9.1.1　線性判別分析

線性判別是一種經典的線性學習方法，最早由 Fisher 在 1936 年提出，亦稱 Fisher 線性判別。線性判別分析 (LDA) 是對 Fisher 線性判別方法的歸納。

線性判別分析中，首先尋找到劃分兩類物件的線性特徵組合。之後，使用這個組合作為線性分類器，為輸入樣本進行特徵化或區分，或為後續的分類做降維處理。

線性判別的思想非常簡單，對於給定的訓練樣本集，設法將樣本投影到一條直線上，使得同類樣本的投影點盡可能接近，異類樣本的投影點盡可能遠離。在對新樣本進行分類時，將其投影到該直線上，根據投影位置來確定其類別。

線性判別函數（Discriminant Function）是指由 的各個分量線性組合而成的函數。

$$g(x) = w^T x + w_0 \tag{9.1}$$

其中 w 是權重向量，w^T 是 w 的轉置。w、x 都為 n 維向量；實數 w_0 為偏移量。

線性判別問題的決策規則為：如果 g(x)>0, 則判定 x 屬於 C1 類；如果 g(x)<0, 則判定 x 屬於 C2 類；如果 g(x)=0, x 可以屬於任何一類或拒絕判斷。

例如對鳶尾花資料集，使用花瓣長度和花萼長度進行分類。擬合出線性判別函數。根據資料的分佈，我們可以得到一個直線方程式。山鳶尾花落在直線左下區域，方程式 g(x)<0，分類標籤為 -1；其他鳶尾花分佈在直線右上區域，方程式 g(x) ≥ 0，分類標籤為 +1。分類器可以用以下分段函數表示：

$$g(x_1, x_2) = \begin{cases} 1, & x_1 + 0.7x_2 - 6 \geqslant 0 \\ -1, & x_1 + 0.7x_2 - 6 < 0 \end{cases} \tag{9.2}$$

分類示意圖如圖 9.1 所示。

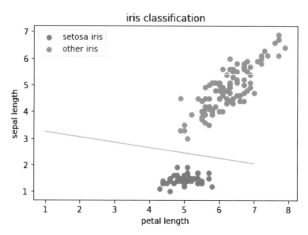

圖 9.1 鳶尾花分類線示意圖

整理後，可以記作 $f(x)=f(x_1, x_2)=x_1+x_2-3$，這個判別式就是鳶尾花分類函數的核心。在實際應用當中，$f(x)$ 的形式有很多種。我們可以假設特徵向量為 $X=(x_1, x_2, \cdots, x_n)$，則線性分類器的一般形式可以寫成：

$$f(x_1, x_2, \cdots, x_n) = a_1 x_1 + a_1 x_2 + \cdots + a_n x_n + b \qquad (9.3)$$

分類器中最關鍵的是待計算的參數 $a_1, a_2, \cdots, a_n, b$。理想的參數可以得到好的分類直線，這需要不斷訓練分類器。演算法需要不斷根據誤差來評估分類器、調整參數，從而提高準確率。這也可以看成分類器的學習過程。

9.1.2 間隔與支援向量

將訓練樣本分開的線性分類器有時有很多，如圖 9.2 中，三條分隔線都可以做到將兩種鳶尾花分類，那麼究竟選哪條線作為分類器呢？

很顯然，最佳直線是位於中間的直線分類器，它具有更好的泛化能力。我們可以直觀地觀察到這個現象：一個樣本點距離分類線越遠，分類正確的可能性越大。因此，我們希望訓練得到的分類直線既能正確分類，也離每個樣本點都儘量遠。同樣，最佳的分類超平面也應該是距離每個樣本點都儘量遠。

事實上，我們只需要留意離分類線最近的那些點。如圖 9.3 所示，讓這些點離分類線儘量遠。最鄰近分類線（或分類超平面）的那些向量稱為支援向量，這也是支援向量機概念的來源。

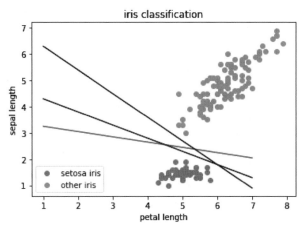

圖 9.2 多個不同的線性分類器

也就是説,支援向量是最接近超平面的那些向量。所以支援向量是定義最佳分割超平面的樣本,是對求解分類問題最具有重要性的資料點,當然也是最難分類的訓練資料。

支援向量到分隔線(分類面)的距離稱為間隔。間隔最大的分類器為最佳的分類器,具有最強的抗干擾性,對於新的樣本出錯率更少。

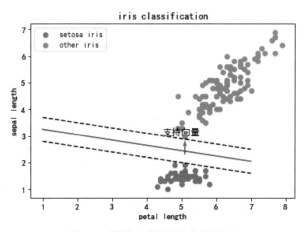

圖 9.3 最佳分類器及支援向量

　　支援向量機 (SVM) 是在特徵空間上達到最大分類間隔的分類器，它使用感知器的原理對類別進行劃分。上面例子中使用的是線性分類器，使用線性分類器的支援向量機為線性支援向量機。

9.1.3　超平面

　　在二維空間中，分類函數為一條直線。然而當線性函數投射到一維空間中，就是一個判別點。而如果將線性判別函數擴大到三維空間，則相當於一個判別平面；如果是更高維空間，則稱為超平面（Hyper Plane）。

　　在高維空間下，線性判別超平面的公式仍然不變。為方便表達，可以設參數 $W^T = a_1, a_2, \cdots, a_n$，參數 $w_0 = b$。透過給定的訓練樣本，確定 W^T 和 w^0 兩個參數。根據得到的參數就確定了分類面，從而對輸入樣本進行分類。

　　下面使用如圖 9.4 所示的一組圖來展示不同維度下查看到的分類平面效果。使用的資料集是 SKlearn 提供的 make_blobs 資料集。

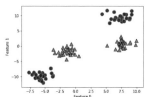

a：輸入資料集 make_blobs；

b：在二維平面無法對資料進行簡單線性劃分；

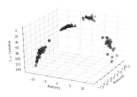

c：將資料投射到三維空間；

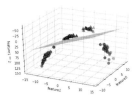

d：獲得劃分平面；

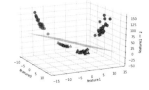

e：劃分平面的另一個角度；

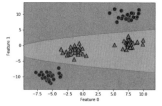

f：劃分平面投射到二維空間的劃分結果。

圖 9.4　make_blobs 資料集的三維空間分類

　　分類器在二維空間中呈現出一條直線，稱為分類線。在高維空間中，將分類樣本進行劃分的平面稱為分類超平面（separating hyperplane），可以用來處理高維度的類別劃分問題。形成超平面的函數往往不是常規的線性函數,而是要用非線性的複雜的函數實現。例如圖 9.4 所示的資料集,將高維空間的超平面映射到二維空間,實際上是非線性問題。這牽涉到 SVM 的核心函數的使用。

支援向量機中,透過某些非線性變換將輸入空間映射到高維空間。如果使用某個函數就能夠實現高維空間中的變換,那麼支援向量機就不用計算複雜的非線性變換,而由這個函數直接得到非線性變換的結果,大大簡化了計算,這樣的函數稱為核心函數。

核心函數用於 SVM 內部,使 SVM 對資料進行高維變換,以期望在高維空間中能對資料點進行分類。核心函數的作用主要是從低維空間到高維空間的映射,把低維空間中線性不可分的兩類變成可以用超平面劃分的。

常用的核心函數包括多項式核心函數、RBF 徑向基核心函數(也叫高斯核心函數)、Sigmoid 核心函數等。還可以根據實際需要自訂核心函數。

與線性分類器類似,多維空間中的超平面也透過函數值的正負來判別。用 $g(x)$ 代表生成分類函數,當 $g(x)>0$ 時判為正類,$g(x)<0$ 時判為負類,$g(x)=0$ 時任意。因此,$g(x)=0$ 就是分類超平面,也稱為分類決策面。

9.1.4 感知器

1. 如何選擇較好的決策面

對於上面的二分類問題,如圖 9.5(a) 所示,可以有多個不同的決策面。經過對比,顯然中間的分類線能更進一步地分類,所以這個決策面優於另外兩個。

圖 9.5(b) 中,虛線是由決策面的方向和離決策面最近的樣本位置決定的。兩條平行虛線正中間的就是最佳決策面。兩條虛線間的垂直距離就是最佳決策面的分類間隔。

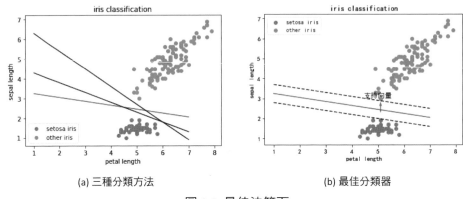

(a) 三種分類方法　　　　　　　　(b) 最佳分類器

圖 9.5 最佳決策面

　　能把資料正確分類的方向可能有多個，這些方向上都會有最佳決策面，而且各個最佳決策面的分類間隔也不同。這種情況下，具有 " 最大間隔 " 的那個最佳決策面就是 SVM 要尋找的最佳解。而這個最佳解對應的兩側虛線所穿過的樣本點，就是 SVM 中的支援向量。

2. 感知器

　　一種訓練支援向量機的簡單方法是感知器訓練法，即每次對模型進行一些簡單的小修改，逐漸達到最佳。

　　感知器 (Perceptron) 是一種二元線性分類模型，1957 年由 Frank Rosenblatt 基於神經元模型提出。是一種能夠自我迭代、試錯，類似於人類學習過程的演算法。感知機演算法的初衷是為了 ' 教 ' 感知機辨識影像。

　　感知器從樣本中直接學習判別函數，所有類別的樣本放在一起學習。感知器透過調整權重的學習達到正確分類的效果，是神經網路和 SVM 的基礎。可以把感知器看作一個處理二分類問題的演算法，線性分類或線性回歸問題等也都可以用感知器來解決。

　　感知器的訓練過程如圖 9.6 所示。

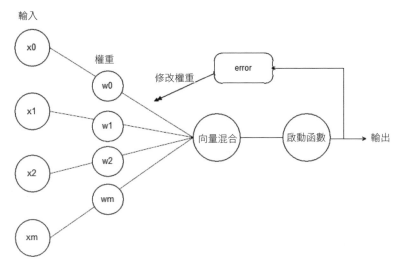

圖 9.6 感知器的訓練過程示意圖

輸入訓練樣本 $X=(x_0, x_1, x_2,\cdots, x_m)^T$ 和初始權重向量 $W=(w_0, w_1, w_2,\cdots,w_m)^T$，進行向量的點乘混合，然後將混合結果作用於啟動函數，得到預測輸出。再計算輸出和目標值的差 error，調整權重向量 W。反覆處理，直到取得合適的 W 為止。

可以看出，感知器演算法是錯誤驅動的：被正確分類的樣本不產生誤差，對模型最佳化沒有貢獻。模型最佳化的目標就是最小化誤差函數——是一種稱為準則函數的誤差衡量指標。

在數學表達中，一般為樣本向量 X 增加一維常數，形成增廣樣本向量，記為 $Y=(1, x_0, x_1, x_2,\cdots, x_m)^T$。同樣權重向量 W 也增廣為向量 $a=(w_{00}, w_0, w_1, w_2,\cdots, w_m)^T$。在兩類問題中，假設錯分樣本集合為 Y^k，則感知器準則函數被定義為：

$$J_p(a) = \sum_{y_i \in Y^k} (- a^T y_i) \tag{9.4}$$

正確分類的樣本對準則函數沒有貢獻，不產生誤差；如果不存在錯分樣本，那麼準則函數的值就為 0。因此，最佳化目標就是最小化 $J_p(a)$。

如圖 9.7 所示，我們使用簡單的例子描述感知器訓練過程。

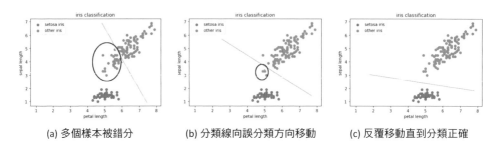

(a) 多個樣本被錯分　　(b) 分類線向誤分類方向移動　　(c) 反覆移動直到分類正確

圖 9.7　感知器的訓練過程示意

可以看到，感知器使用被錯分的樣本來調整分類器參數。假設感知器函數為 $y=a_1x_1+a_2x_2+b$，則有下面判斷：

(1) 假設樣本標注類別為 +1，而樣本 $a_1x_1+a_2x_2+b<0$，則是被誤分類。

(2) 假設樣本標注類別為 -1，而樣本 $a_1x_1+a_2x_2+b \geq 0$，則是被誤分類。

(3) 假設樣本真實類別為 y，若 $y(a_1x_1+a_2x_2+b) \leq 0$，則樣本被錯分。

將感知器學習演算法的運算過程生成流程圖，結果如圖 9.8 所示。

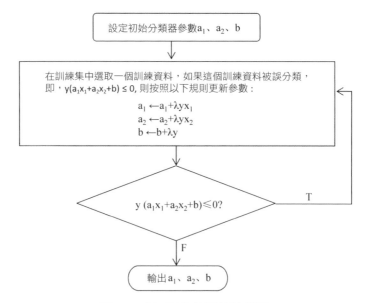

圖 9.8　感知器參數調整流程圖

其中，λ 是學習率，指每一次更新參數的程度大小。感知器演算法對於線性不可分的資料是不收斂的。對於線性可分的資料，可以在有限步內找到解向量。收斂速度取決於權向量的初值和學習率。

學習率是非常關鍵的，太大會導致震盪，太小則會使收斂過程很慢。現在有不少策略使學習率自我調整調整，還有一種方法是在當前迭代中加入上一次的梯度進行加速。學習率究竟設定多大數值，如何進行調整，這都需要視具體任務決定。

可以使用 SKlearn 中 linear_model 模組的 Perceptron 類別來實現線性感知機，格式如下：

```
Perceptron(penalty=None,alpha=0.0001,fit_intercept=True, max_iter=1000,tol=
0.001, shuffle =True,verbose=0,eta0=1.0,n_jobs=None,random_state=0,early_
stopping=False,validation_fraction=0.1,n_iter_no_change=5,class_
weight=None, warm_start=False)
```

主要參數如下：

penalty：懲罰項，可以幫助產生最大間隔。可能的設定值為 None、'l2'（L2 正則）、 'l1'（L1 正則） 或 'elasticnet'（混合正則），預設值為 None。

max_iter：最大迭代次數，預設為 1000。

eta0：學習率，預設為 1.0。

屬性：

coef_：權值，即參數 w。

intercept_：偏置，即參數 b。

n_iter_：迭代次數 。

classes_：類別標籤集合。

t_：訓練過程中，權重 w 參數更新的次數。

【例 9.1】使用感知器 (Perceptron) 進行信用分類。

問題描述：使用 SKlearn 中的 Perceptron 對信用卡資料集進行分類，並對原始樣本和分類結果進行繪圖顯示。資料集為 credit-overdue.csv。

主要步驟如下：

(1) 讀取資料集。

(2) 使用線性感知器進行訓練，得到分類器參數。

(3) 繪製樣本的散點圖，繪製分類線（或分類平面）。

具體程式實現如下：

```
# -*- encoding:utf-8 -*-
from sklearn.linear_model import Perceptron
from sklearn.cross_validation import train_test_split
from matplotlib import pyplot as plt
import numpy as np
import pandas as pd

def loaddata():
    people = pd.read_csv("credit-overdue.csv", header=0) # 載入資料集
    X = people[['debt','income']].values
    y = people['overdue'].values
    return X,y

print("Step1:read data...")
x,y=loaddata()

# 拆分為訓練資料和測試資料
print("Step2:fit by Perceptron...")
x_train,x_test,y_train,y_test=train_test_split(x,y,test_size=0.2,random_
state=0)

# 將兩類值分別存放、以便顯示
positive_x1=[x[i,0]for i in range(len(y)) if y[i]==1]
positive_x2=[x[i,1]for i in range(len(y)) if y[i]==1]
negetive_x1=[x[i,0]for i in range(len(y)) if y[i]==0]
negetive_x2=[x[i,1]for i in range(len(y)) if y[i]==0]

# 定義感知機
clf=Perceptron(n_iter=100)
clf.fit(x_train,y_train)
print("Step3:get the weights and bias...")

# 得到結果參數
weights=clf.coef_
bias=clf.intercept_
print(' 權重為：',weights,'\n 截距為：',bias)
```

```
print("Step4:compute the accuracy...")

# 使用測試集對模型進行驗證
acc=clf.score(x_test,y_test)
print('   精確度：%.2f'%(acc*100.0))

# 繪製兩類樣本散點圖
print("Step5:draw with the weights and bias...")
plt.scatter(positive_x1,positive_x2, marker='^',c='red')
plt.scatter(negetive_x1,negetive_x2,c='blue')

# 顯示感知機生成的分類線
line_x=np.arange(0,4)
line_y=line_x*(-weights[0][0]/weights[0][1])-bias
plt.plot(line_x,line_y)
plt.show()
```

執行結果：

```
Step1:read data...
Step2:fit by Perceptron...
Step3:get the weights and bias...
 權重為：   [[ 8.52 -8.45]]
 截距為：   [0.]
Step4:compute the accuracy...
 精確度：  100.00
Step5:draw with the weights and bias...
```

得到的感知器分類結果圖如圖 9.9 所示。

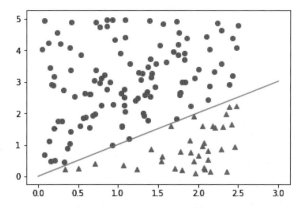

圖 9.9 感知器對水果資料集的分類結果

從執行結果的資料來看，對於給定的信用卡資料集的二維特徵，線性感知器能對樣本進行正確劃分。

▋9.2 支援向量機的參數

9.2.1 最佳化求解

假設支援向量機的分類函數為 f(x)=wx+b，則對於二分類問題，wx+b=0 為分類超平面。兩個支援向量到超平面的距離為分類間隔。假設分類間隔為 d，則有：

$$d = \frac{2}{\sqrt{w \times w}} \tag{9.5}$$

最大化間隔即為 d 最大化問題，可以轉為：

$$\max \frac{2}{\sqrt{w \times w}} \rightarrow \min \frac{1}{2}\sqrt{w \times w} \tag{9.6}$$

用二範數的形式，可以簡寫為：

$$\min \frac{1}{2}\|w\| \tag{9.7}$$

這時可以把求支援向量機參數問題轉化為求最小值的最最佳化問題。在訓練過程中，支援向量機需要針對具體問題對參數進行迭代求解。可以用最佳化方法來調整分類器的參數，來降低誤分類，提高分類準確率。

調整參數以提高演算法性能的方法稱為最佳化求解方法。具體處理起來，可以每次隨機選取一個樣本，如果是誤分類樣本，則用它來更新參數，這樣不斷迭代一直到訓練資料中沒有誤分類資料為止。

對 SVM 來說，常用最佳化演算法有梯度下降法、牛頓法和共軛梯度法等。梯度下降法在前文有介紹，透過逐步逼近，能夠對凸函數找到最佳解。

9.2.2 核心函數

支援向量機中,另一個重要概念是核心函數。

前面提到有很多問題在原來的二維空間中線性不可分,透過將問題映射到高維空間後,可以變成線性可分。這也是我們解決非線性問題的基本想法——向高維空間轉化,使其變得線性可分。

而向高維空間轉化最關鍵的部分就在於找到映射方法。可以發現,高維空間中的參數其實是經過低維空間裡的參數變換後得到的。核心函數就是將低維的特徵映射到高維特徵空間的函數,用途非常廣泛。

核心函數有很多種,有平移不變的、依賴距離的等。理論上來說,滿足 Mercer 定理的函數都可以作為核心函數。

確定 SVM 參數和核心函數的具體內容這裡不做介紹,感興趣的讀者可以查看相關資料進一步學習。

9.2.3 SVM 應用案例

基於 SVM 的演算法有多種,通常把基於 SVM 的分類演算法稱為 SVC (Support Vector Classification);把基於 SVM 的回歸演算法稱為 SVR(Support Vector Regression)。

SKlearn 提供的基於 SVM 的 SVC 分類別模組格式如下:

```
sklearn.svm.SVC(C=1.0, kernel='rbf', degree=3, gamma='auto_deprecated',
coef0=0.0, shrinking=True, probability=False, tol=0.001, cache_size=200,
class_weight=None, verbose=False, max_iter=-1, decision_function_
shape='ovr', random_state=None)[source]
```

主要參數如下:

C:C-SVC 的懲罰參數,預設值是 1.0。C 越大,對誤分類的懲罰增大,訓練集上準確率高,泛化能力弱。C 值越小,對誤分類的懲罰減小,容錯能力強,泛化能力強。

kernel：核心函數，預設是 rbf，可以是 'linear'（線性核心）、'poly'（多項式核心）、'rbf'（徑向基核心）、'sigmoid'（s 型函數核心）、'precomputed'（提前計算好的核心矩陣）等。

degree：只對多項式核心函數情況有用，多項式核心函數的維度，預設是 3。

tol：停止訓練的誤差值大小，預設為 1e-3。

max_iter：最大迭代次數。如果設定值為 -1，則為不限制次數。

屬性：

n_support_：各類中的支援向量的個數。

support_：各類支援向量所在的下標位置。

support_vectors_：各類中的支援向量。

coef_：分給各個特徵的權重，只在線性核心函數的情況下有用。

【例 9.2】用 SVC 對隨機資料集進行訓練。

問題描述：隨機生成兩組資料，每組 30 個樣本。第一組的標籤為 1，隨機數的原點座標為 [-2,2]，第二組的標籤為 0，隨機數的原點座標為 [2,-2]。使用 SKlearn 提供的 SVC 分類器，對兩類資料進行劃分，並在座標軸中顯示出樣本、分類線。

程式如下：

```
# -*- coding: utf-8 -*-
from sklearn import svm
import numpy as np
from matplotlib import pyplot as plt

# 隨機生成兩組資料，並透過 (-2,2) 距離調整為明顯的 0/1 兩類
data = np.r_[np.random.randn(30,2)-[-2,2],np.random.randn(30,2)+[-2,2]]
target = [0] * 30 + [1] * 30

# 建立 SVC 模型
clf = svm.SVC(kernel='linear')
clf.fit(data, target)

# 顯示結果
w = clf.coef_[0]
```

```
a = -w[0] / w[1]
print(" 參數 w: ", w)
print(" 參數 a: ", a)
print(" 支援向量 : ", clf.support_vectors_)
print(" 參數 coef_: ", clf.coef_)

# 使用結果參數生成分類線
xx = np.linspace(-5,5)
yy = a * xx - (clf.intercept_[0] / w[1])

# 繪製穿過正支援向量的虛線
b = clf.support_vectors_[0]
yy_Neg = a* xx +(b[1] - a*b[0])

# 繪製穿過負支援向量的虛線
b = clf.support_vectors_[-1]
yy_Pos = a* xx +(b[1] - a*b[0])

# 繪製黑色實線
plt.plot(xx, yy, 'r-')
# 繪製黑色虛線
plt.plot(xx, yy_Neg, 'k--')
plt.plot(xx, yy_Pos, 'k--')

# 繪製樣本散點圖
plt.scatter(clf.support_vectors_[:, 0], clf.support_vectors_[:, 1])
plt.scatter(data[:, 0], data[:, 1], c=target, cmap=plt.cm.coolwarm)

plt.xlabel("X")
plt.ylabel("Y")
plt.title("Support Vector Classification")

plt.show()
```

執行結果如下，生成的劃分結果如圖 9.10 所示。

```
參數 w: [-0.66366687  0.61829074]
參數 a:  1.073389622504311
支援向量   [[-0.30201616 -1.72130495]
 [ 1.19838256 -0.11221858]
 [-1.89012096 -0.19266207]]
參數coef_: [[-0.66366687  0.61829074]]
```

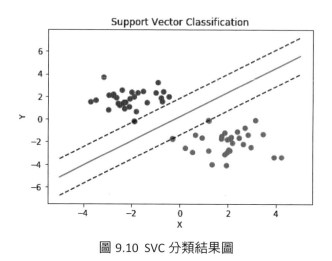

圖 9.10 SVC 分類結果圖

【例 9.3】使用 SVC 進行資料分類預測。

問題描述：假設有三個樣本，特徵座標分別為 (2, 0)、(1, 1)、(2, 3)，標籤則依次為 0、0、1。使用 SVC 模型建立分類器，並預測資料點 (2, 0) 的類別。

程式實現如下：

```python
# -*- coding: utf-8 -*-
from sklearn import svm

# 樣本特徵
x = [[2, 0], [1, 1], [2, 3]]
# 樣本的標籤
y = [0, 0, 1]

# 建立 SVC 分類器
clf = svm.SVC(kernel='linear')
# 訓練模型
clf.fit(x, y)
print(clf)

# 獲得支援向量
print(clf.support_vectors_)

# 獲得支援向量點在原資料中的下標
print(clf.support_)
```

```
# 獲得每個類支援向量的個數
print(clf.n_support_)

# 預測 (2,0) 的類別
print( clf.predict( [[2, 0]] ) )
```

執行結果：

```
SVC(C=1.0, cache_size=200, class_weight=None, coef0=0.0,
  decision_function_shape='ovr', degree=3, gamma='auto', kernel='linear',
  max_iter=-1, probability=False, random_state=None, shrinking=True,
  tol=0.001, verbose=False)
[[1. 1.]
 [2. 3.]]
[1 2]
[1 1]
[0]
```

經過模型預測，資料點 (2, 0) 的類別標籤為 0。

【例 9.4】SVM 能否解決互斥問題？

問題描述：對於一個互斥問題，假設有四個樣本，特徵座標分別為 (0, 0)、(1, 1)、(1, 0)、(1, 1)，標籤則依次為 0、0、1、1。使用 SVC 模型建立分類器。

我們知道，線性分類器無法解決互斥問題，因此需要修改上面的程式，將 SVM 分類器的核心函數修改為非線性的，例如使用高斯核心函數。SVC 模型參數 rbf 使用的就是高斯核心函數。

將例 9.3 中的程式加以簡單修改，完整程式如下：

```
# -*- coding: utf-8 -*-
from sklearn import svm

# 樣本特徵
x = [[0, 0], [0, 1], [1, 0], [1,1]]
# 樣本的標籤
y = [0, 1, 1, 0]

# 建立 SVC 分類器
clf = svm.SVC(kernel='rbf')
# 訓練模型
clf.fit(x, y)

# 分別預測 4 個樣本點的類別
```

```
print(' 樣本 [0, 0] 的預測結果為：', clf.predict( [[0, 0]] ) )
print(' 樣本 [0, 1] 的預測結果為：',clf.predict( [[0, 1]] ) )
print(' 樣本 [1, 0] 的預測結果為：',clf.predict( [[1, 0]]))
print(' 樣本 [1, 1] 的預測結果為：',clf.predict( [[1, 1]] ) )
```

程式執行結果：

```
樣本 [0, 0] 的預測結果為：[0]
樣本 [0, 1] 的預測結果為：[1]
樣本 [1, 0] 的預測結果為：[1]
樣本 [1, 1] 的預測結果為：[0]
```

4 個點 [0, 0]、[0, 1]、[1, 0]、[1,1] 預測的類別分別為 0、1、1、0，可見使用非線性核心函數後，SVM 在處理互斥問題時能夠獲得正確的結果。

▌ 實驗

實驗 9-1：SVM 解決非線性分類問題——moons 資料集分類

很多問題使用線性 SVM 分類器就能有效處理。但實際也存在很多非線性問題，資料集無法進行線性劃分。處理非線性資料集的方法之一是增加更多特徵，比如多項式特徵。增加新特徵後，資料集維度更高，能夠形成一個劃分超平面。

下面使用 SVC 處理 K-Means 聚類無法解決的半環狀 moons 資料集的分類問題。先使用 SKlearn 提供的 PolynomialFeatures() 進行多項式轉換；再使用 StandardScaler() 函數進行資料標準化；最後使用 LinearSVC() 函數建立 SVC 模型。

由於這三個處理是前後接續的，並且處理模式相同。所以在這裡使用了一個特別的管道函數——Pipeline() 函數對三個函數進行裝飾。

Pipeline() 函數能夠對三個模組進行封裝，將前一個函數處理的結果傳給下一個函數。先依次呼叫前兩個函數 PolynomialFeatures() 和 StandardScaler() 的 fit() 和 transform() 方法，最後呼叫 LinearSVC 模組的 fit() 方法，完成處理過程。

下面使用 SVM 解決半環狀資料集分類問題，完整的程式實現如下：

```
import numpy as np
import matplotlib.pyplot as plt
```

```
from sklearn.datasets import make_moons
from sklearn.preprocessing import PolynomialFeatures
from sklearn.preprocessing import StandardScaler
from sklearn.svm import LinearSVC
from sklearn.pipeline import Pipeline

# 生成半環狀資料
X, y = make_moons(n_samples=100, noise=0.1, random_state=1)
moonAxe=[-1.5, 2.5, -1, 1.5]          #moons 資料集的區間

# 顯示資料樣本
def dispData(x, y, moonAxe):
    pos_x0=[x[i,0]for i in range(len(y)) if y[i]==1]
    pos_x1=[x[i,1]for i in range(len(y)) if y[i]==1]
    neg_x0=[x[i,0]for i in range(len(y)) if y[i]==0]
    neg_x1=[x[i,1]for i in range(len(y)) if y[i]==0]

    plt.plot(pos_x0, pos_x1, "bo")
    plt.plot(neg_x0, neg_x1, "r^")

    plt.axis(moonAxe)
    plt.xlabel("x")
    plt.ylabel("y")

# 顯示決策線
def dispPredict(clf, moonAxe):
    # 生成區間內的資料
    d0 = np.linspace(moonAxe[0], moonAxe[1], 200)
    d1 = np.linspace(moonAxe[2], moonAxe[3], 200)
    x0, x1 = np.meshgrid(d0,d1)
    X = np.c_[x0.ravel(), x1.ravel()]
    # 進行預測並繪製預測結果
    y_pred = clf.predict(X).reshape(x0.shape)
    plt.contourf(x0, x1, y_pred, alpha=0.8)

# 1. 顯示樣本
dispData(X, y, moonAxe)
# 2. 建構模型組合，整合三個函數
polynomial_svm_clf=Pipeline(
                    (("multiFeature",PolynomialFeatures(degree=3)),
                     ("NumScale",StandardScaler()),
                     ("SVC",LinearSVC(C=100)))
                    )

# 3. 使用模型組合進行訓練
polynomial_svm_clf.fit(X,y)
```

```
# 4.顯示分類線
dispPredict(polynomial_svm_clf, moonAxe)
# 5.顯示圖表標題
plt.title('Linear SVM classifies Moons data')
plt.show()
```

執行結果如圖 9.11。

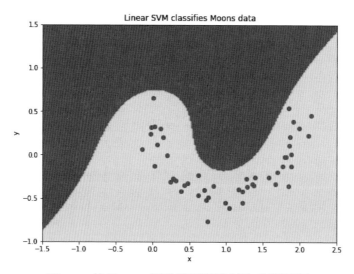

圖 9.11 使用 SVM 解決半環狀資料集分類問題

可以看出，使用 SVC 模型可以將半環狀資料集進行準確的劃分。解決了 K 平均值聚類中，僅依靠距離進行分類的局限性。因此，對非線性問題來說，SVM 提供了嶄新的想法和效果良好的解決方案。

實驗 9-2：使用 SVM 進行信用卡詐騙檢測

問題描述：本專案來自 Kaggle 平台的信用卡專案。Kaggle 平台是一個著名的資料分析挖掘專案平台，開發者可以參加平台上的專案去發掘資料的潛在價值，或測試現有演算法的性能。

專案背景：金融風險預測評估在現代經濟生活中扮演非常重要的地位，本實驗資料來自基於 Kaggle 的 Give Me Some Credit 專案 (位址 : https://www.kaggle.com/c/GiveMeSomeCredit)。專案收集了消費者的人口特徵、信用記錄、交易記錄等大量資料。透過資料分析建立信用模型，可以用於建立信用卡評分系統。即根據消費者的歷史資料，來預測他未來會不會發生信用違約。

素材檔案為 KaggleCredit2.csv，包含了 15 萬筆樣本資料，每個樣本有 12 個特徵。各特徵的描述可以查看 Data Dictionary.xls 檔案，每個特徵的含義大致為：

SeriousDlqin2yrs：超過 90 天或更糟的逾期拖欠違法行為，布林型。

RevolvingUtilization Of UnsecuredLines：無擔保放款的循環利用，百分比數值。

Age：借款人年齡，整數。

NumberOfTime30-59DaysPastDueNotWorse：30-59 天逾期次數，整數。

DebtRatio：負債比例，百分比。

MonthlyIncome：月收入，浮點數。

Number Of OpenCreditLinesAndLoans：貸款數量，整數。

NumberOfTimes90DaysLate：借款者有 90 天或更高逾期的次數，整數。

NumberReal Estate Loans Or Lines：不動產貸款或額度數量，整數。

Number Of Time 60-89Days PastDue Not Worse：借款者有 60-89 天逾期的次數，整數。

NumberOfDependents：家屬數量，整數。

1. 資料分佈形式查看

首先可以使用 Matplotlib 繪製這 11 個特徵資料各自的頻次對數長條圖，如圖 9.12 所示。

從第一幅子圖可以看出，SeriousDlqin2yrs 特徵統計資訊呈現出非常明顯的左高右低分佈，因此能初步得知 SeriousDlqin2yrs 特徵是一個極不平衡的資料特徵。而第三幅子圖中，age 特徵的分佈比較平衡，接近正態分佈。

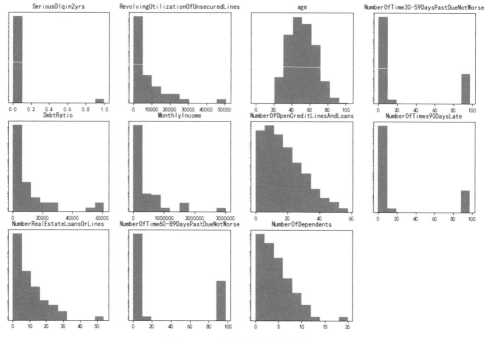

圖 9.12　資料特徵的長條圖

2. 信用資料查看與清洗

　　在資料處理之前，對資料進行查看非常重要。可以預先了解資料的基本情況，而且可以根據情況進行適當的前置處理。下面對資料進行查看和預清洗操作。

　　1) 查看資料資訊。

```
import pandas as pd
df = pd.read_csv('data/KaggleCredit2.csv')
df.info
```

　　有時需要資料清洗，比如根據指定條件，刪除某些列或行。

　　2) 刪除第一列資料。

```
df = df.drop(df.columns[0], axis=1)
```

　　3) 去掉 age>70 的項。

```
df = df[df['age']>70]
df
```

3. 基於 SVM 的信用卡詐騙檢測

透過上面例子可以了解到資料集有 15 萬行、12 列，資料比較大。因此使用全部的特徵進行訓練時間會特別長。

針對這個情況，我們將問題分成兩步：

(1) 使用前面學習的邏輯回歸，先找到對結果影響（權重）最大的特徵。

(2) 只對這個最關鍵的特徵進行訓練，既能降低運算量，而且對結果影響不大。

使用最關鍵特徵進行預測的完整過程如下。還可以選取多個特徵，並對比程式的執行結果。

1) 使用邏輯回歸尋找關鍵特徵。

使用原始資料建構一個邏輯回歸模型，得到每個特徵的權重值，挑選權重最大的特徵進行 SVM 訓練。

核心敘述如下：

```
lr = LogisticRegression(penalty='l2',C = 1000,random_state = 0)
lr.fit(X_train,y_train)
# 查看模型的係數（權重值）為 lr.coef_
pd.DataFrame({'columns':list(X_train.columns),"coef":list(lr.coef_.T)})
```

執行結果為：

	columns	coef
0	RevolvingUtilizationOfUnsecuredLines	[-0.012788245192723422]
1	age	[-0.3730730014136754]
2	NumberOfTime30-59DaysPastDueNotWorse	[1.7437498166797938]
3	DebtRatio	[-0.06477439359588337]
4	MonthlyIncome	[-0.5796691857084835]
5	NumberOfOpenCreditLinesAndLoans	[-0.028119924337529932]
6	NumberOfTimes90DaysLate	[1.4512032353157611]
7	NumberRealEstateLoansOrLines	[0.10118453117619382]
8	NumberOfTime60-89DaysPastDueNotWorse	[-3.034582272222197]
9	NumberOfDependents	[0.10550892982711164]

很明顯的，上圖中特徵 NumberOfTime30-59DaysPastDueNotWorse、NumberOfTime90DaysLate 和 NumberOfTime60-89DaysPastDueNotWorse 的係數相對比較大，説明這三個特徵對結果的影響是比較大的。其中特徵

NumberOfTime60-89DaysPastDueNotWorse 的係數最大，說明其對結果的影響最為關鍵，因此下面就使用這個特徵進行 SVM 分類。

2) 使用最顯著資料特徵，對信用資料進行 SVM 分類。

```python
import pandas as pd
from sklearn.preprocessing import StandardScaler
from sklearn.model_selection import train_test_split

#(1) 載入資料
data = pd.read_csv("data/KaggleCredit2.csv",index_col= 0)
data.dropna(inplace=True)

#(2) 對特徵列進行標準化
cols = data.columns[1:]
ss = StandardScaler()
data[cols] = ss.fit_transform(data[cols])

#(3) 建構資料和標籤
X = data.drop('SeriousDlqin2yrs', axis=1)  # 資料特徵
y = data['SeriousDlqin2yrs']               # 標籤列

#(4) 進行資料切分，測試集佔比 30%，生成隨機數的種子是 0
X_train,X_test,y_train,y_test = train_test_split(X,y,test_size =0.3 ,random_state = 0)

#(5) 建構 SVM 模型
# 只使用特徵 "NumberOfTime60-89DaysPastDueNotWorse" 進行 SVM 分類
from sklearn.svm import SVC
svm = SVC()
svm.fit(X_train[['NumberOfTime60-89DaysPastDueNotWorse']], y_train)
# svm.fit(X_train, y_train)   此句使用的是全部特徵，時間耗費長

#(6) 進行預測
y_pred_svm = svm.predict(X_test[['NumberOfTime60-89DaysPastDueNotWorse']])
print(' 預測結果:\n',y_pred_svm)

# 在測試集上使得準確度 93%
svm.score(X_test[['NumberOfTime60-89DaysPastDueNotWorse']], y_test)
```

預測結果為：

```
預測結果:
 [0 0 0 ... 0 0 0]

0.9303788697652504
```

第 **10** 章

神經網路

本 章 概 要

　　廣義上來說，神經網路泛指生物神經網路和類神經網路兩個方面。在電腦領域，神經網路指的就是類神經網路，是集電腦演算法、腦神經學、心理學等多個領域知識的交叉學科，是近年來的研究熱點。

　　神經網路的研究始於 20 世紀 40 年代，經過多年的研究發展，已經成為目前實現人工智慧的核心部分。它的研究目標是透過探索人腦的思維方式、結構機制、工作方式，使計算機具有類似的智慧。資訊的處理是由神經元之間的相互作用來實現，借助知識和學習進行動態演化。

　　總的來說，神經網路是一個透過使用電腦模擬人腦神經系統的結構和功能，執行大量的處理單元，人為建立起來的演算法系統。

　　目前廣泛應用於影像辨識、人臉辨識、語音辨識、自然語言處理等領域，在實際生產生活應用中，獲得了顯著的成績。

學 習 目 標

　　當完成本章的學習後，要求：

1. 了解神經網路的基本原理；
2. 理解多層神經網路的結構；
3. 熟悉啟動函數及功能；
4. 理解使用 Python 架設神經網路的方法。

10.1 神經網路基本原理

10.1.1 類神經網路

類神經網路（ANN，Artificial Neural Network）的起源需要追溯到 20 世紀 40 年代。是 20 世紀 80 年代開始逐步興起的研究方向，其基本思想是模擬人腦的神經網路進行機器學習。

類神經網路的基本組成是神經元模型，是對實際生活中的生物神經元的模擬抽象。在人的大腦中，一個神經元可以透過軸突作用於成千上萬的神經元，也可以透過樹突從成千上萬的神經元接受資訊。

基本的類神經元模型能實現簡單的加權運算，在應用於複雜神經網路時，可以透過調整權重和偏差，來學習 * 解決問題。

學習 ＊：根據誤差，反覆重複修改權重和偏差，以產生越來越好的輸出。這就是神經網路的學習。

在機器學習領域中，類神經網路一般簡稱為神經網路或神經計算。具有學習能力，而且經常是大量的神經元模型平行工作。

神經網路主要包括神經元、拓撲結構、訓練規則三個要素，可以看作是按照一定規則連接起來的多個神經元組成的系統。各神經元能夠根據經驗自我調整學習，同時還能平行化處理。神經網路演算法也是深度學習的基礎。

神經網路的主要優點有：

(1) 非線性：神經網路是多個神經元組成的從輸入到輸出的通道，可以實現線性方法，也可以解決非線性問題。也可以說，神經網路對解決非線性問題具有獨特的功能，內部已經包含了非線性的處理機制。

(2) 自我學習：神經網路具有自動調整權重以適應解的變化的自我調整能力，即具有自我學習性。透過對經驗的學習，動態調整系統參數，最終得到較為精確的解。例如對於影像辨識神經網路，只要輸入影像素材和對應的結果，網路就會進行自我學習，慢慢能辨識出類似的影像。自我學習功能對神經網路具有重要意義。

　　(3) 聯想記憶功能：有些神經網路具有記憶功能，例如循環神經網路系統，能夠根據時間線，將相關的上下文知識作為輸入。由於加入了上下文資訊，神經網路系統能夠綜合運用歷史和當前的知識對未來進行預測，即具有時間線記憶和聯想能力。

　　(4) 容錯性：也稱為堅固性。神經網路的知識是分佈在多個神經元上的，結構上是平行作業，因此能夠減少內部神經元的相互影響。同時，神經網路對資料特徵的提取是平行的，可以將每個特徵單獨作為一個輸入值，降低了不完整、不準確資料對整個系統的影響，使得系統整體更為穩固。

　　相對的，神經網路也有一些缺點，如下：

　　(1) 「黑盒子」問題：神經網路最著名的缺點，應該是其「黑盒子」屬性。使用者不知道神經網路的內部執行機制，不確定系統將產生的結果和產生此結果的過程。

　　(2) 耗費時間和算力：神經網路能夠解決難以解決的非線性問題，尤其是複雜問題。對應地，所使用的運算也更複雜，訓練和執行時間更長，需要耗費更多的硬體算力。

　　(3) 需要大量的資料：相比其他傳統機器學習演算法，神經網路不僅結構複雜，通常也需要更多資料。比較來說，支援向量機、單純貝氏等簡單演算法，處理小資料更為適合。

10.1.2　神經網路結構

　　人類大腦有大約 800 億個神經元。這些神經元透過突觸與其他神經元連接，交換電信號和化學訊號。大腦透過神經元之間的協同完成各種功能，上級神經元的軸突在有電信號傳導時釋放出化學遞質，作用於下一級神經元的樹突，樹突受到遞質作用後產生出電信號，從而實現了神經元間的資訊傳遞。

　　在人工智慧領域，有一個有趣的派別是「仿生學派」，也被稱為「飛鳥派」。他們的基本想法就是，如果我們想要學習飛翔就要向飛鳥學習。神經網路就屬於仿生派的思想。它模擬的是人腦神經的工作機制。

第一個神經網路模型 M-P 模型出現於 1943 年，是由圖 10.1 中的神經生理學家 Warren McCulloch 和數學家 Walter Pitts 共同提出的，並由他們名字的字首共同命名。

(1) Warren McCulloch　　　　(2) Walter Pitts

圖 10.1 M-P 神經模型的提出者

McCulloch 猜想，神經元的工作機制很可能類似於邏輯閘電路，它接受多個輸入，產生單一輸出。與 Pitts 討論後，將結果發表在論文《*A Logical Calculus of Ideas Immanent in Nervous Activity*》中，正式提出「M-P 神經元模型」，對生物大腦進行了抽象簡化。

M-P 神經網路模型第一次使用簡單感知機模擬大腦神經元行為，是按照生物神經元的結構和工作原理建構的。簡單來說，它是對一個生物神經元的建模。M-P 模型的抽象示意圖如圖 10.2 所示。

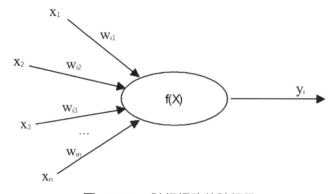

圖 10.2 M-P 神經網路的神經元

由圖 10.2 可以看出，神經元是一個多輸入單輸出的模型。對於某一個神經元 i，它可能同時接收多個輸入，用 (x₁, x₂, x₃, …, xₙ) 表示。由於生物神經元的性質差異，對神經元的影響也不同，用權值 (w_{i1}, w_{i2}, w_{i3}, …, w_{in}) 表示，其大小代表了不同連接的強度。最後對全部輸入訊號進行有權重的累加，得到第個神經元的輸出。

若用 X 表示輸入向量，用 W 表示權重向量，即：

$$X = (x_1, x_2, x_3, \cdots, x_n) \tag{10.1}$$

$$W = \begin{bmatrix} w_{i1} \\ w_{i2} \\ w_{i3} \\ \vdots \\ w_{in} \end{bmatrix} \tag{10.2}$$

則神經元 i 的輸出可以表示成向量相乘，形式如下：

$$y_i = f(XW) \tag{10.3}$$

可以發現，神經網路模型具有以下特點：

(1) 神經元是一個資訊處理單元，可以多輸入單輸出。

(2) 不同的輸入對神經元的作用權重不同，可能增強也可能削弱。

(3) 神經元具有整合的特性。

(4) 神經元的處理具有方向性。

類神經網路是受生物神經系統的啟發而產生的，是一種仿生的方法，是感知器模型的進一步發展，是一種可以適應複雜模型的靈活的啟發式的學習技術。

神經網路中的大量神經元可以平行工作，同時也可以按照先後順序進行分步處理，這可以透過增加神經網路的層數來實現。當層數增加到一定程度後，可以從最初級的 "M-P" 神經元模型，演變為深度學習模型。

10.2　多層神經網路

20 世紀 60 年代由 Frank Rosenblatt 基於 M-P 模型提出了感知器結構。隨後，Rosenblat 舉出了兩層感知器的收斂定理，提出了具有自我學習能力的神經網路模型——感知器模型，神經網路從純理論走向了實際的專案應用。

多層感知器克服了單層感知器的缺點，原來一些單層感知器無法解決的問題，例如互斥問題，都可以在多層感知器中得以解決。

神經網路預設的方向是從輸入到輸出，資訊可以看成是向前傳遞的，因此從輸入到輸出進行資訊傳遞的多層神經網路也稱為多層前饋型神經網路。根據運算方向，神經網路模型常被分成三類：從輸入層到輸出層的前饋型神經網路、有輸出層到輸入層的回饋的反向傳播神經網路，以及各層間可以相互作用的互連神經網路。

10.2.1 多隱藏層

單層感知器能夠解決線性問題，但無法解決非線性問題。處理非線性問題需要多層神經網路，即多層感知器模型 (Multi-Layer Perceptron，MLP)。

在多層神經網路中，神經元分層排列，有輸入層、中間層（又稱隱藏層，可有多層）和輸出層。每一層神經元只接受來自前一層神經元的輸入。

如圖 10.3 中的神經網路就是一個簡單的三層神經網路。最左邊的稱為輸入層，其中的神經元就是輸入神經元，負責接收資料。最右邊的為輸出層，由輸出神經元組成，我們可以從這層獲取神經網路輸出資料。在輸入層和輸出層之間的層稱為隱藏層，它們對外部來說是不可見的。

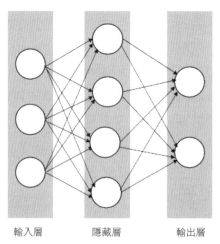

輸入層　　　　隱藏層　　　　輸出層

圖 10.3 只有一個隱藏層的簡單神經網路

神經網路需要遵循以下原則：

(1) 同一層的神經元之間沒有連接。

(2) 上一層神經元的輸出是下一層神經元的輸入。

(3) 每個連接都有一個權值。

如果一個神經網路中，每一層中每個神經元都和下一層的所有神經元相連，則這個神經網路是全連接的，稱為全連接神經網路。

下面討論神經網路在每一層完成的轉換。首先將圖 10.3 中的神經網路擴充，增加一層隱藏層。設 f 為變換函數，w_i 為權重矩陣，a_i 為每個隱含層的輸出向量。如圖 10.4 所示。

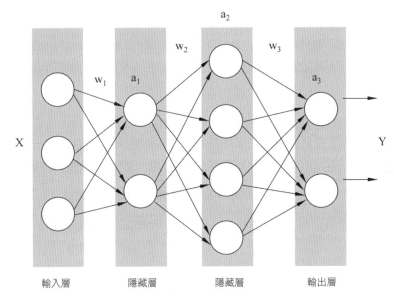

圖 10.4　有兩個隱藏層的神經網路

神經網路的輸入為 X，神經網路的最終輸出為 Y。其中每一層的輸出向量的計算可以表示為：

$$a_1 = f(w_1 \cdot X) \tag{10.4}$$

$$a_2 = f(w_2 \cdot a_1) \tag{10.5}$$

$$Y = a_3 = f(w_3 \cdot a_2) \tag{10.6}$$

神經網路可以用於解決分類問題，也可以用於回歸問題。分類結果或回歸結果為輸出層神經元的值。

在多層神經網路中，每一層輸出的都是上一層輸入的線性函數，所以無論網路結構怎麼搭，輸出都是輸入的線性組合。為了避免單純的線性組合，一般在每一層的輸出後面都增加一個函數變換（常見的如 Sigmoid、Tanh、ReLu 函數等等），這個函數稱為啟動函數。

10.2.2 啟動函數

在神經網路達到多層後，會面臨一些新的問題。如果神經網路每個層使用的函數是線性的，這樣的多個線性函數經過變換疊加後，其最終表現仍然是線性的。即很多層與單層相比沒有太大變化。

而且，在調整神經網路的權重參數時，通常的預想是逐步進行微調，慢慢提高準確率。然而感知器在調整權重和偏差時，一個微小的修改會使結果導致發生巨大翻覆。

此外，在很多情況下希望函數是連續光滑的，方便求導來得到極值。在分類問題中，希望函數是飽和的。飽和的含義是函數的輸出應該有一定的侷限範圍，有最大值和最小值。如果神經網路用於回歸，可以忽略飽和問題。

S 形函數能解決上面的問題，是一個非常理想的選擇。S 形函數除了 Sigmoid 函數、還有 Tanh(雙曲正切)、ReLu 函數等，形態如圖 10.5 所示。由於 Sigmoid 函數能把較大變化範圍的輸入值調整，得到（0,1）範圍內的輸出，因此有時也稱為擠壓函數。

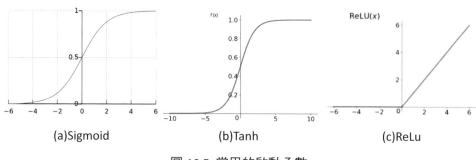

(a)Sigmoid   (b)Tanh   (c)ReLu

圖 10.5 常用的啟動函數

我們已經知道，Sigmoid 函數的形式為：

$$f(x) = \frac{1}{1 + e^{-x}}$$

(10.7)

其中 x 的取值範圍是 $(-\infty, +\infty)$，而值域為 $(0, 1)$。

神經網路的啟動層在隱藏層之後，如圖 10.6 所示為最簡單的帶有啟動函數的神經網路結構。

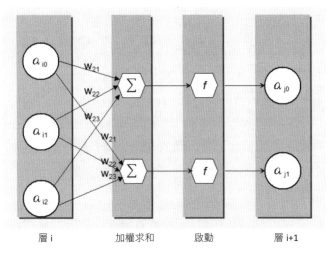

圖 10.6　帶有啟動層的神經網路模型

圖 10.6 的神經網路中，假設層 j 為與層 i 鄰接的層。在層 j 和層 i 之間增加了一個啟動層。從左邊開始，輸入資料為 a_{i0}, a_{i1}, a_{i1}，經過權重計算得到層的輸入。由於啟動層的存在，輸入資料在加權求和後，沒有直接向前傳送，而是先經過啟動運算，然後再傳遞到 j 層。啟動函數能造成 " 啟動 " 神經網路的作用。

10.3　BP 神經網路

反向傳播 (Back Propagation，BP) 演算法也稱 BP 神經網路，是一種帶有回饋的神經網路反向學習方法。它可以對神經網路的各層上的各個神經元之間的連接權重進行不斷迭代修改，使神經網路將輸入資料轉換成期望的輸出資料。

BP 神經網路的學習過程由正向傳播和反向傳播兩部分組成。正向傳播完成通常的前向計算，由輸入資料運算得到輸出結果。反向傳播的方向則相反，是將計算得到的誤差回送，逐層傳遞誤差調整神經網路的各個權值。然後神經網路再次進行前向運算，直到神經網路的輸出達到期望的誤差要求。

BP 神經網路在修改連接各神經元之間的權重時，依據的是神經網路當前的輸出值與期望值之間的差。神經網路將這個差值一層一層向回傳送，並根據這個差值修改各連接的權重。BP 神經網路的學習過程可以以下描述：

(1) 神經網路模型初始化。包括為各個連接權重指定初值、設定內建函數、設定誤差函數、給定預期精度，以及設定最大迭代次數等。

(2) 將資料集輸入神經網路，計算輸出結果。

(3) 求輸出結果與期望值的差，作為誤差。

(4) 將誤差回傳到與輸出層相鄰的隱藏層，同時依照誤差減小的目標，依次調整各個連接權重。然後依次回傳，直到第一個隱藏層。

(5) 使用新的權重作為神經網路的參數，重複步驟 (2) 至 (4)，使誤差逐漸降低，達到預期精度。

下面詳細介紹 BP 神經網路演算法的運算過程。假設神經網路具有一個輸入層、一個隱藏層和一個輸出層，模型如圖 10.7 所示。

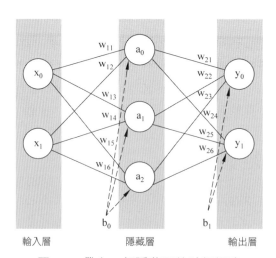

圖 10.7 帶有一個隱藏層的神經網路

我們以監督學習為例來解釋反向傳播演算法。在圖 10.7 的神經網路中，我們首先根據特徵向量計算出神經網路中每個隱藏層節點的輸出 a_i，以及輸出層每個節點的輸出 y_i。

模型的運算分成前向運算和反向傳播兩部分。首先看前向運算過程，資料從輸入層開始，向前傳遞，直到輸出層。輸入層的兩個輸入神經元分別為 x_0，x_1；隱藏層有三個神經元，分別為 a_0, a_1, a_2；輸出層有兩個輸出，分別是是 y_0，y_1，對應的真值為 y'_0, y'_1。假設輸入層到隱藏層之間的權重分別為 w_{11}, w_{12}, $\cdots$, w_{16}，偏移量為 b_0；隱藏層到輸出層之間的權重為 w_{21}, w_{22}, $\cdots$, w_{26}，偏移量為 b_1。

1. BP 神經網路的前向運算過程

假設使用的啟動函數為 Sigmoid 函數，則隱藏層第一個神經元的結果為：

$$a_0 = \text{Sigmoid}(w_{11} \times x_0 + w_{12} \times x_1 + b_0) \qquad (10.8)$$

輸出層第一個神經元的計算結果為：

$$y_0 = \text{Sigmoid}(w_{21} \times a_0 + w_{22} \times a_1 + w_{23} \times a_2 + b_1) \qquad (10.9)$$

2. BP 神經網路的反向傳播過程

反向傳播的資訊的主要成分是網路的誤差。用 err 表示神經網路模型的誤差，y'_i 代表輸出層中第 i 個神經元的真值，y_i 代表輸出層中第個神經元的實際值。我們可以定義誤差函數為二者差值的平方和，如下：

$$err = \frac{1}{2} \sum_{i=1}^{n} (y'_i - y_i)^2 \qquad (10.10)$$

根據上式 (10.10)，圖 10.7 模型的總誤差為：

$$err = E_{o1} + E_{o2} = \frac{1}{2}((y'_0 - y_0)^2 + (y'_1 - y_1)^2) \qquad (10.11)$$

接下來使用 err 來更新權重參數。這裡選擇只更新權重，如果要更新其他參數，操作方式類似。

我們要求的是神經網路中相鄰兩層的每個神經元的權重變化量，從而對原權重進行調整。為了使誤差快遞降低，可以採用梯度下降的方法，求誤差對權重的偏導，使誤差沿逆梯度方向逐步減小。

3. 更新 w_{21} 參數的過程

誤差的傳遞從輸出層開始，先傳遞給最後一個隱藏層。所以首先調整與輸出層相連的最後一個隱藏層。

先來看 w_{21} 參數的調整過程。如圖 10.8 所示，可以將最後一層的運算進行詳細拆分，誤差先傳遞給 y_0 神經元，然後再傳遞到加權和 Sum_{y0}，再傳遞到權重 w_{21}。

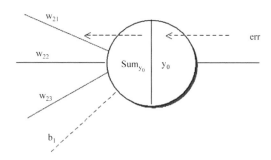

圖 10.8 參數調整過程

w_{21} 參數的變化量依賴 err 對 w_{21} 的偏導數，共由三部分組成，依次為總誤差對輸出值 y_0 的偏導、y_0 對最後一層的加權和 Sum_{y0} 的偏導、Sum_{y0} 對 w_{21} 的偏導數。根據連鎖律展開：

$$\frac{\partial err}{\partial w_{21}} = \frac{\partial err}{\partial y_0} \times \frac{\partial y_0}{\partial Sum_{y_0}} \times \frac{\partial Sum_{y_0}}{\partial w_{21}} = \frac{\partial(E_{o1} + E_{o2})}{\partial y_0} \times \frac{\partial y_0}{\partial Sum_{y_0}} \times \frac{\partial Sum_{y_0}}{\partial w_{21}} \qquad (10.12)$$

將公式分為三部分，先計算第一個乘式。從結構上看，w_{21} 參數只和 E_{o1} 有關，將 E_{o1} 展開：

$$\frac{\partial(E_{o1} + E_{o2})}{\partial y_0} = \frac{\partial E_{o1}}{\partial y_0} + \frac{\partial E_{o2}}{\partial y_0} = \frac{\partial E_{o1}}{\partial y_0} + 0 = \frac{\partial\left(\frac{1}{2}(y'_0 - y_0)^2\right)}{\partial y_0} = y'_0 - y_0 \qquad (10.13)$$

再算第二個乘式，即對 Sigmoid 函數求偏導，具體過程見下面 Sigmoid 求導過程，結果為：

$$\frac{\partial y_0}{\partial \operatorname{Sum}_{y_0}} = y_0 (1 - y_0) \tag{10.14}$$

最後算第三個乘式：

$$\frac{\partial \operatorname{Sum}_{y_0}}{\partial w_{21}} = \frac{\partial (w_{21} \times a_0 + w_{22} \times a_1 + w_{23} \times a_2 + b_1)}{\partial w_{21}} = a_0 \tag{10.15}$$

所以，三個式子相乘後，所得到的 err 對 w_{21} 的偏導數為：

$$\frac{\partial \operatorname{err}}{\partial w_{21}} = (y'_0 - y_0) \times y_0 (1 - y_0) \times a_0 \tag{10.16}$$

設 lrate 為學習率，按偏導數的逆方向來更新 w_{21}：

$$w_{21} = w_{21} - \Delta w_{21} = w_{21} - \operatorname{lrate} \times \frac{\partial \operatorname{err}}{\partial w_{21}} \tag{10.17}$$

Sigmoid 函數求導過程

下面我們來詳細介紹 Sigmoid 函數的求導過程。Sigmoid 函數的形式為：

$$f(x) = \frac{1}{1 + e^{-x}}$$

$$f'(x) = \left(\frac{1}{1 + e^{-x}}\right)'$$

$$= \frac{e^{-x}}{(1 + e^{-x})^2}$$

$$= \frac{1 + e^{-x} - 1}{(1 + e^{-x})^2}$$

$$= \frac{1}{1 + e^{-x}}\left(1 - \frac{1}{1 + e^{-x}}\right)$$

$$= f(x)(1 - f(x))$$

4. 更新 w_{11} 參數的過程

上面計算的 w_{21} 參數代表的是最後一個隱藏層到輸出層的權重，此外還有其他層到隱藏層的權重參數也需要進行調整更新。下面我們以 w_{11} 參數為例進行詳細説明。

w_{11} 的權重左側的輸入為 x_0，右側的輸出為 a_0，與上面的 y_0 不同，a_0 與 E_{o1} 和 E_{o2} 都有連結，將隱藏層位置的細節展開，如圖 10.9 所示。

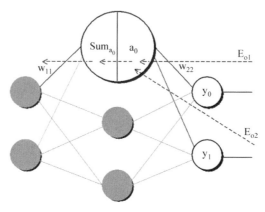

圖 10.9 更新參數的過程

與 w_{21} 參數類似，w_{11} 參數只與 E_{o1} 和 E_{o2} 有關。

err 對 w_{11} 的偏導數也是由三部分組成，分別為總誤差 err 對 a_0 輸出值的偏導、a_0 對加權和 Sum_{a_0} 的偏導、Sum_{a_0} 對 w_{11} 的偏導數，與 w_{21} 的更新公式略有不同。

根據連鎖律展開：

$$\frac{\partial err}{\partial w_{11}} = \frac{\partial err}{\partial a_0} \times \frac{\partial a_0}{\partial Sum_{a_0}} \times \frac{\partial Sum_{a_0}}{\partial w_{11}} = \left(\frac{\partial E_{o1}}{\partial a_0} + \frac{\partial E_{o2}}{\partial a_0}\right) \times \frac{\partial a_0}{\partial Sum_{a_0}} \times \frac{\partial Sum_{a_0}}{\partial w_{11}} \quad (10.18)$$

(1) 先計算第一個乘式。

其中第一個加數為：

$$\frac{\partial E_{o1}}{\partial a_0} = \frac{\partial E_{o1}}{\partial Sum_{y_0}} \times \frac{\partial Sum_{y_0}}{\partial a_0} = \frac{\partial E_{o1}}{\partial y_0} \times \frac{\partial y_0}{\partial sum_{y_0}} \times \frac{\partial Sum_{y_0}}{\partial a_0} \quad (10.19)$$

由前文可知，$\frac{\partial E_{o1}}{\partial y_0} = y'_0 - y_0$，$\frac{\partial y_0}{\partial Sum_{y_0}} = y_0(1-y_0)$，同時

$$\frac{\partial \, \text{Sum}_{y_0}}{\partial a_0} = \frac{\partial (w_{21} \times a_0 + w_{22} \times a_1 + w_{23} \times a_2)}{\partial a_0} = w_{21} \quad (10.20)$$

整理可得第一個加數結果,是:

$$\frac{\partial E_{o1}}{\partial a_0} = (y'_0 - y_0) \times y_0 (1 - y_0) \times w_{21} \quad (10.21)$$

同理,第二個加數結果為:

$$\frac{\partial E_{o2}}{\partial a_0} = (y'_1 - y_1) \times y_1 (1 - y_1) \times w_{22} \quad (10.22)$$

所以,第一個乘式的最終結果為:

$$\frac{\partial E_{o1}}{\partial a_0} + \frac{\partial E_{o2}}{\partial a_0} = (y'_0 - y_0) \times y_0 (1 - y_0) \times w_{21} + (y'_1 - y_1) \times y_1 (1 - y_1) \times w_{22}$$
$$(10.23)$$

(2) 再計算第二個乘式。

為啟動函數的偏導數,此處為:

$$\frac{\partial a_0}{\partial \, \text{Sum}_{a_0}} = a_0 (1 - a_0) \quad (10.24)$$

(3) 最後,算第三個乘式。

$$\frac{\partial \, \text{Sum}_{a_0}}{\partial w_{11}} = \frac{\partial (w_{11} \times x_1 + w_{12} \times x_2 + b_0)}{\partial w_{11}} = x_1 \quad (10.25)$$

(4) 將上面三個步驟的結果相乘,就得到完整的公式結果,如下:

$$\frac{\partial \, \text{err}}{\partial w_{11}} = ((y'_0 - y_0) \times y_0 (1 - y_0) \times w_{21} +$$
$$(y'_1 - y_1) \times y_1 (1 - y_1) \times w_{22}) \times a_0 (1 - a_0) \times x_1 \quad (10.26)$$

然後,預設一個學習速率係數。根據上面的偏導,計算並更新每個連接上的權值。

總之,神經網路每個節點誤差項的計算和權重更新時需要計算節點的誤差項，這就要求誤差項的計算順序必須是從輸出層開始，然後反向依次計算每個隱藏層的誤差項，直到與輸入層相連的那個隱藏層。這就是反向傳播演算法的含義。

有了誤差 E，透過求偏導就可以求得最佳的權重（不要忘記學習率）。下面使用程式來實現 BP 神經網路的計算過程。

【例 10.1】BP 神經網路的 Python 實現。

問題描述：神經網路的輸入為 3 和 6，期待的輸出分別為 0 和 1。輸入層到隱藏層的初始權重依次為：w_{11}=0.11, w_{12}=0.12, w_{13}=0.13, w_{14}=0.14, w_{15}=0.15, w_{16}=0.16，截距為 0.3；隱藏層到輸出層的初始權重依次為：w_{21}=0.17, w_{22}=0.18, w_{23}=0.19, w_{24}=0.20, w_{25}=0.21, w_{26}=0.22，截距為 0.6。

使用 BP 神經網路演算法，迭代調整得到合適的權重，並查看不同迭代次數下的誤差結果。神經網路的學習率設定為 0.3。

```python
import numpy as np
import matplotlib.pyplot as plt

# 定義 Sigmoid 變換函數
def sigmoid(x):
    return 1/(1+np.exp(-x))

#BP 演算法中的前向計算過程
def forward_NN(x,w,b):
    # 隱藏層輸出
    h1 = sigmoid(w[0] * x[0] + w[1] * x[1] + b[0])
    h2 = sigmoid(w[2] * x[0] + w[3] * x[1] + b[0])
    h3 = sigmoid(w[4] * x[0] + w[5] * x[1] + b[0])
    #print(h1,h2,h3)  查看中間值
    # 最終輸出
    o1 = sigmoid(w[6] * h1 + w[8] * h2+ w[10] * h3 + b[1])
    o2 = sigmoid(w[7] * h1 + w[9] * h2+ w[11] * h3 + b[1])
    return h1,h2,h3,o1,o2

# 反向傳遞，調整參數
def fit(o1,o2,y,x,w,lrate,epochs):
    # 迴圈迭代，調整參數 w
    for i in range(epochs):
        p1=lrate *(o1-y[0])*o1*(1-o1)
        p2=lrate *(o2-y[1])*o2*(1-o2)
```

```
        #w₁₁ 到 w₁₆
        w[0] = w[0] - (p1 * w[6] + p2 * w[7]) * h1 * (1 - h1) * x[0]
        w[1] = w[1] - (p1 * w[6] + p2 * w[7]) * h1 * (1 - h1) * x[1]
        w[2] = w[2] - (p1 * w[8] + p2 * w[9]) * h2 * (1 - h2) * x[0]
        w[3] = w[3] - (p1 * w[8] + p2 * w[9]) * h2 * (1 - h2) * x[1]
        w[4] = w[4] - (p1 * w[10]+ p2 *w[11]) * h3 * (1 - h3) * x[0]
        w[5] = w[5] - (p1 * w[10]+ p2 *w[11]) * h3 * (1 - h3) * x[1]

        #w21 到 w26
        w[6] = w[6]-p1*h1
        w[7] = w[7]-p2*h1
        w[8] = w[8]-p1*h2
        w[9] = w[9]-p2*h2
        w[10]=w[10]-p1*h3
        w[11]=w[11]-p2*h3
    return w
print('Step1: 初始化參數 ...')
x = [3,6]
y = [0,1]
w = [0.11, 0.12, 0.13, 0.14, 0.15, 0.16, 0.17, 0.18, 0.19, 0.2, 0.21, 0.22]
b = [0.3, 0.6]
lrate=0.3

print('Step2: fit...')
print('Step3: predict...')
print('   真值為：',y)
sumDS = []
for epochs in range(0,51,5):
    h1,h2,h3,o1,o2=forward_NN(x,w,b)
    #step2:fit
    w=fit(o1,o2,y,x,w,lrate,epochs)

    #step3:predict
    h1,h2,h3,o1,o2=forward_NN(x,w,b)
    print('   迭代 ',epochs,' 次後的輸出為：',o1,o2)
    sumDS.append((o1-y[0])+(o2-y[1]))
print('Step4:Plot...')
plt.plot(range(0, 51,5),sumDS)
plt.title('The Epoch-Error plot ')
plt.xlabel('Epochs')
plt.ylabel('Total error')
plt.show()
```

執行結果，繪製的結果圖如圖 10.10。

```
Step1: 初始化參數 ...
Step2: fit...
Step3: predict...
  真值為： [0, 1]
  迭代  0 次後的輸出為： 0.7444102846297973 0.7490681498889493
  迭代  5 次後的輸出為： 0.6544573198198211 0.7737427975602681
  迭代 10 次後的輸出為： 0.4189355083200056 0.8254607166474437
  迭代 15 次後的輸出為： 0.16887284155339957 0.8724507802691454
  迭代 20 次後的輸出為： 0.1181405554466929 0.8977334952467485
  迭代 25 次後的輸出為： 0.09253692424317118 0.915206811708323
  迭代 30 次後的輸出為： 0.07651328891392468 0.9277876704729726
  迭代 35 次後的輸出為： 0.06539599639256599 0.9372033821399455
  迭代 40 次後的輸出為： 0.05718067913698188 0.9444865186877683
  迭代 45 次後的輸出為： 0.050841218189917006 0.9502758549409513
  迭代 50 次後的輸出為： 0.045790949215356945 0.9549826076463102
Step4:Plot...
```

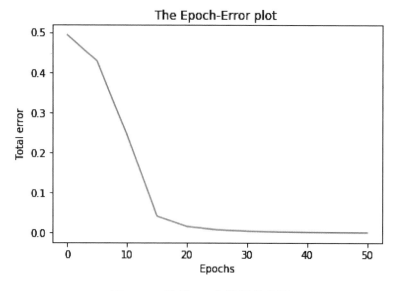

圖 10.10　迭代 50 次的誤差曲線

　　由圖 10.10 可以看出，隨著迭代次數 (Epochs) 的增加，總輸出誤差 (Total error) 在逐步下降。迭代 20 次左右，誤差下降到了一個平台，此後的下降比較緩慢。值得注意的是，在有些問題中誤差會降低之後又忽然升高，出現反覆。針對這種情況，可以考慮調整學習率。

由於具有自我調整調節功能，BP 神經網路已成為應用最廣泛的神經網路學習演算法。

▌ 實驗

我們已經知道，多層神經網路中有多個隱藏層。一般來說輸入層和輸出層的設計最為簡單。例如手寫數字辨識，輸入為手寫的數位影像，輸出為判斷結果。相對來說，隱藏層的設計難度最大。

實驗 10-1：Python 實現雙層感知器。

問題描述：實現一個簡單的至於輸入層和輸出層的前饋神經網路，輸入資料與輸出資料具有下面的對應關係：

```
[[0,0,1],  —— 0
 [0,1,1],  —— 1
 [1,0,1],  —— 0
 [1,1,1]]  —— 1
```

從資料可以看出：輸入層有三個神經元，輸出層只有一個神經元，結構如圖 10.11 所示。

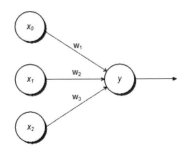

圖 10.11　三個輸入一個輸出的感知機示意圖

設 $X=[x_0,x_1,x_2]$，真值為 y'，學習率為 lrate，啟動函數 sigmoid 函數為 f(y)，求偏導，可得到權重參數的調整量為：

$$\Delta w = \text{lrate} \times 2 \times (y' - y) \times f'(y) \times X$$

計算過程使用 NumPy 提供的：exp()、array()、dot()、random() 等數學方法，程式以下例所示。

```python
import numpy as np
# 定義 sigmoid 函數
def sigmoid(x):
    return (1/(1+np.exp(-x)))

# 定義 sigmoid 導數
def dSigmoid(y):
    return y*(1-y)

# 輸入資料
X = np.array([  [0,0,1],
                [0,1,1],
                [1,0,1],
                [1,1,1] ])
# 標記
y = np.array([[0,1,0,1]]).T

# 初始化權重和學習率
w0 = np.random.random((3,1))   #with 3 rows and 1 column
#print(w0)
b0=0.5
lrate=0.3

# 迭代次數 epoches=20
for Epochs in range(20):

    # 前向
    inX = X
    outY = sigmoid(np.dot(inX,w0)+b0)

    #BP 更新
    w0  += lrate*np.dot(inX.T,2*(y-outY) *dSigmoid(outY))
    b0  += lrate*2*(y-outY) *dSigmoid(outY)

    Err=(y-outY)*(y-outY)
    print('Epochs=',Epochs+1,'Error is:',Err.T)
```

執行結果：

```
Epochs= 1 Error is: [[0.6492143  0.01993205 0.83324391 0.00373774]]
Epochs= 2 Error is: [[0.60150068 0.02301463 0.80333262 0.00480085]]
Epochs= 3 Error is: [[0.54658701 0.02680447 0.76502079 0.00630061]]
Epochs= 4 Error is: [[0.48515255 0.03141799 0.71604711 0.00843863]]
Epochs= 5 Error is: [[0.41928817 0.03690428 0.65439988 0.01148449]]
Epochs= 6 Error is: [[0.35264426 0.04315095 0.57953881 0.01574023]]
Epochs= 7 Error is: [[0.28983133 0.04976663 0.49424306 0.02140762]]
Epochs= 8 Error is: [[0.23505523 0.0560179  0.40577597 0.02832795]]
Epochs= 9 Error is: [[0.19069585 0.06096384 0.3239729  0.03574515]]
Epochs= 10 Error is: [[0.15678435 0.06384453 0.25633438 0.04246159]]
Epochs= 11 Error is: [[0.13165445 0.06445938 0.20480511 0.04745382]]
Epochs= 12 Error is: [[0.11309319 0.06317108 0.16708215 0.05035414]]
Epochs= 13 Error is: [[0.09915083 0.06059713 0.13959217 0.05138597]]
Epochs= 14 Error is: [[0.08839579 0.057322   0.11923122 0.05102914]]
Epochs= 15 Error is: [[0.079859   0.05377588 0.10376972 0.04976444]]
Epochs= 16 Error is: [[0.07290158 0.05023104 0.09171365 0.04797005]]
Epochs= 17 Error is: [[0.06710109 0.04684043 0.08207821 0.04590952]]
Epochs= 18 Error is: [[0.06217315 0.04367872 0.07420876 0.04375345]]
Epochs= 19 Error is: [[0.05792149 0.04077344 0.06766154 0.04160633]]
Epochs= 20 Error is: [[0.05420689 0.03812565 0.06212842 0.03952863]]
```

　　從執行結果可以看出，隨著迭代次數的增加，誤差在持續減小。請自己動手修改程式，看看迭代 200 次後，誤差為多少。再把每次誤差結果繪製成圖表，查看誤差變化規律。

實驗 10-2：使用神經網路感知器演算法進行鳶尾花分類。

　　問題描述：定義一個神經網路演算法，對鳶尾花進行分類。使用 iris 資料集中的花瓣長度、花萼長度兩個特徵，資料樣本包括山鳶尾花、其他鳶尾花兩個大類。

　　要求：建構名為 ANNnet 的神經網路類別，類中包括訓練函數 fit() 和預測函數 predict()。誤差採用輸出值與真值的差；學習率為 0.2；初始權重和截距均為 0。使用誤差反向傳播演算法，對權重和截距進行更新，迭代 10 次並查看調整後的結果。

```python
import numpy as np
import pandas as pd
import matplotlib.pyplot as plt

# 神經網路類別
class ANNnet(object):
    def __init__(self, lrate=0.2, epochs=10):   # 初始化函數
```

```
        self.lrate = lrate
        self.epochs = epochs
    def fit(self, X, Y):    # 訓練函數
        self.weight = np.zeros(X.shape[1])
        print('  initial weight:',self.weight)
        self.b=0
        for i in range(self.epochs):
            for x, y in zip(X, Y):
                delta = self.lrate * (y - self.predict(x))
                self.weight[:] += delta * x
                self.b += delta
            print('  weight after ',i+1,' epochs:',self.weight)

    def net_input(self, X):
        return
    def predict(self, X):    # 預測函數
        y=np.dot(X, self.weight[:]) + self.b
        return np.where(y >= 0, 1, -1)

# 載入資料
print('Step1:data loading...')
datafile = 'iris.csv'
df = pd.read_csv(datafile, header=None)

# 繪製樣本分佈圖
print('Step2:data ploting...')
Y = df.loc[0:, 4].values
Y = np.where(Y == "setosa", 1, -1)
X = df.iloc[0:, [0, 2]].values
plt.scatter(X[:50, 0], X[:50, 1], color="red", marker='o',
    label='Setosa')
plt.scatter(X[50:, 0], X[50:, 1], color="blue", marker='o',
    label='Versicolor or Virginica')
plt.xlabel("petal length")
plt.ylabel("sepal lengthh")
plt.legend(loc='upper left')
plt.show()
# 建構神經網路模型
print('Step3:Network Building...')
pr = ANNnet()
# 進行訓練
print('Step4:fitting ...')
pr.fit(X, Y)

# 使用三個測試樣本進行預測
print('Step5:predicting...')
print('  iris1 result:',pr.predict([5.1,1.4]))
```

```
print('  iris2 result:',pr.predict([7,4.7]))
print('  iris3 result:',pr.predict([5.9,5.1]))
```

輸出的樣本分佈圖如圖 10.12 所示。

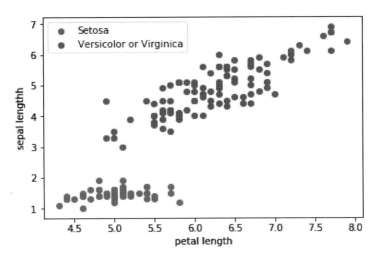

圖 10.12 使用神經網路對鳶尾花進行分類

輸出的資料結果為：

```
Step1:data loading...
Step2:data ploting...
Step3:Network Building...
Step4:fitting ...
  initial weight: [0. 0.]
  weight after  1  epochs: [-2.8  -1.88]
  weight after  2  epochs: [-1.6  -2.64]
  weight after  3  epochs: [-0.4 -3.4]
  weight after  4  epochs: [-0.64 -4.24]
  weight after  5  epochs: [ 1.4  -3.68]
  weight after  6  epochs: [ 1.4  -3.68]
  weight after  7  epochs: [ 1.4  -3.68]
  weight after  8  epochs: [ 1.4  -3.68]
  weight after  9  epochs: [ 1.4  -3.68]
  weight after  10  epochs: [ 1.4  -3.68]
Step5:predicting...
  iris1 result: 1
  iris2 result: -1
  iris3 result: -1
```

輸出結果顯示，初始權重為 [0,0]。在學習率為 0.2 的情況下，演算法迭代四次後，獲得了一個比較穩定的權重參數 [1.4,-3.68]。這個權重參數保持不變，一直到第十次迭代。

請嘗試修改程式，調整學習率 lrate 和迭代次數 epochs，來獲得不同的分析結果。可以發現在不同的初始參數下，獲得了不同的結果。請對照資料樣本的分佈圖，思考並找到原因。

第 **11** 章

深度學習

本 章 概 要

　　在人工智慧的三次發展浪潮過程中，神經網路一直是重要的研究領域。
20 世紀 80 年代，神經網路只能架設單獨的或小規模的神經元集合。之後
幾十年的發展，神經網路中的神經元數量呈級數增長。某些模型中神經元
的數量已經接近生物大腦中生物神經元的數量級。由於硬體條件和基礎理
論的發展限制，神經網路的計算代價過高，難以訓練。所以在 21 世紀之前，
神經網路一直沒有達到人們的預期。即使如此，也獲得了很多令人矚目的
成果。

　　隨著更快的 CPU 以及 GPU 的出現，複雜神經網路的計算問題獲得了解
決，模型層次得以不斷增加，產生了深度學習。深度學習在影像辨識、語
音辨識等領域成績顯著。深度學習中，神經網路的規模和精度都在不斷提
高，也越來越能夠解決複雜的任務。

　　根據所解決的目標任務性質，還發展出卷積神經網路、循環神經網路
等多種網路模型。深度學習的另一個巨大成就是促進了強化學習的進步，
使得模型成為一個智慧個體，透過不斷試錯獲得最佳策略。深度學習的未
來充滿了機遇和挑戰。

學 習 目 標

　　當完成本章的學習後，要求：

1. 了解深度學習概念；
2. 理解卷積神經網路的原理；
3. 了解循環神經網路的結構；
4. 熟悉 TensorFlow 學習框架的基本應用；
5. 了解 Keras 學習框架的簡單使用。

▌11.1 深度學習概述

在多層神經網路中,從輸入層到輸出層牽涉到多層計算,計算包含的最長路徑的長度稱為深度。深度學習是機器學習的子領域,是透過多層表示來對資料之間的複雜關係進行建模的演算法。

前面第 10 章所介紹的神經網路模型,仍然屬於淺層模型,即輸出特徵是經過簡單變換得到的。引入深度模型後,我們可以計算更多更複雜的特徵。深度模型比淺層模型具有更好的表達能力,能學習到更複雜的關係。

深度神經網路的計算量非常大,在過去的一段時間裡,受硬體設施所限制導致發展非常緩慢。近年來,電腦的運算能力極大提升,促進了深度學習的蓬勃發展,如 CNN、RNN 和 LSTM 演算法等,已經是目前影像辨識、自然語言處理等方面廣受歡迎的深度學習模型。

11.1.1 深度學習的產生

深度學習的核心是特徵的分層處理,想法來自神經生物學科。1981 年的諾貝爾醫學獎提出視覺系統的可視皮層是分級處理資訊的。舉例來說,一個人在看一個物體時,首先眼睛捕捉到了原始訊號;然後大腦皮層的某些細胞對訊號先做初步處理;接下來另一些大腦皮層細胞進行資訊抽象,例如判定物體形狀;而後進一步抽象,判定該物體是什麼。

由此可見,人類視覺系統的資訊處理是分級的。從低級的區域提取邊緣特徵,再到高一層提取形狀或目標,再到更高層,辨識整個目標。從低層到高層,特徵越來越抽象,越來越能表現語義或意圖。而抽象層面越高,存在的可能猜測就越少,就越利於分類。舉例來說,單字集合和句子的對應是多對一的,句子和語義的對應又是多對一的,語義和意圖的對應還是多對一的,這是個層級系統。

深度學習將這種設計方法應用到影像處理中,首先將影像分解,得到影像各部分與整體的關係,然後分層次進行學習,如圖 11.1 所示。

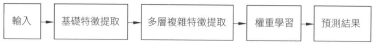

圖 11.1 深度學習的演算法流程

　　例如使用深度學習模型來檢測圖 11.2(a)，模型在第一層檢測影像的像素和邊緣；第二層檢測輪廓和簡單線條；在後面的層上，將輪廓、形狀加以組合以檢測複雜特徵，如圖 11.2(b)~(e) 所示。

(a) 原圖

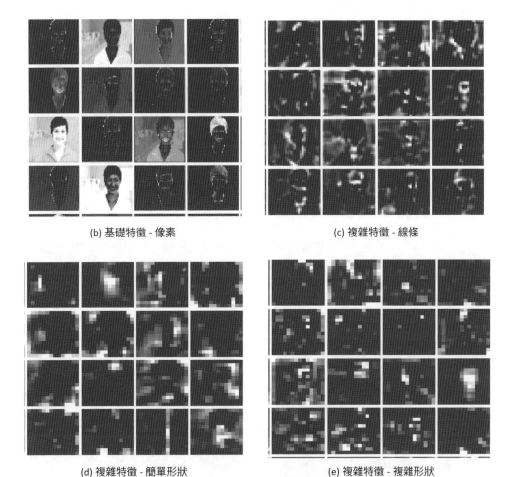

(b) 基礎特徵 - 像素　　　　　　　　　　　(c) 複雜特徵 - 線條

(d) 複雜特徵 - 簡單形狀　　　　　　　　　(e) 複雜特徵 - 複雜形狀

圖 11.2　深度學習在影像分類問題上的流程範例

(圖片來源：www.veer.com ，授權編號：202005041726340704)

深度學習是機器學習研究中的新領域，可以學習特徵之間的關係，以及特徵與目標任務的聯繫。此外，深度學習還可以從簡單的資料特徵中提取出複雜特徵。深度學習解決的核心問題就是自動將簡單特徵組合成更加複雜的特徵，然後使用這些相對複雜的組合特徵解決問題。

最後要提的一點是，大腦皮層同樣是分多層進行計算的。例如視覺影像在人腦中是分多個階段進行處理的，首先是進入大腦皮層的 "V1" 區，然後緊接著進入大腦皮層 "V2" 區，依此類推。

11.1.2 深度學習的發展

深度學習 (Deep Learning) 的概念由 Hinton 等人於 2006 年提出，並發表於一篇名為《一種深度置信網路的快速學習演算法》的論文中。Lecun 等人隨後提出的卷積神經網路是第一個真正的多層結構學習演算法，它利用空間相對關係減少參數目以提高訓練性能。

深度學習的興起源於 2012 年，Hinton 的學生 Alex Kirzhevsky 提出了深度卷積神經網路模型 AlexNet，該模型一舉贏得 ILSVRC 演算法競賽的冠軍，效果大大超過傳統方法。在百萬級的 ImageNet 資料集合上，模型辨識率從傳統的 70% 多提升到 80% 多，展現出巨大的優勢，也開啟了深度學習的研究熱潮。

ILSVRC 競賽, 全稱是 ImageNet Large-Scale Visual Recognition Challenge，即通常所說的 ImageNet 比賽。所使用的 ImageNet 資料集是由李飛飛團隊收集製作而成的大型圖像資料集。

ILSVRC 競賽主要包括影像分類與目標定位、影像物件辨識、視訊物件辨識、場景分類等子專案。ILSVRC 各年度各專案上的競賽冠軍演算法幾乎都是電腦視覺領域的經典演算法。舉例如下：

- 2012 年冠軍演算法：AlexNet，使用的是 8 層神經網路模型，錯誤率（error rate）為 15.32%。

- 2013 年冠軍演算法：ZFNet，Clarifai 公司出品，使用 8 層神經網路模型，錯誤率 11.20%。

- 2014 年冠軍演算法：VGG 演算法，GoogleNet ，使用 19 層至 22 層。神經網路模型，錯誤率 6.67%。

- 2015 年冠軍演算法：ResNet- 增至 152 層，提出殘差網路。
- 2016 年亞軍演算法：ResNeXt，基於 ResNet 和 Inceptio。
- 2017 年冠軍模型：SENet，錯誤率減小並且複雜度低，新增參數和計算量小。

可以說，正是 2012 年 AlexNet 的突出表現，讓學術界看到了深度學習的巨大潛力。現如今，深度學習已經在多種應用上具有了突破性進展。廣泛應用於電腦視覺、語音辨識、自然語言處理等其他領域。

不過值得一提的是，深度學習也有值得探討的地方，例如：

- 深度學習本質上還是模擬生物神經網路的工作機制。目前人類對大腦的認識還非常粗淺，因此大部分研究是基於推斷和簡單的思考，很可能存在疏漏甚至偏差。
- 學習的來源是資料，不是知識，很難在已有的人類經驗知識基礎上繼續深造學習。
- 深度學習模型比較複雜，建構困難、訓練耗時，需要處理的資料量也比較大。
- 資料的特徵維度對演算法來說比較重要。當深度學習中的資料維數過高時，模型的執行會變得困難，有時會導致維數災難。
- 在進行深層迭代求解時，還必須處理局部極小值、梯度爆炸和梯度消失等問題。

深度學習研究了人腦的學習機制，進行分析學習和解釋資料，是機器學習領域的巨大進度和突破。未來，深度學習是最有希望處理現實世界複雜問題的機器學習方法。

11.2 卷積神經網路

卷積神經網路（Convolutional Neural Networks, CNN）是一類包含卷積計算且具有深度結構的前饋神經網路（Feedforward Neural Networks），是深度學習的代表演算法之一。

11.2.1 卷積網路的神經科學基礎

在仿生演算法類別中，卷積網路應該是最成功的案例之一。卷積網路的關鍵設計原則來自生物神經科學。

卷積網路起源於哺乳動物視覺系統的神經科學實驗。神經生理學家 David Hubel 和 Torsten Wiesel 經過多年合作，研究了貓的腦內神經元如何處理影像的過程。他們的發現成果獲得了諾貝爾獎。其結論是處於視覺系統前端的神經元對特定光模式（例如固定方向的條紋）反應最強烈，對其他模式幾乎沒有反應。

影像首先經過視網膜中的神經元，基本保持原表示法。然後影像透過視神經，從眼睛傳遞到位於頭後部的被稱作 V1 的區域。V1 區域是大腦對視覺輸入執行高級處理的第一個區域，是初級視覺皮層的大腦區域。

深度學習從中獲得了啟發，設計了卷積網路層來描述 V1 的以下性質：

(1) V1 能實現空間映射。V1 具有二維結構來反映影像結構。卷積網路用二維映射的方式來描述該特性。

(2) V1 包含許多簡單細胞。簡單細胞的功能可以概括為影像的小空間區域內的線性函數。卷積網路的檢測器單元就模擬了簡單細胞的功能。

(3) V1 還包括許多複雜細胞。複雜細胞響應既包含簡單細胞的功能，同時能夠容忍特徵位置的微小偏移。卷積網路的池化單元就是從中得到啟發而設計的。

V1 的類似原理也適用於整個視覺系統的其他區域，因此，卷積網路中的基本策略可以被反覆執行、分級處理。即影像經過低級的 V1 區提取邊緣特徵，到 V2 區的基本形狀或目標的局部，再到高層的提取整數個目標。

卷積神經網路在設計中，要把握四個核心關鍵——網路局部互聯（Local Connectivity）、網路核心權值共用（Parameter Sharing）、下採樣（Downsampled）和使用多個卷積層。

在深度學習如卷積神經網路中，使用網路局部互聯、共用權值，這表示更少的參數，能夠大幅降低計算複雜度。深度學習中的下採樣主要透過池化來實現的，下採樣保證了局部不變性。卷積層的任務是檢查前一層的局部連接特徵，而下採樣層是將語義相似的特徵融合為一個。

11.2.2 卷積操作

卷積 (Convolution) 是訊號處理與數位影像處理領域中的常用的方法。透過對影像進行卷積處理，能夠實現影像的基本模糊、鋭化、降低雜訊、提取邊緣特徵等功能，是一種常見的線性濾波方法。

影像處理中使用的是離散的卷積過程，有時可以看作是一種 " 滑動平均 "。主要的結構是一個卷積核心矩陣。

假設函數 f(x),g(x) 是兩個可積函數，其離散卷積公式為：

$$f(n) \times g(n) = \sum_{i=-\infty}^{+\infty} f(i)g(n-i) \tag{11.1}$$

數位影像通常為二維矩陣資料，假設要處理的影像矩陣區域為：

$$f = img = \begin{bmatrix} x_{-1,-1} & x_{-1,0} & x_{-1,1} \\ x_{0,-1} & x_{0,0} & x_{0,1} \\ x_{1,-1} & x_{1,0} & x_{1,1} \end{bmatrix} \tag{11.2}$$

卷積矩陣為：

$$g = \begin{bmatrix} a_{-1,-1} & a_{-1,0} & a_{-1,1} \\ a_{0,-1} & a_{0,0} & a_{0,1} \\ a_{1,-1} & a_{1,0} & a_{1,1} \end{bmatrix} \tag{11.3}$$

根基卷積公式，f(u,v) 處的卷積結果為：

$$f(u,v) \times g(n) = \sum_i \sum_j f(i,j)g(u-i,v-j) = \sum_i \sum_j f_{i,j}g_{u-i,v-j} \tag{11.4}$$

則對於 $x_{0,0}$ 處的像素，可以使用 f 和 g 的內積，有：

$$x_{0,0}{}' = x_{-1,-1}a_{1,1} + x_{-1,0}a_{1,0} + x_{-1,1}a_{1,-1} + x_{0,-1}a_{0,1} + x_{0,0}a_{0,0} +$$
$$x_{0,1}a_{0,-1} + x_{1,-1}a_{-1,1} + x_{1,0}a_{-1,0} + x_{1,1}a_{-1,-1} \tag{11.5}$$

為了簡便操作，對於影像中的每個像素，計算八近鄰像素與卷積矩陣對應位置元素的乘積，再進行累加，得到的和作為該像素位置的新值。從滑動平均的角度看，可以把卷積核心矩陣當作一個「視窗」，這個「視窗」依次滑過影像的每個像素，計算後得到一張與原圖大小相等的新圖，如圖 11.3 所示。

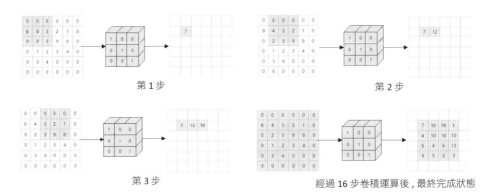

第 1 步　　　　第 2 步

第 3 步　　　　經過 16 步卷積運算後，最終完成狀態

圖 11.3　卷積操作的步驟演示

可以看出，所謂的卷積核心其實可以視為一個權值矩陣。相當於每個像素都與周圍鄰近的像素具有連結關係。卷積核心中的數值決定了像素之間越來越趨近平均（模糊效果），還是差距更大（銳化）。

卷積核心一般為正方形矩陣，矩陣寬度通常取如 3、5、7 等奇數從而保證有矩陣中心。不過也有其他形態的特殊卷積核心。

由圖 11.3 還可以看出，影像邊緣是需要特別注意的地方。例如對左上角第一個像素來說，其左方和上方沒有近鄰像素，這時需要進行特殊的邊界處理，比如可以將影像進行 padding 等邊緣操作。

另外，還需要在網路結構上將卷積神經網路與全連接神經網路進行區分。其主要差別在於連接的權值和感知區域。卷積神經網路由於是局部感知的，所以需要的權值即卷積核心數量很少；而全連接的感知區域廣，對影像處理來說，需要極大數量的權值參數。

【例 11.1】對影像進行卷積處理，最終效果如圖 11.4 所示。

```
import cv2
import numpy as np
# 分別將三個通道進行卷積，然後合併通道
def conv(image, kernel):
    conv_b = convolve(image[:, :, 0], kernel)
    conv_g = convolve(image[:, :, 1], kernel)
```

```
    conv_r = convolve(image[:, :, 2], kernel)
    output = np.dstack([conv_b, conv_g, conv_r])
    return output
# 卷積處理
def convolve(image, kernel):
    h_kernel, w_kernel = kernel.shape
    h_image, w_image = image.shape
    h_output = h_image - h_kernel + 1
    w_output = w_image - w_kernel + 1
    output = np.zeros((h_output, w_output), np.uint8)
    for i in range(h_output):
        for j in range(w_output):
            output[i, j] = np.multiply(image[i:i + h_kernel, j:j + w_kernel],
kernel).sum()
    return output
if __name__ == '__main__':
    path = 'p67.jpg'
    input_img = cv2.imread(path)
    # 1. 銳化卷積核心
    #kernel = np.array([[-1,-1,-1],[-1,9,-1],[-1,-1,-1]])
    # 2. 模糊卷積核心
    kernel = np.array([[0.1,0.1,0.1],[0.1,0.2,0.1],[0.1,0.1,0.1]])
    output_img = conv(input_img, kernel)
    cv2.imwrite(path.replace('.jpg', '-processed.jpg'), output_img)
    cv2.imshow('Output Image', output_img)
    cv2.waitKey(0)
```

(a) 原圖   (b) 邊緣銳化   (c) 變暗

圖 11.4 影像的卷積運算結果

11.2.3 池化操作

經過卷積層的處理，可以取出出影像的高級結構和複雜特徵。為了提取不同類型的特徵，卷積核心一般為多個，這樣就產生了一個問題，下一層的節點數與原圖相同，但多個卷積核心使得連接大大增加，從而導致資料維度上升。

　　因此，在卷積之後通常進行池化操作。池化是將影像按子區域進行壓縮的操作，一般有兩種方法：最大池化（max pooling）和平均池化（average pooling）。如圖 11.5 所示，經過池化，原圖壓縮為原來的 1/4 大小。對於有細小差別的兩幅影像，池化具有平移不變性。即使兩幅圖有幾個像素的偏移，仍然能獲得基本一致的特徵圖，這對影像處理和辨識非常重要。

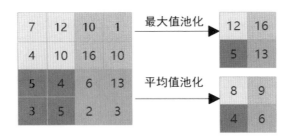

圖 11.5 最大池化與平均池化示意圖

　　平均池化和最大池化也有一定的區別。由於平均值池化是對區域內的像素取平均值，得到的特徵資料對背景資訊更敏感；最大池化是對區域內像素取最大值，得到的特徵資料對紋理資訊更加敏感。所以，在實際應用中，需要根據具體情況進行選擇。

【例 11.2】使用最大池化、平均池化對影像進行池化處理。

　　對圖 11.6(a) 中的原圖，拆分其綠色通道，進行平均池化和最大池化，並對比圖 11.6(b)~(d) 中的各個結果。

```python
import numpy as np
from PIL import Image
import matplotlib.pyplot as plt

# 平均值池化
def AVGpooling(imgData, strdW, strdH):
    W,H = imgData.shape
    newImg = []
    for i in range(0,W,strdW):
        line = []
        for j in range(0,H,strdH):
            x = imgData[i:i+strdW,j:j+strdH]      # 獲取當前待池化區域
            avgValue=np.sum(x)/(strdW*strdH)      # 求該區域的平均值
```

```
            line.append(avgValue)
        newImg.append(line)
    return np.array(newImg)

# 最大池化
def MAXpooling(imgData, strdW, strdH):
    W,H = imgData.shape
    newImg = []
    for i in range(0,W,strdW):
        line = []
        for j in range(0,H,strdH):
            x = imgData[i:i+strdW,j:j+strdH]      # 獲取當前待池化區域
            maxValue=np.max(x)                     # 求該區域的最大值
            line.append(maxValue)
        newImg.append(line)
    return np.array(newImg)

img = Image.open('大海.jpg')
r, g, b = img.split()
imgData= np.array(g)                               # 綠色通道
np.array(b).shape

# 顯示原圖
plt.subplot(221)
plt.imshow(img)
plt.axis('off')

# 顯示原始綠通道圖
plt.subplot(222)
plt.imshow(imgData)
plt.axis('off')
# 顯示平均池化結果圖
AVGimg = AVGpooling(imgData, 2, 2)
plt.subplot(223)
plt.imshow(AVGimg)
plt.axis('off')
# 顯示最大池化結果圖
MAXimg = MAXpooling(imgData, 2, 2)
plt.subplot(224)
plt.imshow(MAXimg)
plt.axis('off')
plt.show()
```

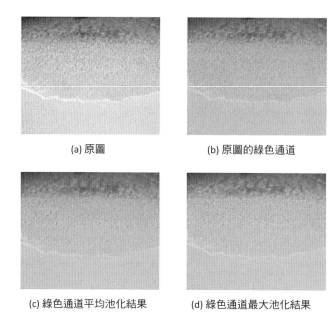

(a) 原圖　　　　　　　　(b) 原圖的綠色通道

(c) 綠色通道平均池化結果　　(d) 綠色通道最大池化結果

圖 11.6　對影像進行池化

　　可以看出，平均值池化與最大池化在效果上具有一定區別。如圖 11.6(c) 中，平均值池化得到的特徵資料整體背景資訊更為明顯；觀察圖 11.6(d) 的結果，可以發現最大池化得到的特徵資料中，紋理資訊更加明顯。

11.2.4　卷積神經網路的啟動函數

　　神經網路中經常使用 Sigmoid 作為啟動函數，不過在深度學習中，由於 Sigmoid 在遠離中心之後，斜率會快速減小，導致 " 梯度消失 " 問題，因此在深度學習中，經常也會使用另一個啟動函數，就是 ReLU。ReLU 的取值範圍為 $[0,+\infty]$，可以將設定值映射到整個正數域。

11.2.5　卷積神經網路模型

　　卷積神經網路適合處理多維資料，能夠充分使用自然訊號資料的屬性。在卷積神經網路的結構中，包含卷積層、池化層和全連接層三類常見結構。其中卷積核心具有權重係數，而池化層不包含權重係數。

以如圖 11.7 所示的 LeNet-5 手寫體辨識模型為例，其隱藏層的結構通常為：
輸入層→卷積層→池化層→卷積層→池化層→全連接層→輸出層。網路結構中
還包含多個啟動函數。卷積層輸出的特徵資料傳遞給池化層，透過池化函數將
特徵圖結果進行池化計算。

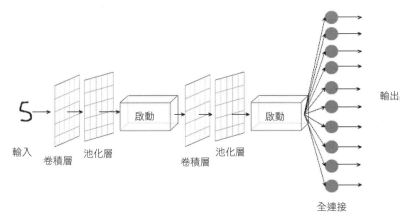

圖 11.7　辨識手寫體的 LeNet-5 神經網路的結構示意圖

卷積神經網路發展快速，並被大量應用於電腦視覺、自然語言處理、物理
學、大氣科學、遙測科學等領域。

VGGNet 也是一個著名的卷積神經網路模型，是牛津大學和 Google 公司的
研究人員共同研發的。它探索了卷積神經網路的深度和其性能之間的關係，透
過反覆堆疊 3×3 的卷積核心和 2×2 的最大池化層，突破性地將卷積神經網路
發展到了 19 層。VGGNet 作為 ILSVRC 的冠軍模型，錯誤率低至 7.5%，直到目
前仍被廣泛使用於提取影像特徵。

【例 11.3】初識 VGGNET。

說明：在 Keras 架構中直接提供了 VGG-16 模組，可以進行呼叫，能方便地
完成 VGG 卷積神經網路的架設，需要注意，TensorFlow2.0 以上版本中也內嵌
了 Keras 框架，為避免與獨立的 Keras 框架衝突，開發時建議使用 TensorFlow
提供的 Keras 框架。

分析下面的程式，結果如圖 11.8(a)~(d)。

```
import numpy as np
from tensorflow import keras
from keras import backend as K
import matplotlib.pyplot as plt
from keras.applications import vgg16      # Keras 內建 VGG-16 模組，直接可呼叫。
from keras.preprocessing import image
from keras.applications.vgg16 import preprocess_input
import math
input_size = 224                          # 網路輸入影像的大小，長寬相等
kernel_size = 64                          # 視覺化卷積核心的大小，長寬相等
layer_vis = True                          # 特徵圖是否視覺化
kernel_vis = True                         # 卷積核心是否視覺化
each_layer = False                        # 卷積核心視覺化是否每層都做
which_layer = 1                           # 如果不是每層都做，那麼第幾個卷積層
path = 'p67.jpg'
img = image.load_img(path, target_size=(input_size, input_size))
img = image.img_to_array(img)
img = np.expand_dims(img, axis=0)
img = preprocess_input(img)   #標準化前置處理
model = vgg16.VGG16(include_top=True, weights='imagenet')
def network_configuration():
    all_channels = [64, 64, 64, 128, 128, 128, 256, 256, 256, 256, 512,
512, 512, 512, 512, 512, 512, 512]
    down_sampling = [1, 1, 1 / 2, 1 / 2, 1 / 2, 1 / 4, 1 / 4, 1 / 4, 1 / 4,
1 / 8, 1 / 8, 1 / 8, 1 / 8, 1 / 16, 1 / 16, 1 / 16, 1 / 16, 1 / 32]
    conv_layers = [1, 2, 4, 5, 7, 8, 9, 11, 12, 13, 15, 16, 17]
    conv_channels = [64, 64, 128, 128, 256, 256, 256, 512, 512, 512, 512,
512, 512]
    return all_channels, down_sampling, conv_layers, conv_channels


def layer_visualization(model, img, layer_num, channel, ds):
    # 設定視覺化的層
    layer = K.function([model.layers[0].input], [model.layers[layer_num].
output])
    f = layer([img])[0]
    feature_aspect = math.ceil(math.sqrt(channel))
    single_size = int(input_size * ds)
    plt.figure(figsize=(8, 8.5))
    plt.suptitle('Layer-' + str(layer_num), fontsize=22)
    plt.subplots_adjust(left=0.02, bottom=0.02, right=0.98, top=0.94,
wspace=0.05, hspace=0.05)
    for i_channel in range(channel):
        print('Channel-{} in Layer-{} is running.'.format(i_channel + 1,
layer_num))
        show_img = f[:, :, :, i_channel]
        show_img = np.reshape(show_img, (single_size, single_size))
        plt.subplot(feature_aspect, feature_aspect, i_channel + 1)
        plt.imshow(show_img)
```

```
        plt.axis('off')
    fig = plt.gcf()
    fig.savefig('c:/feature_kernel_images/layer_' + str(layer_num).zfill(2) +
'.png', format='png', dpi=300)
    plt.show()
all_channels, down_sampling, conv_layers, conv_channels = network_configura
tion()
if layer_vis:
    for i in range(len(all_channels)):
        layer_visualization(model, img, i + 1, all_channels[i], down_
sampling[i])
```

(a) 第 1 層特徵圖

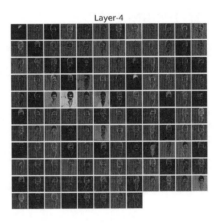

(b) 第 4 層特徵圖

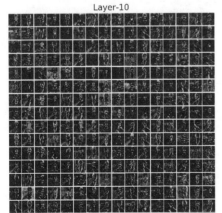

(c) 第 10 層特徵圖

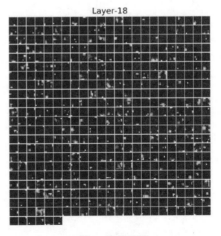

(d) 第 18 層特徵圖

圖 11.8　VGG 產生的卷積神經網路

　　例 11.3 中，我們已經體會 VGG 可以非常方便地匯入已有的神經網路模型，而且模型參數 weights='imagenet' 可以幫使用者自動下載並加訓練好的權重參數。這些模型的權重參數是社區科學研究人員經過大量實驗訓練得到的，對於常見物影像已經具備相當的辨識能力。

　　下面就來體驗如何用已訓練好的模型去辨識未知世界。我們將使用在 ImageNet 資料集上訓練完成的 ResNet-50 模型去辨識現實生活的實物，如動物等。

【例 11.4】VGGNET 辨識貓狗。

　　本實例以圖 11.9 中的三張圖片作為演示，分別使用 dog.jpg、cat.jpg 和 deer.jpg 這三張動物圖片，執行結果為最接近的前 5 個動物。

```
#1. 匯入本實例所用模組。
from keras.applications.resnet50 import ResNet50
from keras.preprocessing import image
from keras.applications.resnet50 import preprocess_input, decode_predic
tions
import numpy as np
from PIL import ImageFont, ImageDraw, Image
import cv2
#2. 參數設定。 注意，已經將訓練好的權重檔案下載到本地因此指定路徑。
# 待辨識的圖片
img_path = 'dog.jpg'                    # 進行狗的判斷
#img_path = 'cat.jpg'                   # 進行貓的判斷
#img_path = 'deer.jpg'                  # 進行鹿的判斷
# 權重檔案路徑
weights_path = 'C:/feature_kernel_images/model/resnet50_weights_tf_dim_or
dering_tf_kernels.h5'
#3. 讀取需要進行辨識的圖片並前置處理。
img = image.load_img(img_path, target_size=(224, 224))
x = image.img_to_array(img)
x = np.expand_dims(x, axis=0)
x = preprocess_input(x)
#4. 獲取模型。
def get_model():
    model = ResNet50(weights=weights_path)
    # 匯入模型以及預訓練權重
    print(model.summary())              # 列印模型概況
    return model
model = get_model()
```

```
#5. 預測圖片 。
preds = model.predict(x)
#6. 列印出 Top-5 的結果。
print('Predicted:', decode_predictions(preds, top=5)[0])
```

使用 dog.jpg 預測的結果：

```
Predicted: [('n02108422', 'bull_mastiff', 0.3666562), ('n02110958', 'pug',
0.3122419), ('n02093754', 'Border_terrier', 0.16009717), ('n02108915',
'French_bulldog', 0.049768772), ('n02099712', 'Labrador_retriever',
0.04569989)]
```

使用 cat.jpg 預測的結果：

```
Predicted: [('n02123045', 'tabby', 0.92873186), ('n02124075', 'Egyptian_cat',
0.02793644), ('n02123159', 'tiger_cat', 0.021263707), ('n04493381',
'tub', 0.0037994932), ('n04040759', 'radiator', 0.0017052109)]
```

使用 deer.jpg 預測的結果：

```
Predicted: [('n02422699', 'impala', 0.30113414), ('n02417914', 'ibex',
0.28613034), ('n02423022', 'gazelle', 0.26537818), ('n02422106', 'harte
beest', 0.031009475), ('n02412080', 'ram', 0.030351665)]
```

　　從最接近的五個中可以看出判斷結果，其中狗和貓的類別判斷是正確的，鹿被判斷為羚羊類。

(a) 正確　　　　　　　(b) 正確　　　　　　　(c) 錯誤

圖 11.9　待判定的動物及判斷結果

(圖片來源：www.veer.com ，授權編號：202008200852312817/202008200852372818 /202008200852242816)

▌11.3 循環神經網路

無論是卷積神經網路，還是普通的類神經網路，演算法的前提都是元素之間是相互獨立的，輸入與輸出也是獨立的，比如貓和狗。但現實世界中，很多元素都是相互連接的。

全連接神經網路 (DNN) 還會有著另一個問題——無法對時間序列上的變化進行建模。然而，樣本出現的時間順序對於自然語言處理、語音辨識、手寫體辨識等應用非常重要。

循環神經網路（Recurrent Neural Network）簡稱 RNN，是一類用於處理序列資料的神經網路。前面介紹的卷積神經網路專門用於處理矩陣資料 (如影像)，而循環神經網路則用於處理時間序列資料，其網路可以擴充到更長的序列。而且，大多數循環神經網路能處理變長度序列。

循環神經網路模擬人的記憶能力，輸出依賴於當前的輸入和記憶，引入了時間線因素。

在普通的全連接網路或 CNN 中，每層神經元的訊號只能向上一層傳播，樣本的處理在各個時刻獨立。在 RNN 中，神經元的輸出可以在下一個時間線作用回自身，即第 i 層神經元在 m 時刻的輸入，包括（i-1）層神經元在該時刻的輸出，以及自身在（m-1）時刻的輸出，即擁有記憶功能。

一個標準的簡單 RNN 單元包含三層 : 輸入層 , 隱藏層和輸出層，按圖 11.10 所示有兩種方式：折疊式與展開式，兩者是相同的。

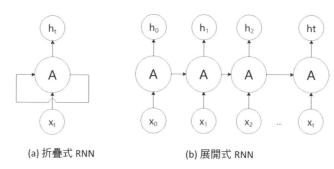

(a) 折疊式 RNN   (b) 展開式 RNN

圖 11.10 循環神經網路的結構示意圖

上圖中 RNN 結構的兩種呈現方式，圓形區域代表向量，箭頭表示對向量做一次變換。其中的 X=(x_0, x_1,···, x_t) 為輸入向量。為了建立建模序列，RNN 引入了隱狀態 h，h 可以對序列形的資料提取特徵，接著再轉為輸出。RNN 的重要特點是每個步驟的參數都是共用的。

例如常見的長短期記憶網路 LSTM（Long Short-Term Memory），就是一種時間循環神經網路。LSTM 是為了解決一般的 RNN 中存在的長期依賴問題而專門設計出來的。

所有的 RNN 都具有一種重複神經網路模組的鏈式形式。在標準 RNN 中，這個重複的結構模組只有一個非常簡單的結構，例如一個 tanh 層。

11.4　常見的深度學習開放原始碼框架和平台

常見的深度學習平台有很多，如表 11.1 所示概要介紹。

表 11.1 常見深度學習框架

框架名稱	介紹說明	連結	公司來源
TensorFlow	GoogleMachine Intelligence Research Organization 的研究人員和工程師開發。旨在方便研究人員對機器學習的研究，並簡化從研究模型到實際生產的遷移的過程。 建立日期：2015 年 11 月 1 日	https://tensorflow.google.cn/	Google Brain Team
Keras	用 Python 撰寫的高級神經網路的 API，能夠和 TensorFlow，CNTK 或 Theano 配合使用。 建立日期：2015 年 3 月 22 日	https://keras.io/	
Caffe	重在表達性、速度和模組化的深度學習框架，它由 Berkeley Vision and Learning Center 和社區貢獻者共同開發。 建立日期：2015 年 9 月 8 日	https://github.com/BVLC/caffe	柏克萊視覺和學習中心
Microsoft Cognitive Toolkit	也稱為 CNTK，是一個統一的深度學習工具集，將神經網路描述為一系列透過有方向圖表示的計算步驟。 建立日期：2014 年 7 月 27 日	https://github.com/Microsoft/CNTK	Microsoft
PyTorch	是與 Python 相融合的具有強大的 GPU 支援的張量計算和動態神經網路的框架。 建立日期：2012 年 1 月 22 日	https://github.com/pytorch/py-torch	

框架名稱	介紹說明	連結	公司來源
Apache MXnet	Apache MXnet 是為了提高效率和靈活性而設計的深度學習框架。它允許使用者將符號程式設計和命令式程式設計混合使用，從而最大限度地提高效率和生產力。 建立日期：2015 年 4 月 26 日	https://github.com/apache/incubator-mxnet	分散式（深度）機器學習社區
DeepLearning4J	與 ND4J，DataVec，Arbiter 以及 RL4J 一起，都是 Skymind Intelligence Layer 的一部分。是用 Java 和 Scala 撰寫的開放原始碼的分散式神經網路函數庫，並獲得了 Apache 2.0 的認證。 建立日期：2013 年 11 月 24 日	https://github.com/deeplearning4j/deeplearning4j	
Theano	Theano 可以高效率地處理使用者定義、最佳化以及計算有關多維陣列的數學運算式。2017 年 9 月，Theano 宣佈在 1.0 版發佈後不會再有進展。不過 Theano 是一個非常強大的函數庫。 建立日期：2008 年 1 月 6 日	https://github.com/Theano/Theano	Université de Montréal
TFLearn	TFLearn 是一種模組化且透明的深度學習函數庫，它建立在 TensorFlow 之上，旨在為 TensorFlow 提供更高級別的 API，以方便和加快實驗研究，並保持完全的透明性和相容性。 建立日期：2016 年 3 月 27 日	https://github.com/tflearn/tflearn	
Torch	Torch 是 Torch7 中的主要軟體套件，其中定義了用於多維張量的資料結構和數學運算。也提供存取檔案、序列化任意類型的物件等的實用軟體。 建立日期：2012 年 1 月 22 日	https://github.com/torch/torch7	
DLib	DLib 是包含機器學習演算法和工具的現代化 C ++ 工具套件，用來基於 C ++ 開發複雜的軟體從而解決實際問題。 建立日期：2008 年 4 月 27 日	https://github.com/davisking/dlib	

11.5 Tensorflow 學習框架

1. TensorFlow 簡介

Google 最早開發的大規模深度學習工具是 Google 大腦（Google Brain）團隊研發的 DistBelief。在 DistBelief 基礎上，Google 進一步開發出了 TensorFlow。並於 2015 年 11 月正式面向公眾開放原始碼，在很短時間內，TensorFlow 迅速成長為一個廣受歡迎的機器學習函數庫。

在 TensorFlow 的官網上，針對來訪者的第一句致辭就是下列宣告：

TensorFlow is an Open Source Software Library for Machine Intelligence.

這句話的下方，還有這樣一句 "About TensorFlow" 的描述：

Tensorflow^{TM} is an open source software library for numerical computation using data flow garphs.

Google 對 TensorFlow 的描述是：(1) 用於撰寫程式的電腦軟體；(2) 電腦軟體開發工具；(3) 可應用於人工智慧、深度學習、高性能計算、分散式運算、虛擬化和機器學習等領域；(4) 軟體函數庫可應用於通用目的的計算、資料收集、資料變換、輸入輸出、通訊、影像顯示、人工智慧等領域的建模和測試；(5) 軟體可應用於人工智慧等領域的應用程式介面（API）。

據此可以簡單了解 TensorFlow 的結構：

1) 開放原始碼

TensorFlow 作為開放原始碼軟體，任何人都可以自由下載、修改和使用其程式。從技術角度講，TensorFlow 是一個用於數值計算的內部介面，其內部軟體的連接仍然由 Google 維護。

2) 數值計算函數庫

TensorFlow 的主要目標並非是提供現成的機器學習解決方案，相反，TensorFlow 提供了一個套件，可讓使用者使用數學方法，從頭開始定義模型函數和類別。這使得具有一定基礎的使用者可以靈活地建立自訂模型。同時，TensorFlow 也非常適合做複雜的數學計算，為機器學習提供了廣泛支援。

3) 資料流程圖

TensorFlow 的計算模型是有方向圖，其中每個節點代表了一些函數或計算，而邊代表了數值、矩陣等。許多常見的機器學習模型，如神經網路，就是以有方向圖的形式表示的。因此 TensorFlow 對機器學習的實現非常順暢。同時，節點化處理可以分解演算法，方便計算導數或梯度，對演算法的平行化也非常重要。

TensorFlow 是一個完整的程式設計框架，有自己所定義的常數、變數和資料操作等要素。與其他程式設計語法的區別是，Tensorflow 使用圖 (Graph) 來表示計算任務，使用階段 (Session) 來執行圖。可以造訪中文 TensorFlow 網站 https://tensorflow.google.cn/tutorials 進行學習。

2. TensorFlow 2.2 基本應用

相比 TensorFlow 1.X，TensorFlow 2.x 發生了較大的變化，對 keras 的應用極大加強，從而整體使用更加便捷，對初學者來說更容易掌握。本教學使用的是 TensorFlow 2.2.0 版本。

首先來熟悉一下 TensorFlow 中的基本使用，TensorFlow 是一個程式設計系統,使用圖來表示計算任務，主要包括以下術語：

tensor：TensorFlow 程式使用 tensor 資料結構來代表所有的資料。操作間傳遞的資料都是 tensor。每個 Tensor 是一個類型化的多維陣列。舉例來說，可以將圖像資料集表示成多維陣列。

variables：變數，可以在程式中被改變，維護圖執行過程中的狀態資訊。

session：階段。在 TensorFlow 1.x 中，圖必須在階段裡被啟動，階段提供執行方法，並在執行後傳回所產生的 tensor。在 TensorFlow 2.x 以上的版本中，逐步取消了階段步驟。

constant：常數陣列，不可變。

placeholder：預留位置，表示其將在後面的程式中被給予值。

【例 11.5】張量的基本使用。

說明：使用 tensorflow 的 tensor 方式實現乘法。

```
import tensorflow as tf
x=tf.random.normal([2,16])
w1=tf.Variable(tf.random.truncated_normal([16,8],stddev=0.1))
b1=tf.Variable(tf.zeros([8]))
o1=tf.matmul(x,w1)+b1
o1=tf.nn.relu(o1)
o1
```

隨機執行結果範例：

```
<tf.Tensor: id=64, shape=(2, 8), dtype=float32, numpy=
array([[0.        , 0.        , 0.75864655, 0.        , 0.        ,
        0.6126394 , 0.1888307 , 0.        ],
       [0.4834786 , 0.16852434, 0.2241147 , 0.0813303 , 0.5910557 ,
        0.05371675, 0.        , 0.        ]], dtype=float32)>
```

【**例 11.6**】使用 TensorFlow. Keras 子模組實現全連接。

```
from tensorflow.keras import layers
x=tf.random.normal([4,16*16])
fc=layers.Dense(5,activation=tf.nn.relu)
h1=fc(x)
h1
```

執行結果如下：

```
<tf.Tensor: id=97, shape=(4, 5), dtype=float32, numpy=
array([[0.61715466, 0.81181103, 0.02671293, 0.        , 1.8288542 ],
       [0.        , 0.20125215, 0.        , 0.        , 0.        ],
       [0.7147385 , 0.        , 1.2972716 , 0.        , 0.        ],
       [0.        , 1.9696666 , 0.2097647 , 0.        , 0.        ]],
      dtype=float32)>
```

【**例 11.7**】查看神經網路的參數。

```
# 獲取權值矩陣 w
fc.kernel
```

結果為：

```
<tf.Variable 'dense/kernel:0' shape=(256, 5) dtype=float32, numpy=
array([[ 0.12420484,  0.05800313,  0.01492113,  0.0706533 ,  0.02933453],
       [ 0.11300468, -0.13702138, -0.03139423,  0.14155585,  0.13706216],
       [ 0.00510423,  0.00025134,  0.07222629,  0.134902  ,  0.08611594],
       ...,
       [ 0.14700711,  0.12842304, -0.05181758,  0.00177987, -0.00659074],
       [ 0.03076397,  0.08261816,  0.07969968,  0.06789666, -0.01190358],
       [-0.08542123, -0.00684693,  0.10135034, -0.00605668, -0.0187759 ]],
      dtype=float32)>
```

```
# 獲取偏置向量 b
fc.bias
```

執行結果：

```
<tf.Variable 'dense/bias:0' shape=(5,) dtype=float32, numpy=array([0., 0., 0., 0., 0.], dtype=float32)>
```

```
# 傳回待最佳化參數串列
fc.trainable_variables
```

執行結果：

```
[<tf.Variable 'dense/kernel:0' shape=(256, 5) dtype=float32, numpy=
 array([[ 0.12420484,  0.05800313,  0.01492113,  0.0706533 ,  0.02933453],
        [ 0.11300468, -0.13702138, -0.03139423,  0.14155585,  0.13706216],
        [ 0.00510423,  0.00025134,  0.07222629,  0.134902  ,  0.08611594],
        ...,
        [ 0.14700711,  0.12842304, -0.05181758,  0.00177987, -0.00659074],
        [ 0.03076397,  0.08261816,  0.07969968,  0.06789666, -0.01190358],
        [-0.08542123, -0.00684693,  0.10135034, -0.00605668, -0.0187759 ]],
       dtype=float32)>,
 <tf.Variable 'dense/bias:0' shape=(5,) dtype=float32, numpy=array([0., 0., 0., 0., 0.], dtype=float32)>]
```

```
# 傳回所有內部張量串列
fc.variables
```

執行結果：

```
[<tf.Variable 'dense/kernel:0' shape=(256, 5) dtype=float32, numpy=
 array([[ 0.05339006, -0.11718981, -0.07779453,  0.0145743 , -0.13081652],
        [-0.14035101, -0.00054625, -0.08967672, -0.02730937, -0.14790072],
        [-0.11765642,  0.04584618,  0.11325449,  0.08028603,  0.07766096],
        ...,
        [ 0.03975746, -0.07578385,  0.01551385,  0.11496952, -0.08511291],
        [-0.07478499,  0.0946181 ,  0.03194427,  0.14782014,  0.12405553],
        [-0.00940198,  0.08156139, -0.05646026, -0.07295419, -0.07350373]],
       dtype=float32)>,
 <tf.Variable 'dense/bias:0' shape=(5,) dtype=float32, numpy=array([0., 0.,
0., 0., 0.], dtype=float32)>]
```

【例 11.8】使用 TensorFlow 進行梯度下降處理。

```
import tensorflow as tf
x=tf.Variable(initial_value=[[1.,1.,1.],[2.,2.,2.]])
for step in range(3):                    #epochs
    with tf.GradientTape() as g:
        g.watch(x)
        y = x**3 + 5*x**2 + 10*x + 8
        dy_dx = g.gradient(y, x)        # 求一階導數
    x=x-0.01*dy_dx
    print('----------------epoch=',step,'------------------')
    print('y:\n',y)
    print('dy_dx:\n',dy_dx)
```

執行結果：

```
----------------epoch= 0 ------------------
y:
 tf.Tensor(
[[24. 24. 24.]
 [56. 56. 56.]], shape=(2, 3), dtype=float32)
dy_dx:
 tf.Tensor(
[[23. 23. 23.]
 [42. 42. 42.]], shape=(2, 3), dtype=float32)
----------------epoch= 1 ------------------
y:
 tf.Tensor(
[[19.121033 19.121033 19.121033]
 [40.226315 40.226315 40.226315]], shape=(2, 3), dtype=float32)
dy_dx:
 tf.Tensor(
[[19.478699 19.478699 19.478699]
 [33.2892   33.2892   33.2892  ]], shape=(2, 3), dtype=float32)
----------------epoch= 2 ------------------
y:
 tf.Tensor(
[[15.596801 15.596801 15.596801]
 [30.187073 30.187073 30.187073]], shape=(2, 3), dtype=float32)
dy_dx:
 tf.Tensor(
[[16.74474  16.74474  16.74474 ]
 [27.136913 27.136913 27.136913]], shape=(2, 3), dtype=float32)
```

【例 11.9】Tensorflow 對半環狀資料集分類。

在例 6.5 中我們看到，半環狀資料集對 K-Means 聚類方法來說很難處理。本例中，我們使用 TensorFlow，透過深度學習來解決半環狀資料集分類問題。

本例使用五層神經網路，前四層使用 ReLU 作為啟動函數，最後一層的啟動函數為 Sigmoid。最終結果見如圖 11.11 所示。

實現程式：

```
# encoding: utf-8
import numpy as np
from sklearn.datasets import make_moons
import tensorflow as tf
from sklearn.model_selection import train_test_split
from tensorflow.keras import layers, Sequential, optimizers, losses, metrics
from tensorflow.keras.layers import Dense
import matplotlib.pyplot as plt

# 產生一個半環狀資料集
X, y = make_moons(200, noise=0.25, random_state=100)
# 劃分訓練集和測試集
X_train, X_test, y_train, y_test = train_test_split(X, y, test_size=0.25,
```

```
random_state=2)
print(X.shape, y.shape)

def make_plot(X, y, plot_name, XX=None, YY=None, preds=None):
    plt.figure()
    axes = plt.gca()
    x_min = X[:, 0].min() - 1
    x_max = X[:, 0].max() + 1
    y_min = X[:, 1].min() - 1
    y_max = X[:, 1].max() + 1
    axes.set_xlim([x_min, x_max])
    axes.set_ylim([y_min, y_max])
    axes.set(xlabel="$x_1$", ylabel="$x_2$")

    if XX is None and YY is None and preds is None:
        yr = y.ravel()
        for step in range(X[:, 0].size):
            if yr[step] == 1:
                plt.scatter(X[step, 0], X[step, 1], c='b', s=20,
                    edgecolors='none', marker='x')
            else:
                plt.scatter(X[step, 0], X[step, 1], c='r', s=30, edgecolors=
'none', marker='o')
        plt.show()
    else:
        plt.contour(XX, YY, preds, cmap=plt.cm.spring, alpha=0.8)
        plt.scatter(X[:, 0], X[:, 1], c=y, s=20, cmap=plt.cm.Greens,
edgecolors='k')
        plt.rcParams['font.sans-serif'] = ['SimHei']
        plt.rcParams['axes.unicode_minus'] = False
        plt.title(plot_name)
        plt.show()
make_plot(X, y, None)

# 建立容器
model = Sequential()
# 建立第一層
model.add(Dense(8, input_dim=2, activation='relu'))
for _ in range(3):
    model.add(Dense(32, activation='relu'))
# 建立最後一層，啟動
model.add(Dense(1, activation='sigmoid'))
model.compile(loss='binary_crossentropy', optimizer='adam',
metrics=['accuracy'])
history = model.fit(X_train, y_train, epochs=30, verbose=1)
# 繪製決策曲線
```

```
x_min = X[:, 0].min() - 1
x_max = X[:, 0].max() + 1
y_min = X[:, 1].min() - 1
y_max = X[:, 1].max() + 1

XX, YY = np.meshgrid(np.arange(x_min, x_max, 0.01), np.arange(y_min, y_max,
0.01))
Z = model.predict_classes(np.c_[XX.ravel(), YY.ravel()])
preds = Z.reshape(XX.shape)
title = " 分類結果 "
make_plot(X_train, y_train, title, XX, YY, preds)
```

　　執行結果如圖 11.11(b) 所示，可以看出經過 30 次迭代效果比較明顯，可以嘗試更多的迭代次數，查看執行效果。

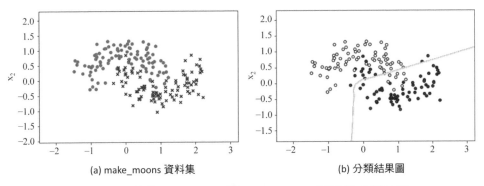

(a) make_moons 資料集　　　　　(b) 分類結果圖

圖 11.11 使用 TensorFlow 對 make_moons 資料集分類結果

【例 11.10】使用深度學習進行手寫數字辨識。

問題描述：

MNIST 資料集是一個常見的手寫數字圖片資料集，共包含四個資料檔案：

train-images-idx3-ubyte.gz: 包含 60000 張訓練集圖片 (train images)。

train-labels-idx1-ubyte.gz: 包含 60000 個訓練圖片的標籤 (train labels)。

t10k-images-idx3-ubyte.gz: 包含 10000 張測試集圖片 (test images)。

t10k-labels-idx1-ubyte.gz: 包含 10000 個測試圖片的標籤 (test labels)。

每張手寫數字圖片的大小均為28×28個像素，以一維陣列形式表示。因此，MNIST 訓練資料集中是一個 [60000, 784] 的張量。第一維是圖片索引，第二維是圖片像素資料，像素強度介於 0 和 1 之間。

MNIST 資料集的標籤是 0 到 9 的數字，用來描述當前圖片裡的真實數字。標籤是一個 [60000, 10] 的矩陣。

在 Tensorflow2.0 中，Keras 的使用越來越頻繁。本例我們就透過 Keras 提供的多個便捷的高級處理模組，來建構神經網路，進行 MNIST 手寫數字辨識。

程式如下：

```
# 手寫文字辨識
import tensorflow as tf

# 載入 MNIST 資料集。
mnist = tf.keras.datasets.mnist
# 拆分資料集
(x_train, y_train), (x_test, y_test) = mnist.load_data()
# 將樣本進行前置處理，並從整數轉為浮點數
x_train, x_test = x_train / 255.0, x_test / 255.0

# 使用 tf.keras.Sequential 將模型的各層堆疊，並設定參數
model = tf.keras.models.Sequential([
  tf.keras.layers.Flatten(input_shape=(28, 28)),
  tf.keras.layers.Dense(128, activation='relu'),
  tf.keras.layers.Dropout(0.2),
  tf.keras.layers.Dense(10, activation='softmax')
])
# 設定模型的最佳化器和損失函數
model.compile(optimizer='adam',
              loss='sparse_categorical_crossentropy',
              metrics=['accuracy'])
# 訓練並驗證模型
model.fit(x_train, y_train, epochs=5)
model.evaluate(x_test,  y_test, verbose=2)
```

執行結果：

```
Train on 60000 samples
Epoch 1/5
60000/60000 [==============================] - 7s 123us/sample - loss: 0.2985 - accuracy: 0.9127
Epoch 2/5
60000/60000 [==============================] - 8s 126us/sample - loss: 0.1411 - accuracy: 0.9575
Epoch 3/5
60000/60000 [==============================] - 6s 100us/sample - loss: 0.1057 - accuracy: 0.9679
Epoch 4/5
60000/60000 [==============================] - 5s 89us/sample - loss: 0.0876 - accuracy: 0.9727s - los
Epoch 5/5
60000/60000 [==============================] - 4s 74us/sample - loss: 0.0749 - accuracy: 0.9766
10000/1 - 1s - loss: 0.0375 - accuracy: 0.9789

[0.07132989492146298, 0.9789]
```

從結果可以看出，在 5 次迭代訓練後的準確率能達到 97.67%，對手寫體的辨識效果比較理想。

TensorFlow 和 Keras 是兩個不同的框架，但 Keras 已經嵌入到 TensorFlow 中成為其中的高級應用模組，且已得到越來越多的應用。我們有必要對其進行簡單認識。

11.6　Keras 深度學習框架

11.6.1　Keras 基礎

Keras 在希臘語中寓意為號角，來自文學作品《奧德賽》，是其中一個文學形象。Keras 最初是作為 ONEIROS 專案（開放式神經電子智慧型機器人作業系統）研究工作的一部分而開發的。

Keras 的核心資料結構是 model，一種組織網路層的方式。最簡單的模型是 Sequential 順序模型，它由多個網路層的簡單線性堆疊。如果是複雜的結構，一般使用 Keras 的 API 實現，其能建構任意形狀的神經網路。

一個 Sequential 模型適用於對簡單層進行堆疊，其中每一層具有一個輸入張量和一個輸出張量。

除了層的簡單順序疊加之外，能實現二維卷積的 Convolution2D() 函數也是非常重要的函數。二維卷積層，即對二維輸入進行滑動窗卷積，尤其對影像處理更為關鍵。

Keras 對二維卷積的具體實現透過 keras.layers.convolutional.Conv2D() 和 keras.layers.convolutional.Convolution2D() 兩個函數。二者的參數略有區別，但函數功能基本一致。以常用的 Conv2D() 為例，其基本格式如下：

```
keras.layers.convolutional.Conv2D(filters, kernel_size, strides=(1, 1),
padding='valid', data_format=None, dilation_rate=(1, 1), activation=None,
use_bias=True, kernel_initializer='glorot_uniform', bias_initializer='zeros,
kernel_regularizer=None, bias_regularizer=None, activity_regularizer=None,
kernel_constraint=None, bias_constraint=None)
```

主要參數：

filters：卷積核心的數目，即輸出的維度。

kernel_size：單一整數或由兩個整數組成的 List 或 Tuple，卷積核心的寬度和長度。如為單一整數，則表示在各個空間維度的相同長度。

strides：單一整數或由兩個整數組成的 List 或 Tuple，為卷積的步進值。如為單一整數，則表示在各個空間維度的相同步進值。

activation：啟動函數，為預先定義的啟動函數名稱。如果不指定該參數，將不會使用任何啟動函數（即使用線性啟動函數 h(x)=x ）。

use_bias: 布林值，是否使用偏置項。

11.6.2 Keras 綜合實例

【例 11.11】使用 Keras 實現人臉辨識。

問題描述：使用 Keras 和 OpenCV 實現對 Olivetti Faces 人臉資料庫的人臉辨識。

資料集介紹：Olivetti Faces 是紐約大學的比較小的人臉圖片庫，由 40 個人的 400 張圖片組成，即每個人的人臉圖片為 10 張。每張圖片的灰階級為 8 位元，每個像素的灰階大小位於 0-255 之間，每張圖片大小為 57*47px。

本例中，我們選取了這個資料集的部分圖片作為訓練資料。共選取了 60 個樣本，分別屬於 6 個人，人物編號為 0 到 5，如圖 11.12 所示。

圖 11.12 本例中使用的 Olivetti Faces 部分圖片

下面使用 Keras 架設 CNN 神經網路，實現對人臉影像進行辨識。綜合實例程式為：

```python
from os import listdir
import numpy as np
from PIL import Image
import cv2
from keras.models import Sequential, load_model
from keras.layers import Dense, Activation, Convolution2D, MaxPooling2D,
Flatten
from sklearn.model_selection import train_test_split
from keras.utils import np_utils

# 讀取人臉圖片資料
def img2vector(fileNamestr):
    # 建立向量
    returnVect = np.zeros((57,47))
    image = Image.open(fileNamestr).convert('L')
    img = np.asarray(image).reshape(57,47)
    return img

# 製作人臉資料集
def GetDataset(imgDataDir):
    print('| Step1 |: Get dataset...')
    imgDataDir='faces_4/'
    FileDir = listdir(imgDataDir)

    m = len(FileDir)
    imgarray=[]
    hwLabels=[]
    hwdata=[]

    # 一個一個讀取圖片檔案
    for i in range(m):
        # 提取子目錄
        className=i
        subdirName='faces_4/'+str(FileDir[i])+'/'
        fileNames = listdir(subdirName)
```

```
        lenFiles=len(fileNames)
        # 提取檔案名稱
        for j in range(lenFiles):
            fileNamestr = subdirName+fileNames[j]
            hwLabels.append(className)
            imgarray=img2vector(fileNamestr)
            hwdata.append(imgarray)

    hwdata = np.array(hwdata)
    return hwdata,hwLabels,6

# CNN 模型類別
class MyCNN(object):
    FILE_PATH = "face_recognition.h5"  # 模型儲存 / 讀取目錄
    picHeight = 57  # 模型的人臉圖片長 47，寬 57
    picWidth = 47

    def __init__(self):
        self.model = None

    # 獲取訓練資料集
    def read_trainData(self, dataset):
        self.dataset = dataset

    # 建立 Sequential 模型，並指定參數
    def build_model(self):
        print('| Step2 |: Init CNN model...')
        self.model = Sequential()
        print('self.dataset.X_train.shape[1:]',self.dataset.X_train.shape[1:])
        self.model.add( Convolution2D( filters=32,
                                       kernel_size=(5, 5),
                                       padding='same',
                                       dim_ordering='th',
                                       input_shape=self.dataset.X_train.
shape[1:]))

        self.model.add(Activation('relu'))
        self.model.add( MaxPooling2D(pool_size=(2, 2),
                                     strides=(2, 2),
                                     padding='same' ) )
        self.model.add(Convolution2D(filters=64,
                                     kernel_size=(5, 5),
                                     padding='same') )
        self.model.add(Activation('relu'))
        self.model.add(MaxPooling2D(pool_size=(2, 2),
                                    strides=(2, 2),
                                    padding='same') )
```

```python
        self.model.add(Flatten())
        self.model.add(Dense(512))
        self.model.add(Activation('relu'))

        self.model.add(Dense(self.dataset.num_classes))
        self.model.add(Activation('softmax'))
        self.model.summary()

    # 模型訓練
    def train_model(self):
        print('| Step3 |: Train CNN model...')
        self.model.compile( optimizer='adam', loss='categorical_crossentro
py', metrics=['accuracy'])
        # epochs：訓練代次、batch_size：每次訓練樣本數
        self.model.fit(self.dataset.X_train, self.dataset.Y_train, epochs=10,
batch_size=20)

    def evaluate_model(self):
        loss, accuracy = self.model.evaluate(self.dataset.X_test, self.dataset.
Y_test)
        print('| Step4 |: Evaluate performance...')
        print('===================================')
        print('Loss   Value   is :', loss)
        print('Accuracy Value is :', accuracy)

    def save(self, file_path=FILE_PATH):
        print('| Step5 |: Save model...')
        self.model.save(file_path)
        print('Model ',file_path,'is succeesfuly saved.')

# 建立一個用於儲存和格式化讀取訓練資料的類別
class DataSet(object):
    def __init__(self, path):
        self.num_classes = None
        self.X_train = None
        self.X_test = None
        self.Y_train = None
        self.Y_test = None
        self.picWidth = 47
        self.picHeight = 57
        self.makeDataSet(path)    # 在這個類別初始化的過程中讀取 path 下的訓練資料

    def makeDataSet(self, path):
        # 根據指定路徑讀取出圖片、標籤和類別數
        imgs, labels, clasNum = GetDataset(path)

        # 將資料集打亂隨機分組
```

```
        X_train, X_test, y_train, y_test = train_test_split(imgs, labels,
test_size=0.2,random_state=1)

        # 重新格式化和標準化
        X_train = X_train.reshape(X_train.shape[0], 1, self.picHeight,
self.picWidth) / 255.0
        X_test = X_test.reshape(X_test.shape[0], 1, self.picHeight, self.
picWidth) / 255.0

        X_train = X_train.astype('float32')
        X_test = X_test.astype('float32')

        # 將 labels 轉成 binary class matrices
        Y_train = np_utils.to_categorical(y_train, num_classes=clasNum)
        Y_test = np_utils.to_categorical(y_test, num_classes=clasNum)

        # 將格式化後的資料給予值給類別的屬性上
        self.X_train = X_train
        self.X_test = X_test
        self.Y_train = Y_train
        self.Y_test = Y_test
        self.num_classes = clasNum
# 人臉圖片目錄
dataset = DataSet('faces_4/')
model = MyCNN()
model.read_trainData(dataset)
model.build_model()
model.train_model()
model.evaluate_model()
model.save()
```

經過 10 次迭代後，得到執行結果：

```
  Step4  : Evaluate performance...
===================================
Loss   Value   is : 0.2437298446893692
Accuracy Value is : 0.9166666865348816
  Step5  : Save model...
Model  face_recognition.h5 is succeesfuly saved.
```

模型已經儲存為 .h5 模型檔案，接下來用訓練好的模型執行人臉辨識。

程式如下：

```
import os
import cv2
import numpy as np
from keras.models import load_model
```

```
hwdata = []
hwLabels = []
clasNum = 0                                    # 人物標籤（編號 0~5）
picHeight = 57                                 # 影像高度
picWidth = 47                                  # 影像寬度

# 根據指定路徑讀取出圖片、標籤和類別數
hwdata, hwLabels, clasNum = GetDataset('faces_4/')

# 載入模型
if os.path.exists('face_recognition.h5'):
    model = load_model('face_recognition.h5')
else:
    print('build model first')

# 載入待判斷圖片
photo = cv2.imread('who.jpg')
# 待判斷圖片調整
resized_photo = cv2.resize(photo, (picHeight, picWidth))    # 調整影像大小
recolord_photo = cv2.cvtColor(resized_photo, cv2.COLOR_BGR2GRAY)  # 將影像調
整成灰階圖
recolord_photo = recolord_photo.reshape((1,1,picHeight,picWidth))
recolord_photo = recolord_photo / 255.0
# 人物預測
print('| Step3 |: Predicting......')
result=model.predict_proba(recolord_photo)
max_index=np.argmax(result)
# 顯示結果
print('The predict result is Person',max_index+1)

cv2.namedWindow("testperson",0);
cv2.resizeWindow("testperson", 300,350);
cv2.imshow('testperson',photo)
cv2.namedWindow("PredictResult",0);
cv2.resizeWindow("PredictResult", 300,350);

cv2.imshow("PredictResult",hwdata[max_index*10])
#print(resultFile)
k = cv2.waitKey(0)
if k == 27:              # 按 Esc 鍵直接退出
  cv2.destroyAllWindows()
```

辨識結果：

```
The predict result is Person 6
```

我們再將測試圖片換成其他圖片，依次放入模型進行辨識。四次實驗的辨識結果如圖 11.13(a)~(d) 所示。

(a) 測試圖片 - 預測結果 1

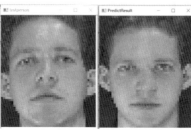

(b) 測試圖片 - 預測結果 2

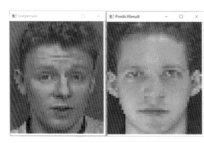

(c) 測試圖片 - 預測結果 3

(d) 測試圖片 - 預測結果 4

圖 11.13　人臉辨識結果範例

由圖 11.13 可以看出，模型對圖庫中的人物辨識基本準確。不過由於 28*28px 解析度的圖片過於模糊，存在如圖 11.18(c) 中誤判的情況。所以，在人臉辨識過程中，需要注意給定圖片的解析度、光源等因素。

▌習題

一、選擇題

1. 以下描述中，能夠使神經網路模型成為深度學習模型的處理是 ＿＿＿＿＿。

   A. 設定很多層，使神經網路的深度增加

   B. 處理一個圖形辨識的問題

   C. 有維度更高的資料

   D. 以上都不正確

2. 在一個神經網路中，確定每一個神經元的權重和偏差很重要。用 _____ 方法可以確定神經元的權重和偏差，從而對函數進行擬合。

A. 隨機給予值，祈禱它們是正確的

B. 搜尋所有權重和偏差的組合，直到得到最佳值

C. 指定一個初值，透過檢查跟真值的誤差，逐步迭代更新權重

D. 以上都不正確

3. 感知機（Perceptron）執行任務的順序是 _____。

① 初始化隨機權重

② 得到合理權重值

③ 如果預測值和輸出不一致，改變權重

④ 對一個輸入樣本，計算輸出值

A. ④③②①

B. ①②③④

C. ①③④②

D. ①④③②

4. 梯度下降演算法的正確步驟是 _____。

① 計算預測值和真實值之間的誤差

② 迭代更新，直到找到最佳權重參數

③ 把輸入傳入網路，得到輸出值

④ 初始化權重和偏差

⑤ 對每一個產生誤差的神經元，改變對應的權重值以減小誤差

A. ①②③④⑤

B. ⑤④③②①

C. ④③①⑤②

D. ③②①⑤④

5. 下列操作中，能夠在神經網路中引入非線性的是 _____。

    A. 隨機梯度下降

    B. ReLU 函數

    C. 卷積函數

    D. 以上都不正確

6. 下列關於神經元的陳述中，正確的是 _____。

    A. 一個神經元有一個輸入，有一個輸出

    B. 一個神經元有多個輸入，有一個或多個輸出

    C. 一個神經元有一個輸入，有多個輸出

    D. 上述都正確

二、填充題

1. 在多層神經網路中，從輸入層到輸出層涉及多層計算，計算包含的最長路徑的長度稱為 _____。

2. 卷積神經網路，是一類包含卷積計算且具有深度結構的前饋神經網路，其英文簡寫是 _____。

3. 下採樣保證了局部不變性，深度學習中的下採樣主要透過 _____ 來實現的。

4. 循環神經網路簡稱 _____，是一類用於處理序列資料的神經網路。

5. 池化是將影像按子區域進行壓縮的操作，一般有兩種方法：_____ 和 _____。

三、思考題

1. 查詢資料，調查現有的深度學習演算法，並進行簡單對比。

2. 調查常用的深度學習框架，對比其特徵。

Note

Note

Deepen Your Mind

Deepen Your Mind